职业教育机械类专业“互联网+”新形态教材

AutoCAD 机械图绘制项目教程

第3版

主　编　周大勇

副主编　袁开华　袁秋芹　冉美权　李　虎

参　编　黄　芳　李小会　端木祥慧　廖开喜
　　　　肖　敏　胡　昊　周晓露

主　审　燕　宏　岳继红

机械工业出版社

本书采用AutoCAD 2020版本，是在第2版的基础上修订的。本书是根据相关专业教学标准和1+X职业技能等级证书认证的要求，结合编者多年的教学和企业实践经验，精心提炼、转化和设计大量学习任务编写而成的。

本书在内容安排上充分考虑了职业院校学生的特点，任务的选取和设计贴近企业工作岗位和生产一线、贴近学生兴趣和能力、贴近课堂教学实际，有利于激发学生的学习兴趣，让学生在掌握知识和技能的同时，获得学习的成就感、快乐感，实现学校所教、学生所学与企业所用无缝对接。本书遵循项目教学和任务驱动教学的理念，共设7个项目计39个任务，涵盖了AutoCAD 2020基础知识、简单平面图形的绘制、复杂平面图形的绘制、文字创建与平面图形的标注、机械零件图与装配图的绘制、三维建模、三维产品设计等内容。每个任务设计了任务描述、任务分析、任务实施、操作技巧、知识链接和任务考核6个环节。

本书适合职业院校工业机器人技术、机电设备技术、数控技术应用、模具设计与制造等专业使用，同时也可作为1+X职业技能等级证书培训考试用书，还可作为机械类工人岗位培训或初学者的自学用书。

为方便教师教学和读者自学，本书配有电子课件与相关素材，选择本书作为教材的教师可登录www.cmpedu.com网站，注册、免费下载；另外，本书还配有微课视频（二维码），可用手机扫描进行观看和学习。

图书在版编目（CIP）数据

AutoCAD机械图绘制项目教程 / 周大勇主编 . —3版 . —北京：机械工业出版社，2022.6（2023.8重印）
职业教育机械类专业“互联网+”新形态教材
ISBN 978-7-111-70531-4

Ⅰ . ① A…　Ⅱ . ①周…　Ⅲ . ①机械制图 –AutoCAD软件 – 职业教育 – 教材　Ⅳ . ① TH126

中国版本图书馆CIP数据核字（2022）第058958号

机械工业出版社（北京市百万庄大街22号　邮政编码100037）
策划编辑：汪光灿　　　　责任编辑：汪光灿　戴　琳
责任校对：郑　婕　张　薇　封面设计：张　静
责任印制：刘　媛
涿州市般润文化传播有限公司印刷
2023年8月第3版第3次印刷
184mm×260mm • 14.5印张 • 359千字
标准书号：ISBN 978-7-111-70531-4
定价：45.00元

电话服务
客服电话：010-88361066
010-88379833
010-68326294

网络服务
机　工　官　网：www.cmpbook.com
机　工　官　博：weibo.com/cmp1952
金　　书　　网：www.golden-book.com
机工教育服务网：www.cmpedu.com

前　言

Autodesk 公司推出的 AutoCAD 软件是目前最为流行、普及应用最广的计算机辅助设计软件之一，已成为 5G 时代数字化技术技能人员必备的重要工具之一。

为适应 1+X 职业技能等级证书制度试点和职业院校课程教学改革，我们按照“学生中心、能力本位、工学一体”的课程教学改革指导思想，根据相关专业教学标准和职业技能等级证书认证的要求，结合多年的教学、培训和企业实践经验，精心提炼、转化和设计了大量学习任务，在第 2 版的基础上做了进一步改进，编写了本书。

本书在内容安排上充分考虑了职业院校学生的学习特点，按照由易到难、由浅入深的原则进行编排，保证了各任务之间技能和知识的有效衔接，同时充实了新知识、新技术和新工艺，体现了教材的先进性。

本书具有如下特点：

1）实用性强。本书学习任务的选取和设计贴近企业工作岗位和生产一线、贴近学生兴趣和能力、贴近课堂教学实际，对接 1+X 职业技能等级证书制度，对接岗位要求，做到理论学习有载体，技能训练有实体，学即能用，有利于激发学生的学习兴趣，提高学生的技能水平和解决实际问题的能力，注重学生综合职业能力的培养，实现学校所教、学生所学与企业所用无缝对接。

2）信息化程度高。本书为二维码新形态教材，有丰富的教学视频，读者可以扫描二维码进行观看和学习。书中内容关注了信息化背景下的学习方式和教学方式转变，顺应了数字化时代人们获取信息的方式和习惯，还配套了针对性强的多媒体电子课件等数字化教学资源，以减少教师备课的工作量。这些既可供教师上课教学，也可作为学生自学的辅导资料，极大方便了学和教。

3）时代性、规范性强。本书采用 AutoCAD 2020 版本，学习任务中有丰富的时代特征的元素，融入了新知识、新技术和新方法，内容鲜活，能激发学生的学习兴趣，同时使用了现行的机械制图标准和课程标准，对接有关职业技能标准，使全书科学规范、时代感明显。

4）配套性强。本书精心设计了同步操作训练、思考练习和综合训练，进一步充实了学习内容，既可让学生巩固所学内容，体验到成功的快乐和喜悦，也便于教师检查教学情况，进行考核评价。

本书由周大勇担任主编，袁开华、袁秋芹、冉美权、李虎担任副主编，燕宏、岳继红任主审。参加编写的人员还有：黄芳、李小会、端木祥慧、廖开喜、肖敏、胡昊、周晓露。

在本书编写过程中吸收了部分专家和教师的宝贵经验及文献内容，在此一并表示诚挚的谢意。

由于编者水平有限，书中疏漏之处在所难免，恳请各位同仁、专家及读者不吝指教，宝贵意见和建议可发送至 94355179@qq.com。

编　者

二维码索引

（续）

名称	图形	页码	名称	图形	页码
4-2 压盖的尺寸标注		93	6-3 压轴盖的绘制		162
4-3 手柄的尺寸标注		99	6-4 六角螺母的绘制		167
4-4 带轮的尺寸标注		104	6-5 法兰盘的绘制		174
4-5 图幅与绘图比例的设置		112	6-6 齿轮的绘制与渲染		179
5-1 组合体三视图的绘制		119	7-1 肥皂盒的绘制		188
5-2 泵盖剖视图的绘制		123	7-2 音箱的绘制		193
5-3 阶梯轴零件图的绘制		127	7-3 花篮的绘制		199
5-4 支座轴测图的绘制		134	7-4 手机外壳的绘制		205
5-5 齿轮啮合装配图的绘制		140	7-5 扳手的绘制		211
6-1 简单组合体的绘制		148	7-6 千斤顶的绘制		217
6-2 弹簧的绘制		157			

目　录

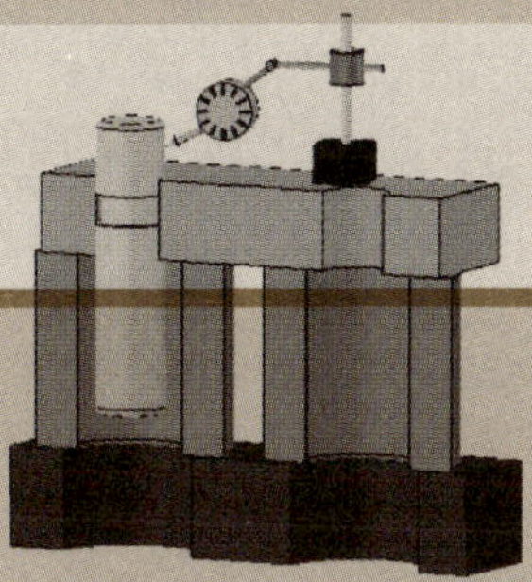

项目一

AutoCAD 2020 基础知识

任务一 AutoCAD 2020 操作界面

任务描述

1-1 AutoCAD 2020 操作界面

AutoCAD 2020 软件是由美国 Autodesk 推出的一款计算机辅助设计软件，可以用于二维制图和基本三维图形的设计，可在各种操作系统支持的微型计算机上运行。AutoCAD 软件应用广泛，可用于土木建筑、装饰装潢、机械制图、电子工业、服装加工、地质勘察、城市规划等诸多领域。

本任务主要是认识 AutoCAD 2020 的工作界面（图 1-1），为后面的学习打下基础。

图 1-1 AutoCAD 2020 工作界面

任务分析

AutoCAD 2020 工作界面主要由标题栏、菜单栏、菜单浏览器按钮、功能区选项板、工具栏、绘图区、导航栏、命令行窗口、状态栏、滚动条等组成。首先要学会对 AutoCAD 2020 软件的工具栏、背景颜色、界面风格等进行设置，为今后的学习做好准备。

通过本任务的学习，要达到以下目标：

1. 认识 AutoCAD 2020 的工作界面。
2. 学会 AutoCAD 2020 各种面板的调用。
3. 学会设置绘图窗口背景颜色。

任务实施

1. 启动 AutoCAD 2020

双击桌面上的 AutoCAD 2020 图标，或者单击【开始】→【程序】→【Autodesk】→AutoCAD 2020 简体中文，即可启动 AutoCAD 2020。

2. 开始界面

双击桌面上的 AutoCAD 2020 图标，启动后默认打开【开始】选项卡界面，如图 1-2 所示。状态栏中有【了解】和【创建】两个按钮。此时，绘图区包含了【快速入门】、【最近使用的文档】、【通知】和【连接】等部分。单击【快速入门】区域的【开始绘制】按钮，即可新建一个扩展名为 .dwg 的文件；也可以单击【打开文件】选项，打开所需文件。在【最近使用的文档】区域单击所需要的文件，可以打开最近使用过的文件。单击【通知】和【连接】，可以获得相关信息及访问联机服务。

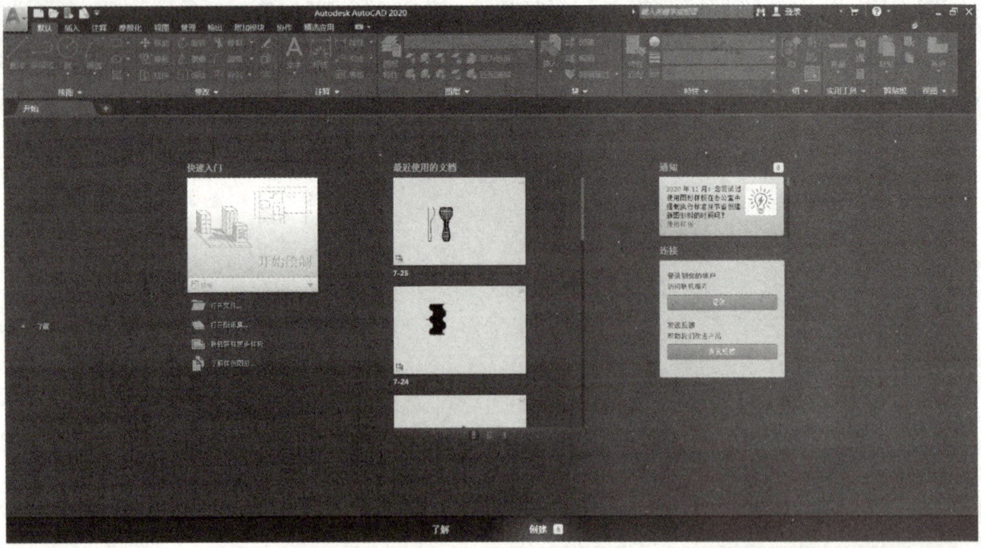

图 1-2 【开始】选项卡界面（一）

单击状态栏中的【了解】按钮，在绘图区会显示【新增功能】、【快速入门视频】、【学习提示】和【联机资源】等内容，如图 1-3 所示。双击视频，可以进入相关的视频学习。

图 1-3 【开始】选项卡界面（二）

3. AutoCAD 2020 工作界面

单击【创建】→【快速入门】→【开始绘制】新建一个文件进入工作界面，也可以单击【新建】按钮，打开【选择样板】对话框，如图 1-4 所示。

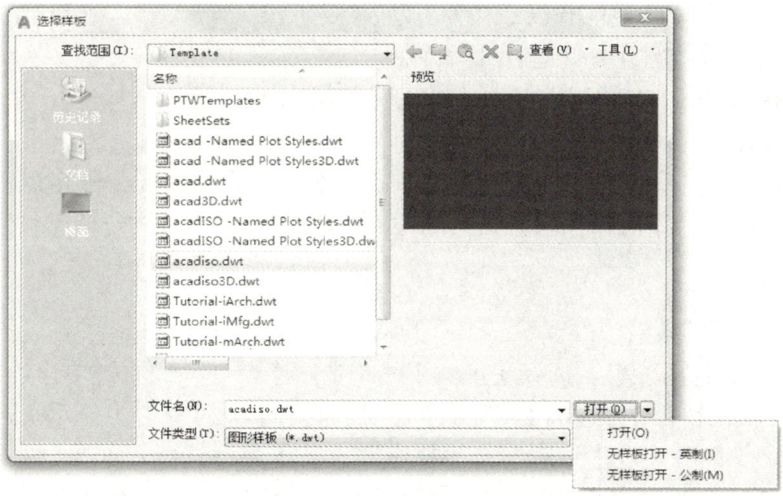

图 1-4 【选择样板】对话框

单击【打开】按钮右边小三角，再单击【无样板打开 – 公制】，进入 AutoCAD 2020 工作界面，如图 1-5 所示。

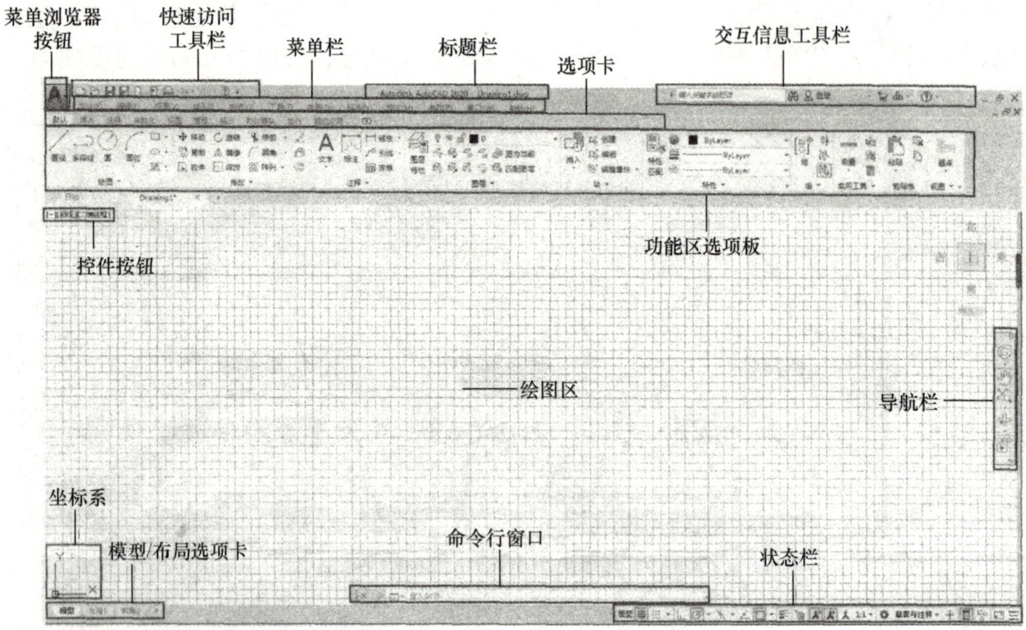

图 1-5　AutoCAD 2020 工作界面的组成

4. AutoCAD 2020 界面风格的转换

单击状态栏右边【切换工作空间】按钮，可以进行【草图与注释】、【三维基础】、【三维建模】和【经典界面】工作空间转换。

5. 退出 AutoCAD 2020

退出 AutoCAD 2020 通常有以下三种方法：

方法一，选择【文件】→【退出】命令。

方法二，单击 AutoCAD 主窗口右上角的【关闭】按钮。

方法三，在命令行中输入命令：QUIT。

如果退出 AutoCAD 时，当前的图形文件没有被保存，则系统将弹出提示对话框，提示用户在退出 AutoCAD 前保存或放弃对图形的修改。

操作技巧

➢ 绘图环境颜色的设置。选择【工具】→【选项】命令，或右键单击绘图区空白处，在打开的快捷菜单中单击【选项】，打开【选项】对话框。再单击【显示】选项卡，查看【窗口元素】的【颜色主题】选项，有【明】和【暗】两种选择：如果选择【明】，那么除绘图区外的其他界面都高亮显示；如果将绘图区改成白色，则单击【颜色】按钮，打开【图形窗口颜色】对话框，单击【颜色】选项框右边小三角，选择白色。单击【应用并关闭】返回【选项】对话框，单击【确定】即可。

➢ 功能区面板的样式设置。单击功能区右边的小三角按钮，可以在最小化为选项卡、最小化为面板标题、最小化为面板和循环浏览所有项之间进行切换来折叠或展开面板。

知识链接

一、AutoCAD 2020 工作界面

1. 标题栏

标题栏位于应用程序窗口的最上面，用于显示当前正在运行的程序名及用户正在操作的文件名等信息，如果是 AutoCAD 2020 默认的图形文件，其名称为 DrawingN.dwg（N 为数字）。单击标题栏右端的按钮，可以最小化、最大化或关闭应用程序窗口。

2. 菜单栏

菜单栏位于标题栏的下方，包括文件、编辑、视图、插入、格式、工具、绘图、标注、修改、参数、窗口、帮助 12 个菜单项。单击某一菜单项，在弹出的下拉菜单中选择所需的命令，即可执行相应的操作。

（1）带有三角标记“▶”的菜单项　它表示该菜单项还有子菜单，当光标停留在这样的菜单项上时，菜单项的旁边将会显示其下一级子菜单，单击子菜单中的菜单项，即可执行相应操作。

（2）带有省略号“…”的菜单项　当执行该项操作时会打开一个对话框，要求用户在对话框内选择相关信息。

（3）带有快捷键的菜单项　按下快捷键即可执行该菜单项相应的操作。

3. 菜单浏览器按钮

单击工作界面左上角的【菜单浏览器】按钮 A，弹出的菜单中包括新建、打开、保存、另存为、输入、输出、发布、打印、图形实用工具及关闭 10 个按钮。

4. 工具栏

（1）快速访问工具栏　该工具栏包括新建、打开、保存、放弃、重做和打印等常用工具，还可以自定义此工具栏的按钮。

（2）交互信息工具栏　该工具栏包括搜索、登录、Autodesk Exchange 应用程序、链接、帮助等几个常用的数据交互访问工具。

5. 功能区选项板

功能区是按钮工具的集合，把光标移到某个按钮上，稍停片刻即在该按钮的一侧显示相对应的提示及说明，单击按钮可以启动相应的命令。默认状态下，在【草图与注释】工作界面中，功能区选项板包括默认、插入、注释、参数化、视图、管理、输出、附加模块、协作、精选应用 10 个选项卡，每个选项卡包含若干个面板，每个面板中又包含许多命令按钮，使用这些命令可以绘制图形。AutoCAD 2020 中有很多操作可以不用看命令行，直接在打开的相关选项卡面板上输入相应的内容进行操作。

6. 绘图区

在 AutoCAD 2020 的工作界面中最大的空白区域就是绘图区，也称为绘图窗口。所有的绘图结果都显示在这个窗口中。如果图样比较大，需要查看未显示部分时，可以单击窗口右边与下边滚动条上的箭头，或拖动滚动条上的滑块来移动图样。绘图区右上角也有最大化、最小化和关闭按钮。在 AutoCAD 中同时打开多个文件时，可以通过单击绘图区上方图形名称标签来切换和关闭。绘图区中还有一个方向图标用于显示当前图形方向。全屏

显示 / 退出时可按〈Ctrl+0〉组合键，单击【工具】菜单→【全屏显示】或快速访问工具栏的【全屏显示】按钮。

7. 导航栏

导航栏是一种用户界面元素，用户借助导航栏可以快速访问通用导航工具和特定于产品的导航工具。单击【视图】→【显示】→【导航栏】或者单击【视图】标签，再单击【视口工具】面板中的【导航栏】按钮，选择导航栏。

8. 命令行窗口

命令行窗口位于绘图窗口的底部，用于输入命令，并显示操作过程中有关提示信息。在绘图时用户要注意命令行和各种提示，以便准确快捷地绘图。命令行窗口的大小可以由用户自己确定。单击【视图】→【显示】→【文本窗口】，执行 TEXTSCR 命令，或按〈F2〉键都可以打开文本窗口，它可以显示当前进程中命令的输入和执行过程，记录了对文件进行的所有操作。单击命令行左上角关闭按钮可关闭命令行，当再次打开时按〈Ctrl+9〉组合键或者单击【工具】菜单→【命令行】。

9. 状态栏

状态栏位于工作界面的最底部，用于显示 AutoCAD 当前的状态，如【模型】、【布局 1】、【布局 2】选项卡、当前光标的坐标、辅助绘图按钮等，如图 1-5 所示。

10. 滚动条

在 AutoCAD 绘图窗口的下方和右侧有水平和竖直方向的滚动条，在滚动条中单击或拖动滚动条中的滚动滑块，可以在绘图窗口中按水平或竖直两个方向浏览图形。

二、AutoCAD 经典界面设置

1. 显示菜单栏

单击快速访问工具栏右边小三角，打开菜单栏，单击【显示菜单栏】即可在工作界面中显示菜单栏。在菜单栏上右键单击【显示菜单栏】可隐藏菜单栏。

2. 关闭功能区

在菜单栏中单击【工具】→【选项板】→【功能区】，即可关闭功能区；同理可打开功能区。

3. 选择工具栏

在菜单栏中单击【工具】→【工具栏】→【AutoCAD】，在菜单中选择所需的工具栏，即可在窗口中显示所选的工具栏。

4. 将当前工作空间另存为【经典界面】

设置好经典界面后，将其保存。单击状态栏的【切换工作空间】按钮右边小三角，打开菜单，单击【将当前工作空间另存为】，打开【保存工作空间】对话框，如图 1-6 所示，单击【保存】按钮，在工作空间中即可显示保存的【经典界面】工作空间。单击【切换工作空间】按钮右边小三角，选择已设置好的【经典界面】选项，即可以转换到 AutoCAD 经典界面。

图 1-6 【保存工作空间】对话框

三、AutoCAD 2020 的主要新功能

1. 潮流的暗色主题

继 Mac、Windows、Chrome 推出或宣布即将推出暗色主题（dark theme）后，AutoCAD 2020 也带来了全新的暗色主题。它有着现代的深蓝色界面、扁平的外观、改进的对比度和优化的图标，提供更柔和的视觉效果和更清晰的视界。该主题通过对比度改进，提供更清晰的图标和现代蓝色界面，可以减少眼睛疲劳。

2. 新块调色板

使用可视库从最近使用的列表中有效插入块，这项功能可以通过 BLOCKSPALETTE 命令来激活。新块调色板可以提高查找和插入多个块（包括当前的、最近使用的和其他的块）的效率，以及添加重复放置选项，以节省步骤。

3. DWG 比较功能

DWG 比较功能得到增强，可以在不离开当前窗口的情况下比较图形的两个版本，并将所需的更改实时导入当前图形中。使用此功能可以在模型空间中亮显相同图形或不同图形的两个修订之间的差异。

4. 更有条理的清理

AutoCAD 2020 对清理工具进行了重新设计，其选项更加一目了然，通过简单的选择和对象预览，即可一次性删除多个对象。

5. "快速测量" 更快捷

AutoCAD 2020 新的"快速测量"工具允许通过移动 / 悬停光标来动态显示对象的尺寸、距离和角度数据。将光标停放不动即可在图样中显示附近所有的测量值。

6. 云存储应用程序集成

AutoCAD 2020 已经支持 Dropbox、OneDrive 和 Box 等多个云平台。使用 Autodesk 的云，将图样直接保存到云上并随时随地读取，可以有效提升协作效率。

任务考核

一、操作训练

启动 AutoCAD 2020，新建一个名为"界面 .dwg"的文件。取消栅格显示，调出菜单栏，将功能区面板设置成最小化为面板标题，同时将导航栏隐藏。将工作界面设为白色。用【圆】命令绘制圆心为任意点、半径为 100mm 的圆。转换【草图与注释】和【三维基础】两个工作空间并将该文件保存在 E:\CAD 中，任务完成后退出 AutoCAD 2020。

二、思考练习

1. AutoCAD 2020 中有哪些界面模式？如何切换？

2. 如何对 AutoCAD 2020 界面进行个性化设置，并保存为"经典模式"？

任务二 设置绘图环境

任务描述

1-2 设置绘图环境

本任务主要是学会使用【格式】菜单中的【单位】、【图形界限】及【图层】命令来设置绘图环境和图层，如图 1-7 所示。

任务分析

将图形中包含的轮廓线、中心线、剖面线、尺寸标注等元素放在不同的图层上，以便将图形信息归类管理。绘图时要新建或者打开图形文件，并要保存文件，以便后续绘图操作。

通过本任务的学习，要达到以下目标：

1. 学会设置绘图单位、图形界限和辅助绘图功能。

2. 学会创建图层，设置图层颜色、线型、线宽特性。

3. 学会文件的基本操作，如新建、打开、保存等。

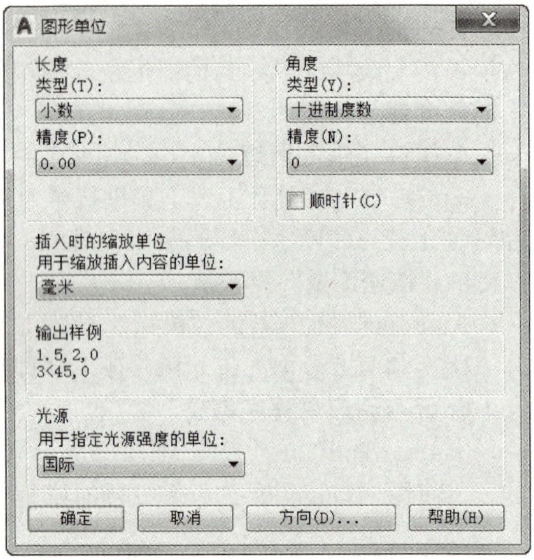

图 1-7 设置绘图环境

任务实施

1. 创建新文件，并进行相关设置

创建新文件，建立图形范围为 12mm × 9mm，左下角为（0，0）。栅格距离为 0.5mm，光标移动间距为 0.5mm，将显示范围和图形范围设置相同。

1）在 AutoCAD 2020 窗口中单击【快速访问工具栏】→【新建】按钮，选择样板文件 aczdiso.dwt，单击【打开】按钮，新建空白图形文件。单击【格式】菜单中的【图形界限】命令。

命令：_limits

重新设置模型空间界限：

指定左下角点或［开（ON）/ 关（OFF）］〈0.0000，0.0000〉：（左下角与默认值相同可直接按〈Enter〉键）

指定右上角点〈420.0000，297.0000〉：12，9

2）单击状态栏中的【对象捕捉】按钮右边小三角，在弹出的快捷菜单中单击

【对象捕捉设置】命令。打开【草图设置】对话框，选择【捕捉和栅格】选项卡，将栅格间距和捕捉间距都设为 0.5mm。最后单击导航栏中的【范围缩放】按钮。

2. 设置单位和精度

单击【格式】菜单→【单位】命令，在【长度】和【角度】选项组中进行设置。设置长度单位为小数，精度为小数点后两位，角度单位设为十进制度数，精度为 0。设置好后单击【确定】按钮。

3. 图层的创建和设置

新建图层 1，并将其命名为“中心线”，其线型为 CENTER，颜色为红色，0 层为默认线型，颜色为蓝色。

1）单击【格式】菜单→【图层】命令或单击【默认】选项卡【图层】功能区图形特性按钮，打开【图层特性管理器】对话框，单击【新建图层】按钮，新建图层 1，选中图层 1，按〈F2〉键，输入新名称“中心线”。

2）单击颜色方块，打开对话框，选择【红色】后确定，单击【 Continuous 】，单击【加载】按钮，选择 CENTER。将 0 层颜色设为蓝色。完成后单击【关闭】按钮。

4. 绘制圆及中心线

在中心线层上绘制中心线，在 0 层上绘制圆。

1）单击打开【默认】选项卡，在图层面板中选择中心线层，在状态栏中单击【正交限制光标】按钮。

2）在绘图面板中单击【直线】命令，绘制两条相互垂直的中心线。

3）在图层面板中选择 0 层，单击状态栏中的【对象捕捉】按钮，打开对象捕捉。

4）在绘图面板中单击【圆】命令，捕捉两条垂直线的交点，单击该交点作为圆心，绘制半径为 0.5mm 的圆。

5. 保存图形

以 CAD1-1.dwg 为文件名，将其保存在 E:\CAD 文件夹中。

单击【文件】→【保存】命令，或者单击快速访问工具栏中的【保存】按钮，在文件名框中输入文件名，在保存类型中选择不同版本的类型且选择（*.dwg）后单击【保存】按钮。以后打开此文件时，只要所用的 AutoCAD 版本比所选的版本高，都可以打开它。

操作技巧

➢ 鼠标滚轮操作。转动鼠标滚轮来控制图形的缩放是一种非常简便的方法，它可以在任何状态下使用。滚轮前转为放大图形，滚轮后转为缩小图形，放大与缩小的基点在光标处。按住鼠标滚轮不松手，移动鼠标可平移该图形。

➢ 使用临时追踪点和捕捉自工具。方法一，使用临时追踪点工具：在一次操作中可创建多条追踪线，可根据这些追踪线确定所需定位的点。方法二，使用捕捉自工具：在使用相对坐标指定下一个应用时，捕捉自工具可以提示输入基点，并将该点作为临时参照点，这与通过输入前缀@使用最后一个点作为参照点类似。它不是对象捕捉模式，但经常与对象捕捉一起使用。

知识链接

一、设置绘图单位

1. 绘图单位设置方法

（1）菜单栏 单击【格式】→【单位】。

（2）工具栏 单击菜单浏览器按钮 →【图形实用工具】→【单位】。

（3）命令行 DDUNITS 或 UNITS（或缩写：UN）。

2. 操作说明

执行上述命令后打开【图形单位】对话框，在【长度】选项组中单击下拉列表可以改变长度类型和精度。在【角度】选项组中单击下拉列表可以改变角度类型和精度。【顺时针】复选框被选中时表示角度以顺时针方向为正，默认状态下【顺时针】复选框未选中，表示角度以逆时针方向为正。单击【方向】按钮，在弹出的对话框中可以设置角度的方向。

二、图形界限设置

1. 图形界限设置方法

（1）菜单栏 单击【格式】→【图形界限】。

（2）命令行 LIMITS。

2. 操作步骤

命令：_limits

重新设置模型空间界限：

指定左下角点或［开（ON）/ 关（OFF）］〈0.0000，0.0000〉：（输入图形边界左下角的坐标后按〈Enter〉键）

指定右上角点〈420.0000，297.0000〉：（输入图形右上角的坐标后按〈Enter〉键）

三、平移和缩放视图

1. 实时平移视图的方法

（1）菜单栏 单击【视图】→【平移】→【实时】。

（2）导航栏 单击【平移】按钮 。

（3）命令行 PAN。

（4）快捷菜单 右击绘图区，弹出快捷菜单，单击【平移】命令。

平移是指在不改变缩放系数的情况下移动图形，以在当前窗口中观察图形的不同部位，相当于移动图纸。执行该命令后，屏幕上的光标呈一小手标记。按住鼠标左键向上下左右移动，则图形将跟着上下左右移动。除了上述实时平移以外还有定点平移，是指当前图形按指定的位移和方向进行平移。

2. 范围缩放视图的方法

（1）菜单栏 单击【视图】→【缩放】→【范围】。

（2）导航栏 单击绘图区右侧导航栏中的【范围缩放】按钮 。

（3）命令行 Zoom（Z）→输入“E”后按〈Enter〉键。

除范围缩放外，AutoCAD 2020 中还有很多缩放视图方式，其操作方法同范围缩放。

四、辅助绘图工具的应用

在绘制未知坐标点时，要想精确地指定这些点就要用到辅助定位工具，以便快速、精确地绘图。

1. 启用捕捉模式和显示图形栅格

（1）菜单栏　单击【工具】→【绘图设置】→【捕捉和栅格】。

（2）状态栏　单击状态栏中的【捕捉模式】按钮和【显示图形栅格】按钮。

（3）快捷键　按〈F9〉键或按〈Ctrl+B〉组合键可打开或关闭捕捉模式（按〈F7〉键或按〈Ctrl+G〉组合键可打开或关闭栅格显示）。

（4）命令行　DSETTINGS（或缩写：DS）。

2. 启用正交模式

（1）状态栏　单击状态栏中的【正交限制光标】按钮。

（2）按〈F8〉键或按〈Ctrl+L〉组合键。

（3）命令行　ORTHO。

当要绘制的图形完全由平行或垂直于坐标轴的直线组成时，可用此命令绘制水平线和垂直线，非常方便。

3. 启用对象捕捉和对象捕捉追踪

（1）状态栏　单击状态栏中的【对象捕捉】按钮及【对象捕捉追踪】按钮。

（2）快捷键　按〈F3〉键可开启或关闭对象捕捉模式（按〈F11〉键可开启或关闭对象捕捉追踪模式）。

4. 启用极轴追踪功能

（1）状态栏　单击状态栏中的【极轴追踪】按钮。

（2）快捷键　按〈F10〉键可开启或关闭极轴追踪。

极轴追踪是按一定增量角的倍数定位捕捉方向，可以在系统要求指定一个点时，按预先设置的角度增量显示一条无限延伸的辅助线，用户可以直接拾取或输入距离值定点。

五、图层及其相关设置

1. 图层的概念

图层相当于完全重合在一起的透明纸，用户可以任意地选择其中一个图层绘制图形，而不会受到其他图层上图形的影响。图层可以是由系统生成的默认图层，也可以是由用户自己创建的图层。每一个图层都是相对独立的，用户可以对图层中的图形进行自由编辑。

2. 图层的创建

在默认情况下，AutoCAD 2020 将自动创建一个名称为 0 的特殊图层，在绘图过程中，如果用户要使用更多的图层来组织图形，就要先创建新图层。以下是创建图层的方法。

（1）菜单栏　单击【格式】→【图层】。

（2）功能区　单击【默认】选项卡→【图层】功能区中的【图层特性】按钮，或者单击【视图】→【选项板】功能区中的【图层特性】按钮。

（3）命令行　LAYER。

执行上述命令后，弹出【图层特性管理器】对话框，单击【新建图层】按钮，在对话框右侧的选项板中，将新建一个默认名为【图层 1】的图层。在名称框中的【图层 1】上右击，在弹出的快捷菜单中单击【重命名图层】或者按〈F2〉键均可重命名图层。

3. 设置图层的颜色、线型和线宽

（1）图层的颜色　新建图层后，要改变图层的颜色，可在【图层特性管理器】对话框中，单击图层的【颜色】列对应的色块图标，打开【选择颜色】对话框。用户可利用该对话框为图层选择相应的颜色。

（2）图层的线型　默认情况下，图层的线型为 Continuous。要改变线型，可在图层列表中单击【线型】列的 Continuous，打开【选择线型】对话框。如果看到所需的线型，就单击选中它，如果没有所需的线型，可以单击【加载】按钮，打开对话框，选择相应的线型后，单击【确定】按钮，回到【选择线型】对话框，选中所需线型后，单击【确定】按钮。

（3）图层的线宽　要改变图层的线宽，可在【图层特性管理器】对话框中，单击图层的【线宽】列对应的图标，打开【线宽】对话框。用户可利用该对话框为图层选择相应的线宽。

4. 图层的管理

（1）显示、锁定图层　打开【图层特性管理器】对话框，单击图层的【开】列对应的小灯泡图标。小灯泡为黄色时，图层处于显示状态；小灯泡为灰色时，图层处于隐藏状态。单击图层的【锁定】列对应的小锁图标，可以锁定和解锁图层。

（2）删除图层　打开【图层特性管理器】对话框，选定要删除的图层，使其亮显，单击【删除图层】按钮，将选定的图层删除。

（3）设置当前图层　由于绘图时只能在当前图层上进行，所以用户要经常改变当前图层。在【图层特性管理器】对话框中，首先选中某个图层，单击【置为当前】按钮。或者在功能区选项板中单击【默认】选项卡中的图层面板，单击右边的小三角，选择相应的图层。

六、文件的基本操作

文件的基本操作包括新建、打开、另存为、关闭图形文件。

在启动 AutoCAD 2020 后，单击【开始绘制】按钮，系统会自动新建一个名称为 Drawing1.dwg 的图形文件，该图形文件默认以 acadiso.dwt 为模板。

（1）菜单栏　单击【文件】→【新建】(【打开】、【另存为】、【关闭】) 命令。

（2）工具栏　单击快速访问工具栏中的【新建】、【打开】和【另存为】按钮。单击标题栏最右上角的【关闭】按钮，可以关闭图形文件。

（3）程序菜单　单击菜单浏览器按钮，在弹出的下拉菜单中选择相应的命令。

任务考核

一、操作训练

新建图形文件，设立图形范围为 36mm × 27mm，左下角坐标为（0，0），栅格间距为

2mm，将显示范围设置与图形范围相同。新建图层 A 和 B，A 层线型为 DASHED，颜色为蓝色，线宽为 0.25mm。B 层线型为 CENTER，颜色为红色。之后，调整线型比例以便显示出合适的线型。在 B 层上绘制相互垂直的中心线，在 A 层上绘制半径为 2mm 的圆，在 0 层上绘制半径为 3mm 的圆，如图 1-8 所示。设置完成后将该文件保存在 E:\CAD 文件夹下。

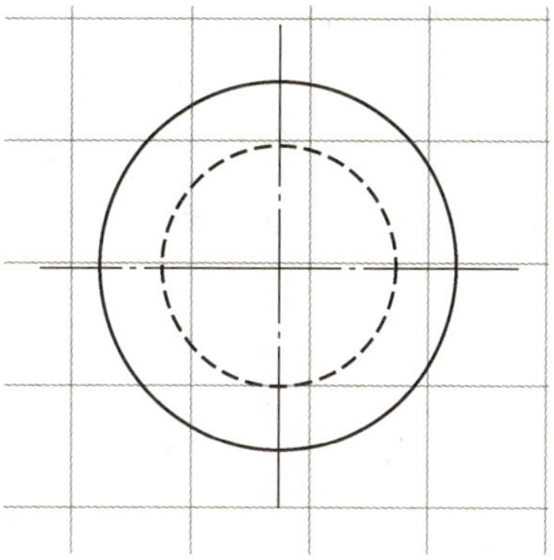

图 1-8　圆

二、思考练习

1. AutoCAD 2020 中对图形的缩放有哪些方法？
2. 图层在 AutoCAD 2020 绘图中起到了哪些作用？

任务三　坐标与坐标系

任务描述

在绘图过程中常常需要用某个坐标系作为参照拾取点的位置，以精确定位某个对象，从而实现精确设计和绘制图形。图 1-9 所示为坐标表达方式。

1-3 坐标与坐标系

任务分析

AutoCAD 2020 为绘图空间提供了一个世界坐标系，称之为绝对坐标。此外，AutoCAD 还有另一种坐标——相对坐标。每一个绝对坐标均参照坐标原点而言，而相对坐标则以其前一点为计算参照。本任务要求学会利用直角坐标、相对直角坐标、相对极坐标等绘制图形。

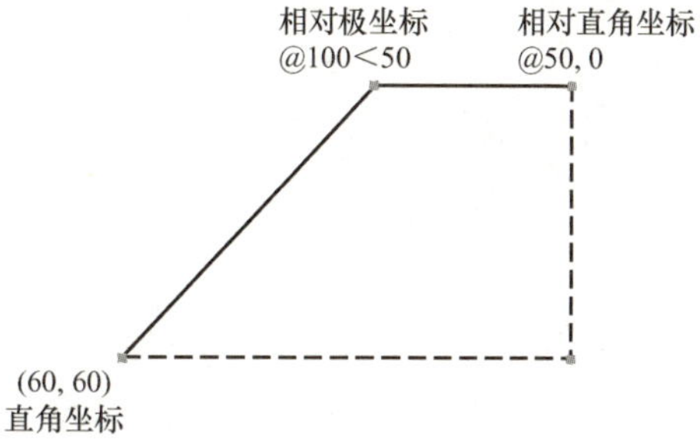

图 1-9　坐标表达方式

通过本任务的学习，要达到以下目标：

1. 学会定点方式。
2. 能选择合适的坐标表达方式绘图。
3. 学会选择图形对象。

任务实施

用直线命令绘制图形，选择功能区【默认】选项卡→【绘图】功能区的直线按钮。

命令：_line

指定第一个点：60，60

指定下一点或［放弃（U）］：@100<50

指定下一点或［放弃（U）］：@50，0

指定下一点或［闭合（C）/ 放弃（U）］：　　（捕捉第一点向右拖光标，有一条虚线与第三点所在垂线相交后单击）

指定下一点或［闭合（C）/ 放弃（U）］：　　（光标捕捉第一点后单击或者输入“C”后按〈Enter〉键）

指定下一点或［闭合（C）/ 放弃（U）］：　　（按〈Enter〉键结束）

操作完成后可以按〈Enter〉键或空格键，或单击鼠标右键后在快捷菜单上单击【确认】按钮，结束操作。

操作技巧

➢ 输入数据的过程中，标点符号、小于号、大于号等要用英文模式输入。捕捉没有给出坐标的点时，可以单击【按指定角度限制光标】按钮进行极轴追踪或单击【显示捕捉参照线】按钮，利用对象捕捉追踪等方法。

➢ 在状态栏的坐标区域中单击鼠标右键，在弹出的快捷菜单中选择相应的选项，可以切换相对、绝对、地理、特定等模式。单击【正交限制光标】按钮，打开正交模式，用户在绘图区使用十字光标只能在水平方向上绘制水平线和垂直方向上绘制竖直直线。

➢ 在默认情况下，【视图】选项卡中的【坐标】面板是隐藏的，在功能区空白处单击鼠标右键，在弹出的快捷菜单中选择【显示面板】→【坐标】命令即可显示【坐标】面板。

➢ 正交模式将光标限制在水平或垂直（正交）轴上，因为不能同时打开正交模式和极轴追踪，单击【正交限制光标】按钮，打开正交模式时，AutoCAD 会自动关闭极轴追踪，如果再次打开极轴追踪，AutoCAD 将关闭正交模式。

知识链接

一、定点方式

绘图时，经常要输入一些点，如线段的端点、圆的圆心、圆弧的圆心及其端点等。

1. 光标定点

将光标移动到所需要的位置，然后直接单击，这种定点方法非常方便快捷，但不能用来精确定位。

2. 坐标定点

当通过键盘输入点的坐标时，用户既可用直角坐标，也可用极坐标的方式输入。而且每一种坐标方式中，又有绝对坐标和相对坐标之分。用户可通过输入点的坐标精确定点。

除此之外，还有对象捕捉功能定点、对象捕捉追踪定点、极轴追踪定点等。

二、坐标与坐标系

1. 坐标系

AutoCAD 2020 采用两种坐标系：世界坐标系和用户坐标系。在 AutoCAD 2020 中默认的是世界坐标系（World Coordinated System，WCS），这是一个固定的坐标系，也是坐标系统中的基准，绘制图形时多数情况下都是在这个坐标系下进行的。用户也可定义自己的坐标系，即用户坐标系（User Coordinated System，UCS）。用于建立图形和建模的 XY 平面（工作平面）和 Z 轴方向。在默认的情况下，当前 UCS 和 WCS 重合，X 轴、Y 轴和 Z 轴交点表示坐标原点。

（1）世界坐标系　在 AutoCAD 2020 中打开图形时默认是采用世界坐标系，这个坐标系存在于任何一个图形之中，并且不可更改，但可以从任意角度、任意方向来观察或旋转。它是最基本的坐标系，由 X、Y、Z 三个轴组成，其中水平方向上的坐标轴为 X 轴，以向右为正方向；垂直方向的坐标轴为 Y 轴，以向上为其正方向；垂直于 XY 平面的坐标轴为 Z 轴，以垂直于屏幕向外为其正方向。WCS 坐标系的交汇处有“□”标记。

（2）用户坐标系　在 AutoCAD 2020 中，为了更好地辅助绘图，经常需要修改坐标系原点和方向，这时可将世界坐标系变为用户坐标系，即 UCS。UCS 的原点以及 X 轴、Y 轴、Z 轴方向都可以移动及旋转，甚至可以依赖于图形中某个特定的对象。尽管用户坐标系中三个轴之间仍然相互垂直，但是在方向上及位置上却更加灵活。UCS 没有“□”标记。设置用户坐标系的方法是：单击【工具】→【工具栏】→【AutoCAD】→【UCS】命令，打开 UCS 工具栏；单击【工具】→【新建 UCS】；在命令行中输入 UCS 后按〈Enter〉键。

2. 坐标

（1）绝对坐标　它是相对于原点的坐标，用户知道点的绝对坐标，即某一点到原点（0，0）的角度和距离，或 X、Y 坐标，就可以从键盘输入坐标来确定点的位置。输入坐标既可采用直角坐标的形式，也可采用极坐标的形式。

1）直角坐标。直角坐标又称笛卡儿坐标，在二维空间中，由一个原点坐标为（0，0）和两个通过原点的、相互垂直的坐标轴构成，如图 1-10 所示。平面上任何一点 P 都可以由 X 轴和 Y 轴的坐标所定义，即用一对坐标值（x，y）来定义一个点。例如某点的直角坐标为（5，6）。

2）极坐标。极坐标是由一个极点和一个极轴构成，如图 1-11 所示。极轴的方向为水平向右，规定 X 轴正方向为 0°，Y 轴正方向为 90°。平面上任何一点 P 都可以由该点到极点的连线长度 L（L>0）和连线与极轴的交角 α（极角，逆时针方向为正）所定义，极坐标的格式为（长度 L< 角度 α）。例如某点与 X 轴正方向的夹角为 60°，与极点之间的距离为 20mm，则其极坐标为（20<60）。

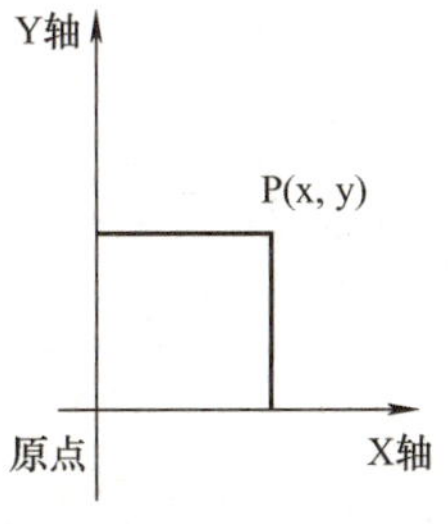

图 1-10　直角坐标

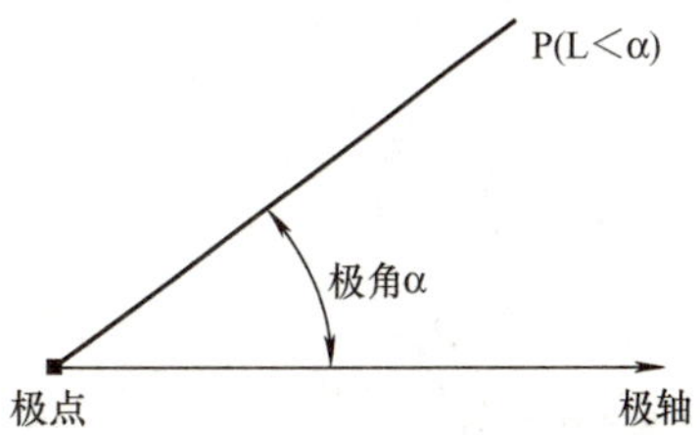

图 1-11　极坐标

（2）相对坐标　如果用户知道一个点相对于另一个已知点的 X 和 Y 方向的位移，或距离和角度，可以直接使用相对坐标进行输入。相对坐标就是某点相对已知点的位移值。使用相对坐标时可以使用直角坐标，也可以使用极坐标，可根据具体情况而定。相对坐标的表示方法是在绝对坐标表达式的前面加一个“@”符号。

1）相对直角坐标。相对直角坐标是用相对于上一已知点之间的绝对坐标值的增量来确定输入点的位置。例如，如果 A 点坐标为（3，4），B 点相对于 A 点 X 方向上位移为 160mm，Y 方向位移为 200mm，那么 B 点相对于 A 点的相对直角坐标为（@160，200）。

2）相对极坐标。相对极坐标是用相对上一已知点的距离和与上一已知点的连线与 X 轴正方向之间的夹角来确定输入点的位置。例如，A 点坐标为（3，4），从 A 点画一条角度为 60°、长度为 100mm 的斜线，端点为 B 点，则 B 点的相对极坐标为（@100<60）。

三、图形对象的选择

在对图形对象进行编辑修改操作时，必须要选择图形对象。一种是先启动命令再选择对象，光标将变成拾取小方框，单击对象即可选择，被选中的对象将以蓝色发光显示；另一种是先选择对象再启动命令，被选择的对象上将显示蓝色的夹点。

（1）直接选择　直接在想要选择的图形上单击即可，若要同时选择几个对象，继续单击要选择的对象，就会看到有多个对象被选中，这种方法也称为拾取对象。

（2）框选　当要选择的对象较多并且在同一个区域内时，可以单击鼠标左键，在图形区域内拖出一方框，把对象框住后再单击一次，称为框选。一种方式是从左向右框选，无论左上到右下，还是左下到右上，此时只能选择完全被包含在选框中的图形对象，光标显示为，拖出的方框以蓝色实线显示，这种方法又称窗口选择方式。另一种方式是从右向左框选，例如在右上方单击，向左下方拖动鼠标，与所选对象接触后单击，拖出的方框以绿色虚线显示。无论右上到左下，还是右下到左上，这时选框内的图形对象以及与选框边界相交的图形对象都将全部被选中，光标显示为，这种方法又称窗交选择方式。如果在选择对象时，按住鼠标左键不松手拖动鼠标，则会以任意形状框选对象而不是方框形状，同前两种方式一样，左向右拖和右向左拖方式各不相同。

四、动态输入数据

单击状态栏上的【动态输入】按钮，或者按〈F12〉键，打开动态输入功能，可以在屏幕上动态地输入某些参数数据。例如，在绘制直线时，在光标附近会动态地显示“指定第一点”提示，其后坐标框中显示的是当前光标所在位置。用户可以根据需要在其中输入数据，两个数据之间用逗号隔开，指定第一点后，系统会动态显示直线的角度，同时要求输入线段长度值，其输入效果与“@ 长度 < 角度”方式相同。

五、命令的重复、撤消和重做

1. 命令的重复

在命令行中直接按〈Enter〉键，可重复调用上一个命令，不管上一个命令是完成了还是被取消了。

2. 命令的撤消

在命令执行的任何时刻都可以取消和终止命令的执行。选择【编辑】菜单中的【放弃命令组】，或者在命令行中输入 UNDO，或者按〈Ctrl+Z〉组合键。

3. 命令的重做

已经被撤消的命令还可以恢复重做，通常是恢复撤消的最后一个命令。选择【编辑】菜单中的【重做】。在快速访问工具栏中也有放弃按钮和重做按钮。

任务考核

一、操作训练

图 1-12a 所示是比较简单的一笔画图形，想一想你能一笔将它画出吗？请采用绝对坐标或相对坐标等方式，在 AutoCAD 2020 中用直线命令绘制图形。两个三角形为同等大小的等腰三角形。图 1-12b 所示是一个任意图形，请用合适的方法绘制图形。

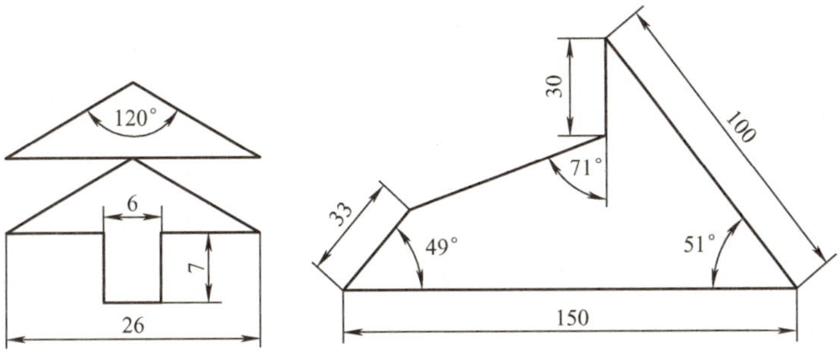

a) b)

图 1-12 绘制图形

二、思考练习

1. AutoCAD 2020 中定点方式有哪些？
2. AutoCAD 2020 中绝对坐标和相对坐标有何区别？
3. AutoCAD 2020 中图形对象选择有哪些方法？

综合训练一

1. 启动 AutoCAD 2020，将工作空间设置为“三维建模”方式，并调出菜单栏。将工作空间设为“草图与注释”，并调出【三维工具】和【可视化】选项卡。

2. 如何显示和隐藏命令行？如何全屏显示绘图区？如何调出功能区选项板？

3. 如何显示和隐藏功能区面板？如何设置窗口背景颜色？如何设置绘图区以外的背景颜色？

4. AutoCAD 2020 中的坐标系分为哪两种？点的坐标的表示方法有哪几种？

5. 新建图形文件，完成下列设置并绘制图 1-13 所示图形。

1）设立图形范围为 36mm × 27mm，左下角坐标为（2，4），栅格距离和光标移动间距为 1.5mm，将显示范围设置得和图形范围相同。

2）长度单位设为小数，角度单位设为十进制度数，精度都设为小数点后四位。

3）设立新图层 A 和 B，图层 A 线型为 CENTER，颜色为红色，图层 B 线型为

DOT2，颜色为蓝色。

4）在图层 A 上绘制中心线，在图层 B 上绘制圆，调整线型比例，使线型有合适的显示效果。

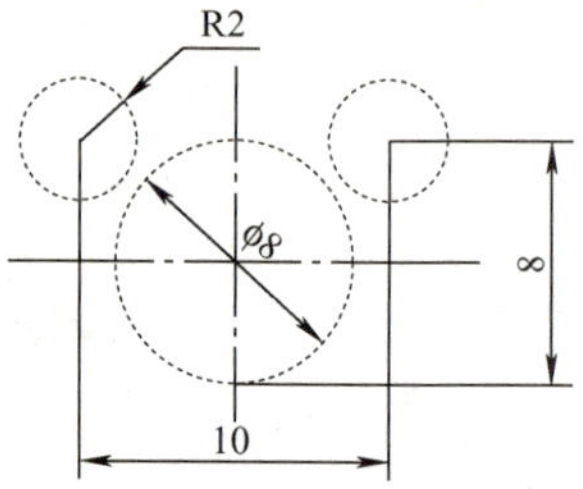

图 1-13　线型设置

6. 从 A 点开始绘制图 1-14 所示图形，分别用相对直角坐标和相对极坐标表示 B、C、D、E 四点的坐标。

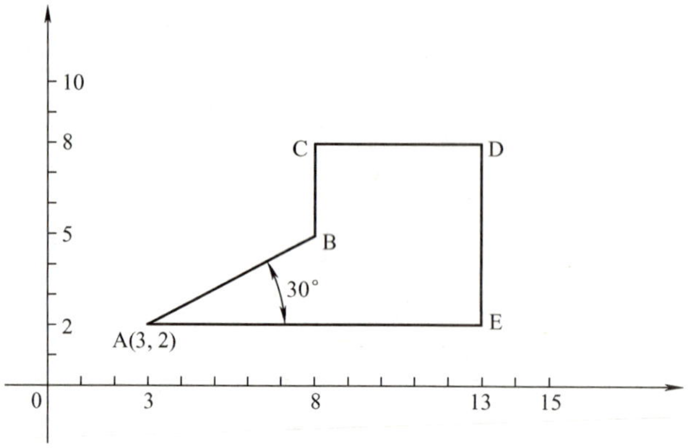

图 1-14　坐标图

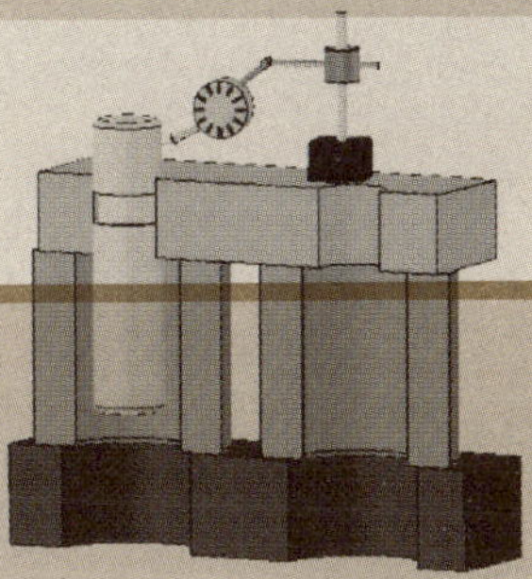

项目二

简单平面图形的绘制

任务一 T 形的绘制

任务描述

2-1 T 形的绘制

绘制图 2-1 所示 T 形图，不要求标注尺寸和图中字母。

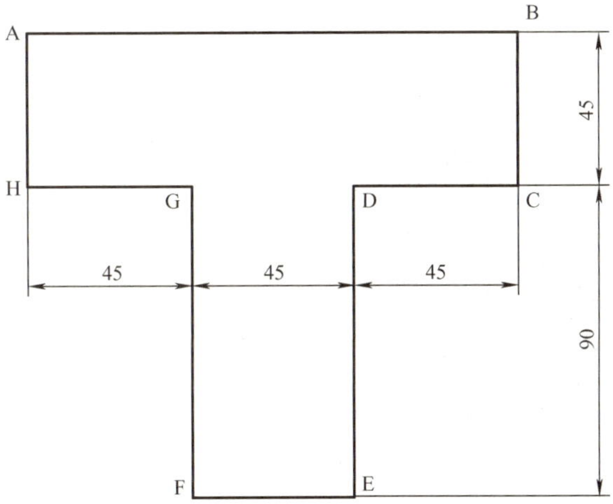

图 2-1　T 形图

任务分析

T 形由 8 条直线构成，绘制过程主要由直线命令来完成。直线命令使用非常简单，关键是要搞清楚点的坐标表达方法。

通过本任务的学习，要达到以下目标：

1. 学会直线命令的使用方法。

2. 正确使用各种坐标方式来确定点。

任务实施

方法一　利用相对直角坐标绘制

步骤一：设置绘图幅面为 210mm × 297mm

命令：_limits　　（单击【格式】→【图形界限】命令）

重新设置模型空间界限：

指定左下角点或［开（ON）/ 关（OFF）］〈0.0000，0.0000〉：（输入图形界限左下角点的坐标，如果与“〈〉”中默认的坐标相同，按〈Enter〉键即可）

指定右上角点〈420.0000，297.0000〉：210，297　　（输入图形界限右上角点的坐标）

步骤二：使设置的绘图幅面充满屏幕

命令：zoom　　（启动缩放命令）

指定窗口的角点，输入比例因子（nX 或 nXP），或者［全部（A）/ 中心（C）/ 动态（D）/ 范围（E）/ 上一个（P）/ 比例（S）/ 窗口（W）/ 对象（O）］〈实时〉：A　（输入 A，表示在当前视口中显示整个图形）

步骤三：利用相对直角坐标绘制 T 形

命令：_line

指定第一点：　　（单击【默认】选项卡【绘图】功能区的【直线】按钮，然后在屏幕任意位置拾取 A 点）

指定下一点或［放弃（U）］：@135，0　　（输入 B 点相对于 A 点的相对直角坐标）

指定下一点或［放弃（U）］：@0，-45　　（输入 C 点相对于 B 点的相对直角坐标）

指定下一点或［闭合（C）/ 放弃（U）］：@-45，0　　（输入 D 点相对于 C 点的相对直角坐标）

指定下一点或［闭合（C）/ 放弃（U）］：@0，-90　　（输入 E 点相对于 D 点的相对直角坐标）

指定下一点或［闭合（C）/ 放弃（U）］：@-45，0　　（输入 F 点相对于 E 点的相对直角坐标）

指定下一点或［闭合（C）/ 放弃（U）］：@0，90　　（输入 G 点相对于 F 点的相对直角坐标）

指定下一点或［闭合（C）/ 放弃（U）］：@-45，0　　（输入 H 点相对于 G 点的相对直角坐标）

指定下一点或［闭合（C）/ 放弃（U）］：C　　（连接 H、A 点，闭合 T 形）

方法二　利用相对极坐标绘制

步骤一、步骤二与方法一相同，步骤三如下。

命令：_line　　（启用直线命令）

指定第一点：　（在屏幕任意位置拾取 A 点）
指定下一点或［放弃（U）］：@135<0　（输入 B 点相对于 A 点的相对极坐标）
指定下一点或［放弃（U）］：@-45<90　（输入 C 点相对于 B 点的相对极坐标）
指定下一点或［闭合（C）/ 放弃（U）］：@-45<0　（输入 D 点相对于 C 点的相对极坐标）
指定下一点或［闭合（C）/ 放弃（U）］：@-90<90　（输入 E 点相对于 D 点的相对极坐标）
指定下一点或［闭合（C）/ 放弃（U）］：@-45<0　（输入 F 点相对于 E 点的相对极坐标）
指定下一点或［闭合（C）/ 放弃（U）］：@90<90　（输入 G 点相对于 F 点的相对极坐标）
指定下一点或［闭合（C）/ 放弃（U）］：@-45<0　（输入 H 点相对于 G 点的相对极坐标）
指定下一点或［闭合（C）/ 放弃（U）］：C　（连接 H、A 点，闭合 T 形）

操作技巧

➢ 绘制直线是最基本的操作，也是最简单的操作。绘制直线的关键是确定端点的位置（坐标），可以直接用光标拾取点，也可以用相对坐标或绝对坐标确定点，还可以用动态输入功能确定点。

➢ 定点的方法可根据绘制时的实际情况选择使用，既可只使用一种定点方法，也可混合使用，操作者可根据自己的习惯或熟练程度自由选择。

知识链接

一、直线命令

直线命令用于绘制直线段或折线段或闭合多边形对象。

1. 操作方法

（1）功能区　单击【默认】选项卡→【绘图】功能区的【直线】按钮。
（2）菜单栏　单击【绘图】→【直线】。
（3）命令行　LINE（或缩写：L）。

2. 操作步骤

命令：_line
指定第一个点：　（指定第一点的坐标）
指定下一点或［放弃（U）］：　（指定第二点的坐标）
指定下一点或［放弃（U）］：　（指定下一点的坐标或按〈Enter〉键结束）

3. 选项说明

直线是各种绘图中最常用、最简单的一类图形对象，在 AutoCAD 中，直线的概念相当于数学中的线段，即两点之间的连线。因此可以使用“line”命令绘制直线，绘制时只需要依次确定直线的两个端点即可。确定端点的方法有两种：一种是直接在提示行输入点的坐标；另一种是使用鼠标在绘图区内选择某一点。

二、确定第二点的方法

1）输入绝对坐标值，如直角坐标（100，100）、极坐标（100<45）。

2）输入相对坐标值，如相对直角坐标（@100，100）、相对极坐标（@100<45）。

3）打开【动态输入】模式，移动光标指示直线方向，输入直线长度值，如 100mm。

4）如果要绘制垂直或水平的直线，可以按〈F8〉键打开正交模式。

任务考核

一、操作训练

用相对直角坐标法、相对极坐标法和动态输入法绘制图 2-2 所示图形，不标注尺寸。

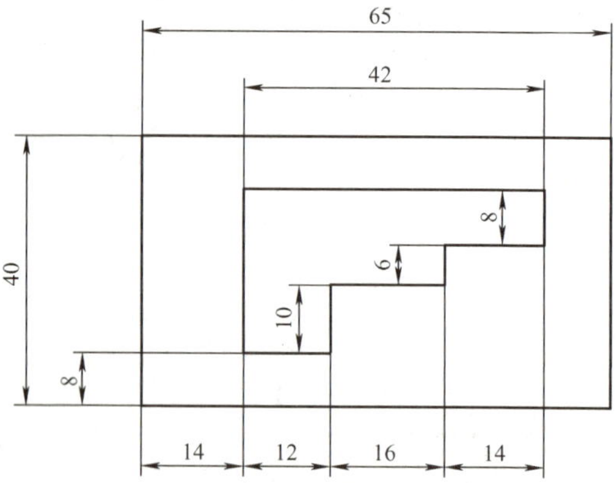

图 2-2 练习

二、思考练习

1. 在 AutoCAD 2020 中，启用直线命令的方法有哪些？

2. 在 AutoCAD 2020 中，绘制直线的关键是什么？可采取哪几种方法？

任务二 三角形的绘制

2-2 三角形的绘制

任务描述

绘制图 2-3 所示三角形。

任务分析

本任务中∠BAC=60°，∠ABC=45°，AB=100mm，根据这些条件绘制出△ABC，并作∠BAC 角平分线 AD，作 AC 边的垂线 BE，作 AB 边上的中线 CF。根据条件，可辅助使用极轴追踪和对象捕捉追踪绘制△ABC，辅助使用构造线命令绘制角平分线，辅助使用对象捕捉绘制中线和垂线。本任务要求学会利用构造线、直线等命令绘制三角形图形。

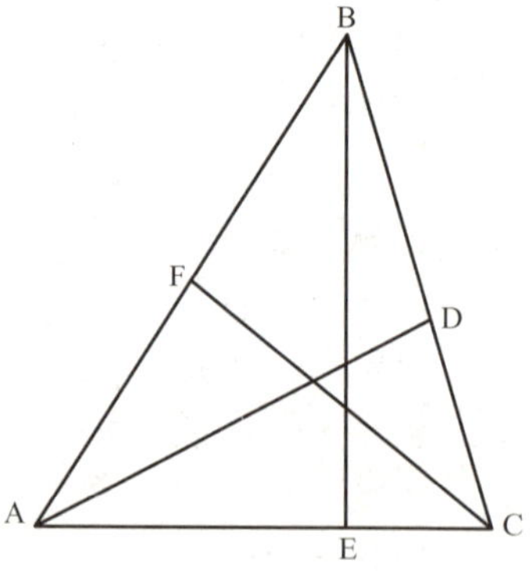

图 2-3 三角形

通过本任务的学习，要达到以下目标：

1. 学会使用极轴追踪方法绘制斜线。

2. 学会特殊点的捕捉方法。

3. 学会查询工具的使用方法。
4. 学会绘制三角形图形。

任务实施

1. 设置绘图单位

单击【格式】菜单→【单位】命令，弹出【图形单位】对话框，设置长度、角度单位等。

2. 设置绘图幅面为 210mm×297mm

3. 使设置的绘图幅面充满屏幕

4. 设置极轴追踪增量角和对象捕捉模式

右击状态栏上的【按指定角度限制光标】按钮，或者单击右边的小三角，在弹出的快捷菜单中选择【正在追踪设置】命令，弹出【草图设置】对话框，在【极轴追踪】选项卡中设置增量角为 15°，并勾选【启用极轴追踪】复选框。在【对象捕捉】选项卡中选中【端点】模式，并勾选【启用对象捕捉】和【启用对象捕捉追踪】复选框，最后单击【确定】按钮。

5. 绘制△ABC

命令：_line　　（启用直线命令）
指定第一点：　　（在绘图区指定任意一点为 A 点）
指定下一点或［放弃（U）］：100　　（如图 2-4a 所示，调整光标位置，系统会出现一条 60° 追踪的辅助虚线，输入 AB 长度为 100mm）
指定下一点或［放弃（U）］：　　（如图 2-4b 所示，先捕捉端点，然后把光标向右移动到图 2-4c 所示的位置，选取该点，注意角度）
指定下一点或［闭合（C）/ 放弃（U）］：c　　（闭合该三角形，如图 2-4d 所示）

6. 绘制△ABC 的∠BAC 的角平分线 AD

命令：_xline
指定点或［水平（H）/ 垂直（V）/ 角度（A）/ 二等分（B）/ 偏移（O）］：B
（选择二等分方式）
指定角的顶点：　　（捕捉 A 点）
指定角的起点：　　（捕捉 B 点）
指定角的端点：　　（捕捉 C 点）
指定角的端点：　　（按〈Enter〉键完成构造线的绘制。也可再指定端点，连续等分几个角）

接下来，用对象捕捉功能和直线命令连接 A 点和构造线与 BC 边的交点 D，方法如下：

命令：_line
指定第一点：　　（捕捉 A 点）
指定下一点或［放弃（U）］：_int 于　　（打开对象捕捉快捷菜单，选中交点命令，

捕捉构造线与 BC 的交点，拾取捕捉到的交点）

指定下一点或［放弃（U）］：　　（按〈Enter〉键，结束直线命令）。

删除刚才绘制的构造线，即可完成角平分线 AD 的绘制。

命令：_erase　　（启用删除命令）

选择对象：找到 1 个　　（选择构造线）

选择对象：　　（按〈Enter〉键即可删除构造线）

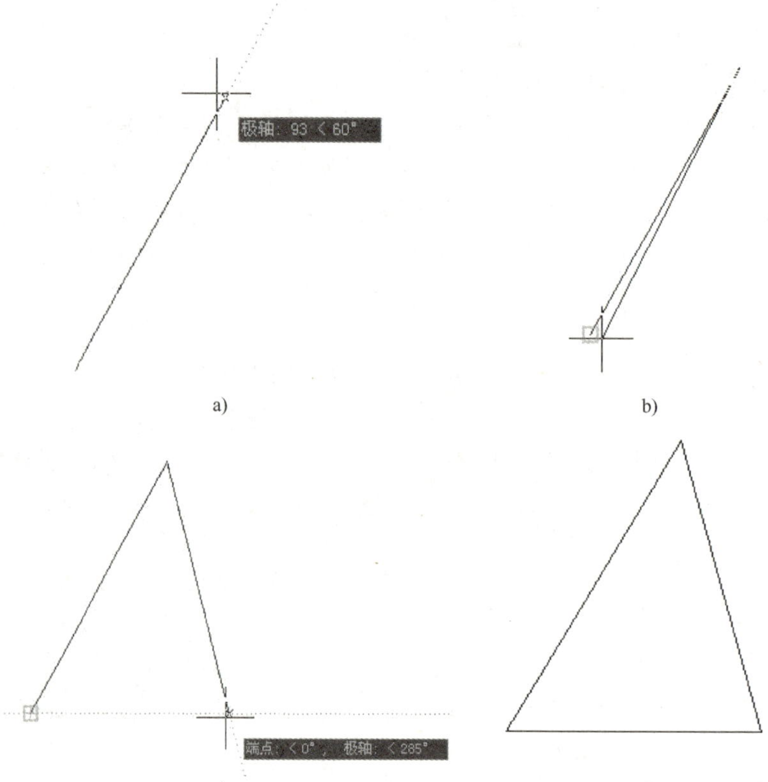

a)　b)　c)　d)

图 2-4　三角形的绘制

7. 绘制高 BE 和中线 CF

分别捕捉端点、垂足和中点，再用直线命令绘制高 BE 和中线 CF。

操作技巧

➢ 在 AutoCAD 2020 中，单击状态栏中的【正交限制光标】按钮可以绘制水平线和垂直线。

➢ 使用极轴追踪是绘制斜线最常用的方法，其关键在于设置一个合适的增量角。

➢ 使用对象捕捉，可以迅速定位对象上一些特殊点的精确位置，而不必知道其坐标或绘制构造线作辅助线。同时使用对象捕捉和对象追踪（即对象捕捉追踪功能），可以确定由两个特殊点的延长线定位的点的位置。

知识链接

一、构造线命令

构造线命令用于绘制朝两方向无限延长的直线。

1. 操作方法

（1）功能区　单击【默认】选项卡→【绘图】功能区中的【构造线】按钮。

（2）菜单栏　单击【绘图】→【构造线】。

（3）命令行　XLINE（或缩写：XL）。

2. 操作方法

命令：_xline

指定点或［水平（H）/ 垂直（V）/ 角度（A）/ 二等分（B）/ 偏移（O）］：（选择相关的选项）

指定通过点：

3. 选项说明

1）指定点：指定用以确定构造线位置的点，为默认选项，接着指定构造线的通过点，系统将通过这两点创建构造线。

2）水平（H）：绘制通过指定点的水平构造线。

3）垂直（V）：绘制通过指定点的垂直构造线。

4）角度（A）：绘制与 X 轴正方向呈指定角度的构造线。

5）二等分（B）：绘制角的平分线。执行该选项后，用户输入角的顶点、角的起点和角的终点，即可绘制出过角顶点的角平分线。

6）偏移（O）：绘制与指定直线平行的构造线。执行该选项后，给出偏移距离或指定通过点，即可绘制出与指定直线平行的构造线。该选项的功能与【修改】→【偏移】命令功能相同。

二、删除对象的常用方法

在 AutoCAD 中，对于图形不需要的对象，既可用 AutoCAD 删除功能删除，也可用 Windows 系统的删除功能删除，常用方法如下：

1. 用删除命令或功能区按钮删除

（1）操作方法　单击【修改】→【删除】命令（ERASE），或在【默认】选项卡【修改】功能区中单击【删除】按钮，都可以删除图形中选中的对象。

（2）操作步骤

命令：_erase

选择对象：

（3）操作说明　当启动删除命令后，需要先选择要删除的一个或多个对象，然后按〈Enter〉键或〈Space〉键结束对象选择，同时删除已选择的对象。

2. 用〈 Delete 〉键删除

AutoCAD 还支持 Windows 系统的操作功能，利用键盘上〈 Delete 〉键也可以删除图形对象。先选中要删除的对象，然后按〈 Delete 〉键即可。

3. 全部清除

若要全部清除 AutoCAD 绘图区的图形对象，可以按下〈 Ctrl+A 〉组合键全选图形，然后选择【编辑】→【删除】命令，或执行 ERASE 命令，也可按下〈 Delete 〉键。

三、查询工具

在 AutoCAD 中，查询工具是进行计算机辅助设计的重要工具。利用查询工具可以获取相应的信息，如点坐标、距离、面积等，用户也可以通过列表命令获取图形对象详尽的数据库信息。

查询工具的调用既可通过菜单命令，也可通过【实用工具】功能区上的工具按钮，如图 2-5 所示。

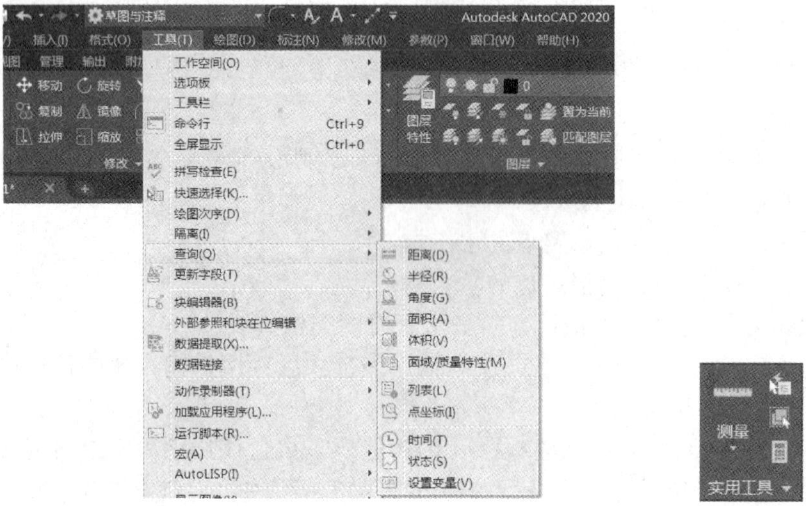

图 2-5　查询工具的调用

1. 获取点坐标

点坐标（ID）命令用来测量点的绝对坐标，并将该坐标点显示在命令行窗口中。

命令：_id　　　　　　　　　（调用点坐标命令）

指定点：　　　　　　　　　（拾取要查询坐标的点）

2. 测量距离和角度

距离命令用来测量任意两点间的距离和角度，操作步骤如下：

命令：_MEASUREGEOM　　（调用距离命令）

输入一个选项［距离（D）/ 半径（R）/ 角度（A）/ 面积（AR）/ 体积（V）/ 快速（Q）/ 模式（M）/ 退出（X）］〈距离〉：

指定第一点：

指定第二个点或［多个点（M）］：

拾取点的顺序不同，将直接导致测量结果的不同。

3. 计算面积和周长

面积（AREA）命令可用于计算一系列指定点围成的面积和周长，或计算多种对象的面积和周长。此外，该命令还可使用加模式和减模式来计算组合面积。在计算某对象的面积和周长时，如果该对象不是封闭的，则系统在计算面积时认为该对象的第一点和最后一点间通过直线进行封闭；而在计算周长时则为对象的实际长度，而不考虑对象的第一点和最后一点间的距离。

命令：_MEASUREGEOM

输入一个选项［距离（D）/ 半径（R）/ 角度（A）/ 面积（AR）/ 体积（V）/ 快速（Q）/ 模式（M）/ 退出（X）］〈距离〉：_area

指定第一个角点或［对象（O）/ 增加面积（A）/ 减少面积（S）/ 退出（X）］〈对象（O）〉：

指定下一个点或［圆弧（A）/ 长度（L）/ 放弃（U）］：

指定下一个点或［圆弧（A）/ 长度（L）/ 放弃（U）］：

指定下一个点或［圆弧（A）/ 长度（L）/ 放弃（U）/ 总计（T）］〈总计〉：

4. 列出对象的图形信息

列表显示（LIST）命令用来显示对象的数据库信息，如图层（Layer）、句柄（Handle）等。此外，根据选定对象的不同，该命令还将给出相关的附加信息。

命令：_list　　　　　　　　（调用列表显示命令）

选择对象：　　　　　　　　（选择要查询的图形对象，也可以选择多个对象）

任务考核

一、操作训练

绘制图 2-6 所示图形，AB、CD、EF 与水平方向夹角为 30°，BC、ED 均垂直于 CD。

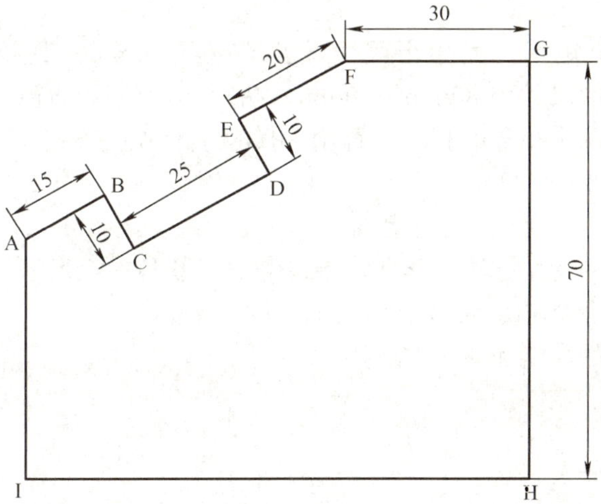

图 2-6　极轴追踪练习

二、思考练习

1. 使用构造线命令绘图时，各个选项的含义是什么？
2. 在 AutoCAD 2020 中删除对象的方法有哪些？

任务三 矩形的绘制

任务描述

2-3 矩形的绘制

绘制图 2-7 所示矩形。

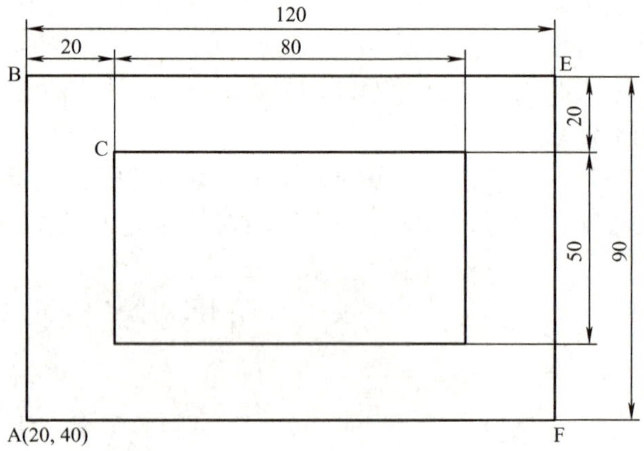

图 2-7　矩形

任务分析

本任务包含两个矩形，大矩形尺寸为 120mm × 90mm，其角点 A 的坐标为（20，40）；另外一个矩形的尺寸为 80mm × 50mm，两矩形的位置固定。矩形可以采用直线命令或矩形命令绘制，两个矩形的相对位置用 FROM 命令确定。本任务要求学会利用矩形、FROM 等命令绘制矩形。

通过本任务的学习，要达到以下目标：

1. 掌握矩形命令的使用方法，学会绘制带倒角、圆角的矩形等。
2. 掌握追踪辅助命令 FROM 在具体绘图中的运用。
3. 了解分解命令的功能和使用方法。

任务实施

1. 设置绘图单位、绘图幅面等

2. 通过二角点坐标绘制 120mm × 90mm 的矩形

命令：_rectang　　（启动矩形命令）

指定第一个角点或 [倒角（C）/ 标高（E）/ 圆角（F）/ 厚度（T）/ 宽度（W）]：20，40
（输入 A 点坐标）
指定另一个角点或 [面积（A）/ 尺寸（D）/ 旋转（R）]：@120，90
（输入 E 点相对于 A 点的相对直角坐标）

3. 通过尺寸绘制 80mm × 50mm 的矩形

命令：_rectang （启动矩形命令）
指定第一个角点或 [倒角（C）/ 标高（E）/ 圆角（F）/ 厚度（T）/ 宽度（W）]：from
（输入捕捉自命令 FROM）
基点：（选择 B 点为基点）
〈偏移〉：@20，-20 （输入偏移坐标，如果选 A 点为基点，则偏移坐标为 @20，20）
指定另一个角点或 [面积（A）/ 尺寸（D）/ 旋转（R）]：d （选择尺寸选项）
指定矩形的长度〈10.0000〉：80 （输入矩形的长度为 80mm）
指定矩形的宽度〈10.0000〉：50 （输入矩形的宽度为 50mm）
指定另一个角点或 [面积（A）/ 尺寸（D）/ 旋转（R）]：（移动光标，指定右下角点后单击）

操作技巧

➢ 用矩形命令不仅可绘制一般的矩形，还可绘制带倒角、圆角的矩形。

➢ 利用相对位置指定下一个应用点时，使用 FROM 命令很方便，它要在命令提示定点时才可使用，单独使用不起作用。

➢ 当要对组合对象的单个元素进行编辑时，就应先使用分解命令进行分解。

➢ RECTANG 命令具有继承性，也就是说，当用户绘制矩形时设置的各项参数始终起作用，直至修改该参数或重新启动 AutoCAD。

➢ 也可采用直线命令或多段线命令绘制矩形。

知识链接

一、矩形命令

1. 操作方法

（1）功能区 单击【默认】选项卡→【绘图】功能区中的【矩形】按钮 。

（2）菜单栏 单击【绘图】→【矩形】。

（3）命令行 RECTANG（或缩写：REC）。

2. 操作步骤

命令：_rectang
指定第一个角点或 [倒角（C）/ 标高（E）/ 圆角（F）/ 厚度（T）/ 宽度（W）]：
指定另一个角点或 [面积（A）/ 尺寸（D）/ 旋转（R）]：

3. 选项说明

在绘制矩形时仅需要提供对角线两个端点的坐标即可。选择对角线端点时，没有方向的限制，可以从左到右，也可以从右到左。使用矩形命令可绘制出带倒角的矩形、带圆角的矩形、有厚度的矩形等多种矩形，如图 2-8 所示。这些矩形可以先选择矩形命令然后再通过设置以下选项来绘制：

1）倒角（C）：用于确定矩形的倒角。

2）圆角（F）：用于确定矩形的圆角。

3）宽度（W）：用于确定矩形的线宽。

4）标高（E）：用于指定矩形所在平面的高度。

5）厚度（T）：用于指定矩形的厚度。

以上选项任何一项设置完以后再指定第一角点，然后还可以设置以下选项：

6）面积（A）：指定矩形的面积和一条边。

7）尺寸（D）：指定矩形的长度和宽度。

8）旋转（R）：输入旋转角度或指定两点绘制一个旋转矩形。

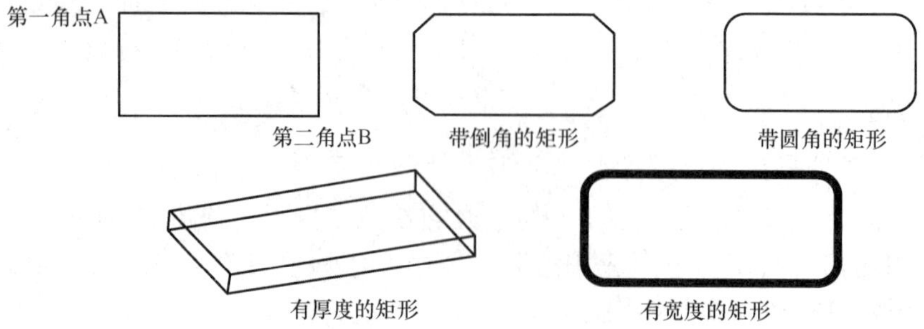

图 2-8　矩形

二、使用临时追踪点和捕捉自功能

1. 临时追踪点工具

可在一次操作中创建多条追踪线，并根据这些追踪线确定所要定位的点。

2. 捕捉自工具（FROM）

在利用相对位置指定下一个应用点时，使用捕捉自工具可以提示输入基点，并将该点作为临时参照点，这与通过输入前缀“@”使用最后一个点作为参照点类似。它不是对象捕捉模式，但经常与对象捕捉一起使用。

捕捉自工具的使用方法：在指定点提示下，输入 from，然后输入临时参照或基点（可以指定自该基点的偏移以定位下一点）。输入自该基点的偏移位置作为相对坐标，或使用直接距离输入定位目标点。

三、分解命令

分别选中用直线命令和矩形命令绘制的矩形，可以看到两个矩形对象的组成情况不同，用直线命令绘制的矩形是由四条直线即四个对象组成的，而用矩形命令绘制的矩形是一个对象。在 AutoCAD 中矩形是一种封闭的多段线对象。

用矩形命令绘制的矩形是一个对象，如果需要对其中某一条直线进行编辑，就需要用分解命令将它分解开。下面介绍分解命令的调用方法、功能及操作。

1. 命令的调用方法

（1）功能区　单击【默认】选项卡→【修改】功能区中的【分解】按钮。

（2）菜单栏　选择【修改】→【分解】命令。

（3）命令行　EXPLODE（或缩写：X）。

2. 功能

将组合对象，如多段线、尺寸、填充图案及块，分解为单个元素，以便对这些元素进行编辑操作。

四、绘制带倒角、圆角的矩形（图 2-9）

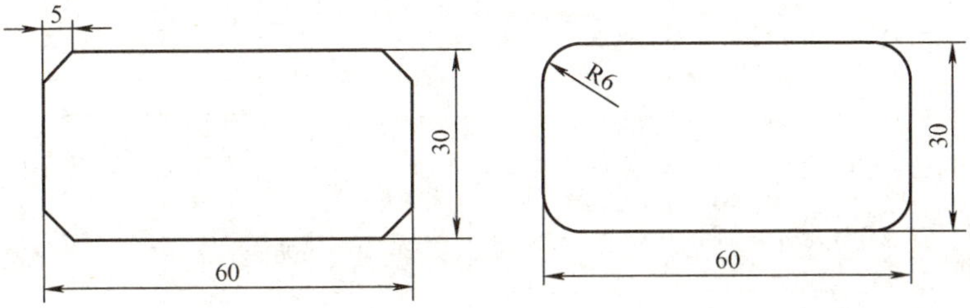

图 2-9　带倒角、圆角的矩形

1. 绘制带倒角的矩形

命令：_rectang　（启动矩形命令）

指定第一个角点或［倒角（C）/ 标高（E）/ 圆角（F）/ 厚度（T）/ 宽度（W）]：C
（选择倒角选项）

指定矩形的第一个倒角距离〈0〉：5　（输入矩形的第一个倒角距离为 5mm）

指定矩形的第二个倒角距离〈5〉：　（按〈Enter〉键，确认矩形的第二个倒角距离也为 5mm）

指定第一个角点或［倒角（C）/ 标高（E）/ 圆角（F）/ 厚度（T）/ 宽度（W）]：
（移动光标，在合适位置拾取一点，作为左下角点）

指定另一个角点或［面积（A）/ 尺寸（D）/ 旋转（R）]：@60，30
（输入右上角点相对坐标）

2. 绘制带圆角的矩形

命令：_rectang　（启动矩形命令）

当前矩形模式：倒角 =5 × 5　（继承前面的倒角设置）

指定第一个角点或［倒角（C）/ 标高（E）/ 圆角（F）/ 厚度（T）/ 宽度（W）]：f
（选择圆角选项）

指定矩形的圆角半径〈5〉：6　（输入矩形的圆角半径为 6mm）

指定第一个角点或［倒角（C）/ 标高（E）/ 圆角（F）/ 厚度（T）/ 宽度（W）]：
（移动光标，在合适位置拾取一点，作为

左下角点）

指定另一个角点或 [面积（A）/ 尺寸（D）/ 旋转（R）]：@60，30

（输入右上角点相对坐标）

任务考核

一、操作训练

绘制图 2-10 所示床平面简图。用 1500mm × 2000mm 的矩形表示床的外框，用 500mm × 500mm 的矩形表示床头柜，床头柜的上边沿超出床的上边沿为 100mm。

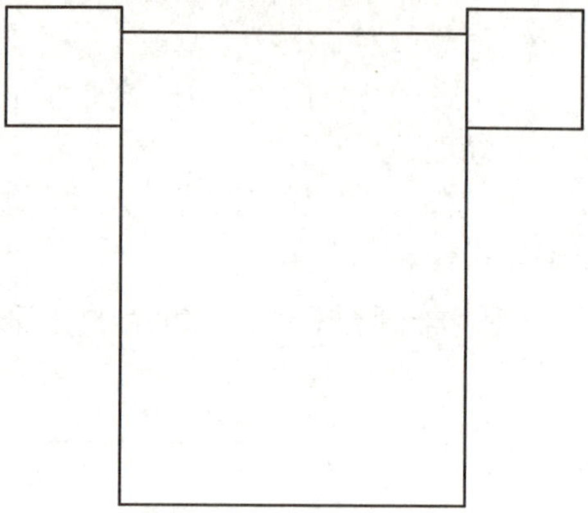

图 2-10　床平面图

二、思考练习

1. 绘制矩形有几种方法？
2. 矩形命令中各个选项的意义是什么？

任务四　压盖的绘制

任务描述

绘制图 2-11 所示压盖。

2-4 压盖的绘制

任务分析

压盖图形由几个圆形组成，图形中有不同的线型。为方便图形的管理，对中心线和轮廓线分别建立不同的图层。本任务是学会用圆形、直线、图层等命令绘制压盖图形。

通过本任务的学习，要达到以下目标：

1. 掌握绘制圆的方法。
2. 学会使用图层管理图形对象。
3. 学会绘制圆的切线。
4. 学会绘制压盖图形。

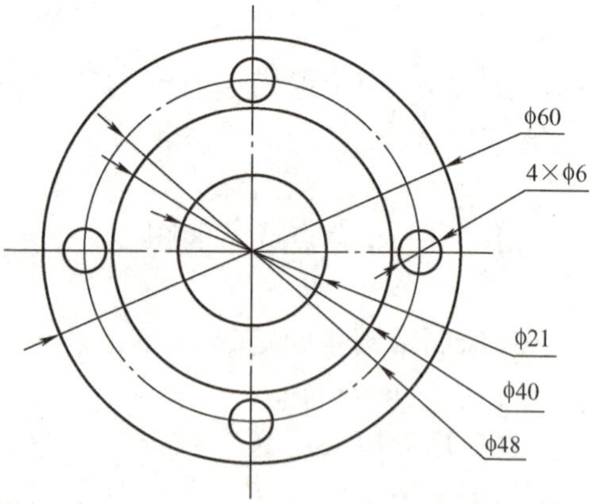

图 2-11　压盖

任务实施

1. 创建新图层

1）创建点画线图层，设置颜色为红色，线型为 Center。

单击【默认】选项卡【图层】功能区【图层特性】按钮，或者单击【格式】菜单中的【图层】命令，打开【图层特性管理器】对话框，单击对话框中的【新建图层】按钮，选择该图层颜色为红色，加载线型为 Center。

2）创建粗实线图层，设置颜色为蓝色，线型为 Continuous，线宽为 0.3mm。

2. 将点画线图层设置为当前层

在【图层特性管理器】对话框中选中“点画线”图层，单击【置为当前】按钮，或单击【默认】选项卡【图层】功能区图层列表 点划线 右边的小三角，选择图层。

3. 绘制中心线

用直线命令绘制压盖的中心线 AB、CD，如图 2-12 所示。

命令：_line　　（启动直线命令）
指定第一点：　　（任意拾取一点作为 A 点）
指定下一点或［放弃（U）］：@80，0　　（输入 B 点相对于 A 点的相对直角坐标）
指定下一点或［放弃（U）］：　　（按〈Enter〉键，结束直线命令）

设置对象捕捉模式为中点、圆心、交点，并打开对象捕捉和对象捕捉追踪功能，绘制垂直中心线 CD。

命令：_line　　（启动直线命令）
指定第一点：from　　（输入捕捉自命令）
基点：（捕捉 O 点作为基点）
〈偏移〉：@0，40　　（输入偏移坐标，确定 C 点位置）
指定下一点或［放弃（U）］：@0，-80　　（输入 D 点相对于 C 点的相对直角坐标）
指定下一点或［放弃（U）］：　　（按〈Enter〉键，结束直线命令）

4. 用圆命令绘制 ϕ48mm 的圆

命令：_circle　　（启动圆命令）
指定圆的圆心或［三点（3P）/ 两点（2P）/ 切点、切点、半径（T）］：
　　（捕捉 O 点作为圆心）
指定圆的半径或［直径（D）］：24　　（输入圆的半径 24mm，如图 2-12 所示）

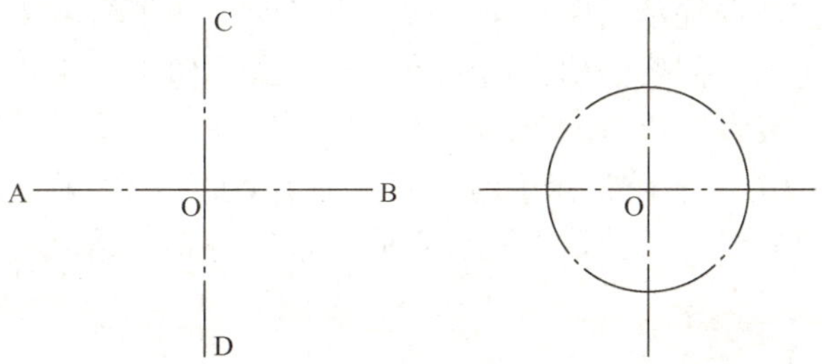

图 2-12　绘制中心线

5. 将粗实线图层设为当前图层

6. 绘制同心圆

用圆命令依次绘制 ϕ21mm、ϕ40mm、ϕ60mm 的同心圆，如图 2-13 所示。

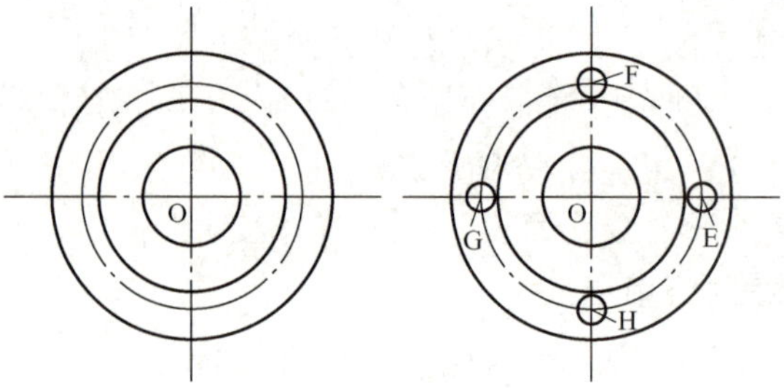

图 2-13　同心圆

命令：_circle（启动圆命令）
指定圆的圆心或［三点（3P）/ 两点（2P）/ 切点、切点、半径（T）]：
（捕捉 O 点作为圆心）
指定圆的半径或［直径（D）]〈24.0000〉：30　（输入圆的半径 30mm，绘制 ϕ60mm 的圆）
命令：　（按〈Enter〉键，重复执行圆命令）
CIRCLE 指定圆的圆心或［三点（3P）/ 两点（2P）/ 切点、切点、半径（T）]：
（捕捉 O 点作为圆心）
指定圆的半径或［直径（D）]〈30.0000〉：20　（输入圆的半径 20mm，绘制 ϕ40mm 的圆）
命令：　（按〈Enter〉键，重复执行圆命令）
CIRCLE 指定圆的圆心或［三点（3P）/ 两点（2P）/ 切点、切点、半径（T）]：
（捕捉 O 点作为圆心）
指定圆的半径或［直径（D）]〈20.0000〉：10.5　（输入圆的半径 10.5mm，绘制 ϕ21mm 的圆）

7. 用圆命令分别绘制 4 个 ϕ6mm 的小圆（完成图形）

操作技巧

➢ 相切对象可以是直线、圆、圆弧、椭圆等图线，利用相切绘制圆的方式在圆弧连接中经常使用。用户在命令提示后输入半径或者直径时，如果所输入的值无效，如英文字母、负值等，系统将显示“需要数值距离或第二点”或“值必须为正且非零”等信息，并提示用户重新输入值，或者退出该命令。

➢ 使用“相切、相切、半径”命令时，系统总是在距拾取点最近的部位绘制相切的圆。因此，拾取相切对象时，所拾取的位置不同，最后得到的结果有可能也不相同。

知识链接

圆命令

1. 操作方法

（1）功能区　单击【默认】选项卡→【绘图】功能区中的【圆】按钮 。

（2）菜单栏　单击【绘图】→【圆】。

（3）命令行　CIRCLE（或缩写：C）。

2. 操作步骤

命令：_circle

指定圆的圆心或［三点（3P）/ 两点（2P）/ 切点、切点、半径（T）]：

指定圆的半径或［直径（D）]：

3. 选项说明

从命令行的提示可以看到绘制圆的方法很多，如图 2-14 所示，默认的是已知圆心和半径绘制圆。绘制圆的方法有如下六种：

1）圆心、半径（R）：圆心配合半径确定一圆。AutoCAD 提示给定圆心和半径。

2）圆心、直径（D）：圆心配合直径确定一圆。AutoCAD 提示给定圆心和直径。

3）三点（3P）：三点确定一圆。AutoCAD 提示输入三点，创建通过三个点的圆。

4）两点（2P）：用直径的两端点确定一圆。AutoCAD 提示输入直径的两端点。

5）相切、相切、半径（T）：与两对象相切配合半径确定一圆。AutoCAD 提示选择两对象，并要求输入半径。

6）相切、相切、相切：是三点绘圆的扩展，通过依次指定与圆相切的三个对象来绘制圆，在【绘图】菜单下的【圆】的级联菜单中有此选项。

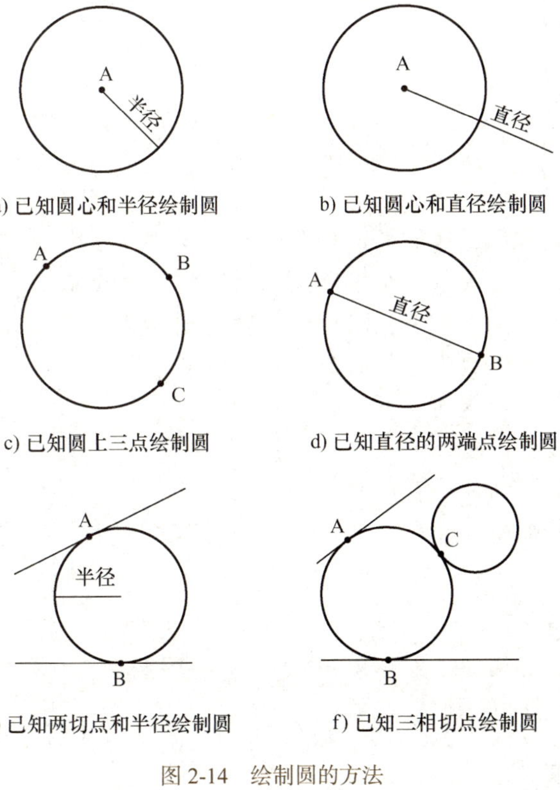

a) 已知圆心和半径绘制圆　b) 已知圆心和直径绘制圆　c) 已知圆上三点绘制圆　d) 已知直径的两端点绘制圆　e) 已知两切点和半径绘制圆　f) 已知三相切点绘制圆

图 2-14　绘制圆的方法

任务考核

一、操作训练

绘制图 2-15 所示图形，新建两个图层，分别绘制中心线和轮廓线，利用捕捉切点方式绘制两外圆的公切线，不要求标注尺寸。绘制切线时先单击直线，再按住〈Ctrl〉键，然后右击，在弹出的快捷菜单中选择【切点】，在圆上捕捉切点后单击。

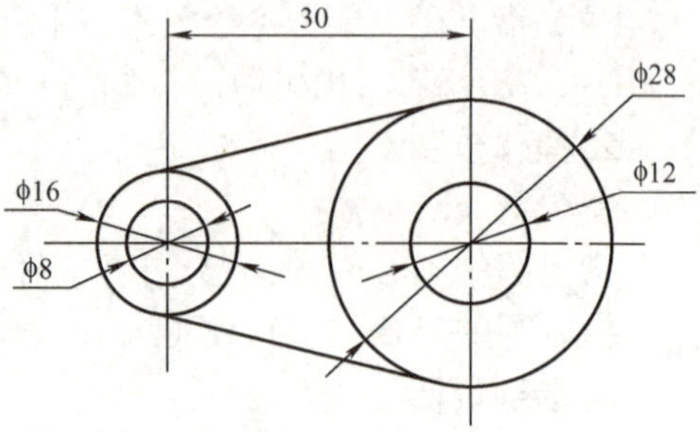

图 2-15 绘制公切线

二、思考练习

1. 绘制圆需要使用的命令是什么？如何调用？
2. 绘制圆的方式有哪些种？

任务五 五角星的绘制

任务描述

绘制图 2-16 所示五角星。

2-5 五角星的绘制

任务分析

五角星图形由五条首尾相连的长度相等的有规律的直线构成。先使用定数等分命令五等分一个辅助圆，然后使用直线命令捕捉节点，连接五角星的五个角，最后删除辅助圆得到五角星。本任务要求学会使用定数等分等命令绘制五角星。

图 2-16 五角星

通过本任务的学习，要达到以下目标：

1. 掌握点样式的设置方法。
2. 学会使用定数等分命令绘制图形。
3. 学会绘制五角星图形。

任务实施

1. 设置点样式

单击【格式】→【点样式】命令，在弹出的【点样式】对话框中选择一种点样式。

2. 任意绘制一个圆

命令：_circle（启动圆命令）

指定圆的圆心或［三点（3P）/ 两点（2P）/ 切点、切点、半径（T）］:

（任意拾取一点作为圆心）
指定圆的半径或［直径（D）]：　（任意指定圆的半径）

3. 把圆周长五等分

命令：_divide　（单击【绘图】→【点】→【定数等分】命令，启动定数等分命令）
选择要定数等分的对象：　（选择刚才绘制的圆）
输入线段数目或［块（B）]：5　（输入要等分的数目“5”）

4. 设置对象捕捉为圆心和节点两种模式

5. 绘制五角星直线

使用直线命令，通过捕捉节点，在 5 个等分点之间绘制直线。

命令：_line　（启动直线命令）
指定第一点：　（捕捉节点 A）
指定下一点或［放弃（U）]：　（捕捉节点 B，绘制直线 AB）
指定下一点或［放弃（U）]：　（捕捉节点 C，绘制直线 BC）
指定下一点或［闭合（C）/ 放弃（U）]：　（捕捉节点 D，绘制直线 CD）
指定下一点或［闭合（C）/ 放弃（U）]：　（捕捉节点 E，绘制直线 DE）
指定下一点或［闭合（C）/ 放弃（U）]：　（捕捉节点 A，绘制直线 EA）
指定下一点或［闭合（C）/ 放弃（U）]：　（按〈Enter〉键，结束直线命令）

6. 把所有对象逆时针旋转 90°

命令：_rotate　（启动旋转命令）
UCS 当前的正角方向：ANGDIR= 逆时针　ANGBASE=0（系统提示当前用户坐标系的角度测量方向和测量基点）
选择对象：　（用框选法选择所有的对象）
指定对角点：找到 11 个
选择对象：　（按〈Enter〉键，结束对象选择）
指定基点：　（捕捉圆心）
指定旋转角度，或［复制（C）/ 参照（R）]〈90〉：90　（指定旋转角度为 90°）

7. 将点样式改为默认

单击【格式】→【点样式】命令，在弹出的【点样式】对话框中选择默认。

8. 删除辅助圆（图 2-17）

命令：_erase　（启动删除命令）
选择对象：找到 1 个　（选择圆）
选择对象：　（按〈Enter〉键，结束删除命令）

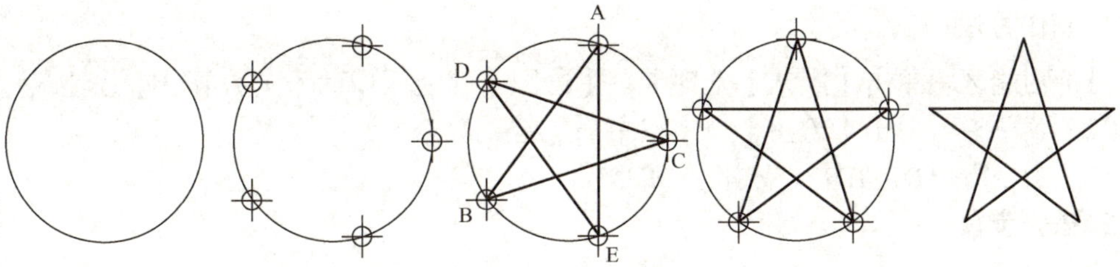

图 2-17　等分圆绘制五角星

操作技巧

➢ 使用定数等分命令和直线命令绘制五角星，并使用旋转命令调整五角星的方向。
➢ 学习正多边形命令后，还可以通过正五边形绘制五角星。

知识链接

一、点样式设置命令

1. 操作方法

（1）功能区　单击【默认】选项卡→【实用工具】功能区中的【点样式】按钮。
（2）菜单栏　单击【格式】→【点样式】。
（3）命令行　DDPTYPE。

2. 操作步骤

命令：_ddptype
正在重生成模型

3. 选项说明

在执行命令后，弹出【点样式】对话框，在对话框中选定需要的点样式，设置点的大小后单击【确定】按钮退出。

二、点命令

1. 操作方法

（1）功能区　单击【默认】选项卡→【绘图】功能区中的【多点】按钮。
（2）菜单栏　单击【绘图】→【点】→【多点】(【单点】)。
（3）命令行　POINT（或缩写：PO）。

2. 操作步骤

命令：_point
当前点模式：PDMODE=34　PDSIZE=10.0000
指定点：

3. 选项说明

1）当前点模式：显示当前点模式及大小。
2）指定点：直接在绘图区单击或输入点坐标确定其位置。

三、定数等分命令

1. 操作方法

（1）功能区　单击【默认】选项卡→【绘图】功能区中的【定数等分】按钮。
（2）菜单栏　单击【绘图】→【点】→【定数等分】。
（3）命令行　DIVIDE（或缩写：DIV）。

2. 操作步骤

命令：_divide

选择要定数等分的对象：
输入线段数目或［块（B）］：

3. 选项说明

1）选择要定数等分的对象：要定数等分的对象可以是直线、圆弧、样条曲线、圆、椭圆。

2）输入线段数目：指定等分数目（2～32767 之间的整数）。

3）块（B）：以块作为标记来定数等分对象。

任务考核

一、操作训练

如图 2-18 所示，将任意已知角三等分。

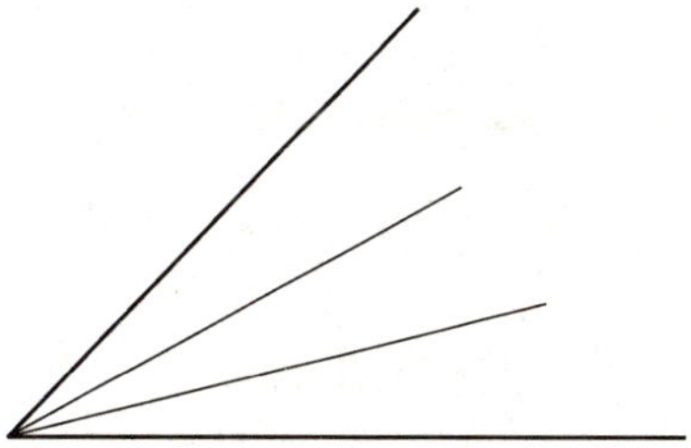
图 2-18　等分角

二、思考练习

1. 如何设置点样式？
2. 如何通过定数等分命令绘制图形？

任务六　六角螺母俯视图的绘制

任务描述

绘制图 2-19 所示六角螺母俯视图。

2-6 六角螺母俯视图的绘制

任务分析

六角螺母俯视图由正六边形和圆以及一个 3/4 圆组成。圆形和正多边形用圆形、正多边形命令直接绘制，3/4 圆利用绘制整圆再修剪的方法绘制。本任务要求学会利用直线、圆、正多边形、修剪等命令绘制出六角螺母俯视图。

通过本任务的学习，要达到以下目标：

1. 学会圆形命令的使用方法。
2. 学会正多边形命令的使用方法。
3. 学会修剪命令的使用方法。
4. 学会绘制六角螺母俯视图。

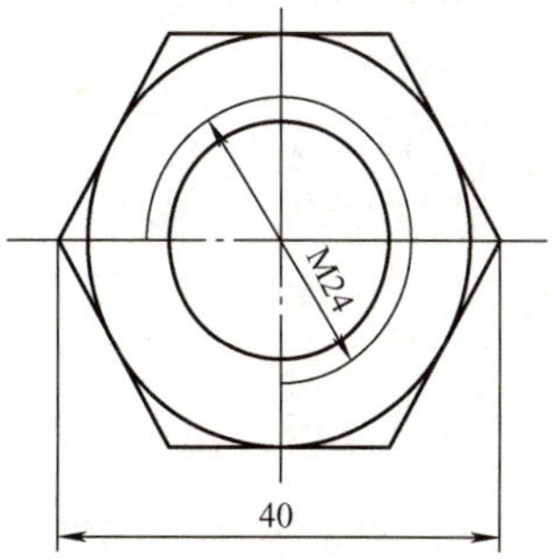

图 2-19　六角螺母俯视图

任务实施

1. 设置绘图环境

设置图形界限、图层（名称、线型、颜色、线宽）。

2. 绘制中心线

绘制水平、垂直两条长的中心线。

3. 绘制正六边形（图 2-20）

命令：_polygon （启动多边形命令）

输入侧面数〈4〉:〈对象捕捉 开〉6 （指定正多边形的边数）

指定正多边形的中心点或［边（E）]: （捕捉中心线的交点）

输入选项［内接于圆（I）/ 外切于圆（C）］〈I〉: （指定等分圆绘制正多边形的方式为内接于圆）

指定圆的半径：20 （指定圆的半径）

4. 绘制大圆

命令：_circle （启动圆命令）

指定圆的圆心或［三点（3P）/ 两点（2P）/ 切点、切点、半径（T）]: （捕捉中心线的交点作为圆心）

指定圆的半径或［直径（D）]: （捕捉正六边形边的中点，圆心到中点的距离为圆的半径）

5. 绘制牙底圆和牙顶圆

命令：_circle （启动圆命令）

指定圆的圆心或［三点（3P）/ 两点（2P）/ 切点、切点、半径（T）]: （中心线的交点为圆心）

指定圆的半径或［直径（D）］〈1〉: 12 （指定圆的半径）

命令：_circle （启动圆命令）

指定圆的圆心或［三点（3P）/ 两点（2P）/ 相切、相切、半径（T）]: （捕捉中心线的交点作为圆心）

指定圆的半径或［直径（D）］〈12.0000〉: 10 （指定圆的半径）

6. 修剪牙底圆

命令：_trim （启动修剪命令）

当前设置：投影 =UCS，边 = 无

选择剪切边 ...

选择对象或〈全部选择〉: （选择水平中心线和垂直中心线）

选择要修剪的对象，或按住 Shift 键选择要延伸的对象，或［栏选（F）/ 窗交（C）/ 投影（P）/ 边（E）/ 删除（R）]: （选择要剪切的螺纹牙底左下方 1/4 圆）

选择要修剪的对象，或按住 Shift 键选择要延伸的对象，或［栏选（F）/ 窗交（C）/ 投影（P）/ 边（E）/ 删除（R）放弃（U）]:

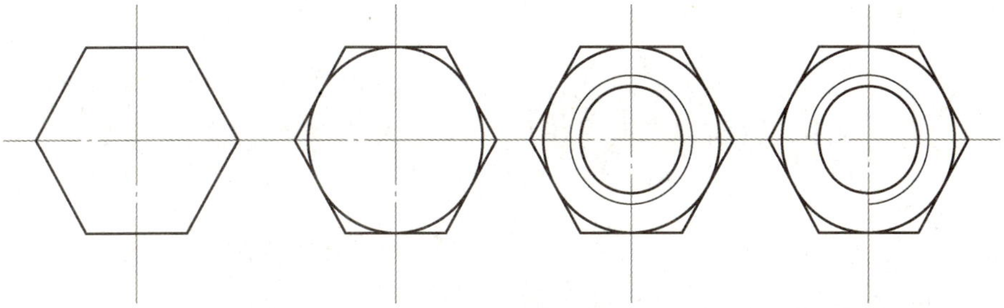

a) 绘制正六边形　b) 绘制大圆　c) 绘制牙顶圆和牙底圆　d) 修剪牙底圆

图 2-20　绘制螺母俯视图

操作技巧

➢ 圆有六种绘制方法：圆心、半径，圆心、直径，两点，三点，相切、相切、半径和相切、相切、相切。其中“三点”常用于绘制经过任意三点的圆，“相切、相切、相切”常用于绘制内切圆等。

➢ 正多边形有等分圆和给定边长两种绘制方法。一定要根据条件灵活使用。

知识链接

一、正多边形命令

1. 操作方法

（1）功能区　单击【默认】选项卡→【绘图】功能区中的【矩形】按钮右边三角形→【多边形】按钮。

（2）菜单栏　单击【绘图】→【多边形】。

（3）命令行　POLYGON（或缩写：POL）。

2. 操作步骤

命令：_polygon

输入侧面数〈4〉：

指定正多边形的中心点或［边（E）］：

输入选项［内接于圆（I）/ 外切于圆（C）］〈I〉：

指定圆的半径：

3. 选项说明

1）正多边形的中心点：定义正多边形中心点。

2）边（E）：通过指定第一条边的两个端点来定义正多边形。

3）内接于圆（I）：指定外接圆的半径，正多边形的所有顶点都在此圆周上。

4）外切于圆（C）：指定内切圆的半径（从正多边形中心点到各边中点的距离）。

二、修剪命令

修剪命令用于将超出边界或边界延长线的多余部分删除掉。

1. 操作方法

（1）功能区　单击【默认】选项卡→【修改】功能区中的【修剪】按钮 。

（2）菜单栏　单击【修改】→【修剪】。

（3）命令行　TRIM（或缩写：TR）。

2. 操作步骤

命令：_trim

当前设置：投影 =UCS，边 = 延伸

选择剪切边 ...

选择对象或〈全部选择〉:

选择要修剪的对象，或按住 Shift 键选择要延伸的对象，或 [栏选（F）/ 窗交（C）/ 投影（P）/ 边（E）/ 删除（R）/ 放弃（U）]:

3. 选项说明

1）选择对象：指定剪切边对象，即指定修剪时的边界。

2）要修剪的对象：指定修剪对象，即将被部分删除的对象。注意，对象被剪切边对象分为若干段，选择对象时拾取点所在的部分将被删除。

3）栏选（F）：使用一条直线或多段折线来修剪对象。

4）边（E）：设置修剪时是否自动延伸对象，用对象的延长线作为剪切边。

5）删除（R）：在执行修剪的过程中，输入 R 可以选择将对象快速删除。

三、正多边形与圆

绘制正多边形时，如果采用等分圆的方法，一定要弄清正多边形与圆的关系。正多边形与圆的关系有两种，如图 2-21 所示。

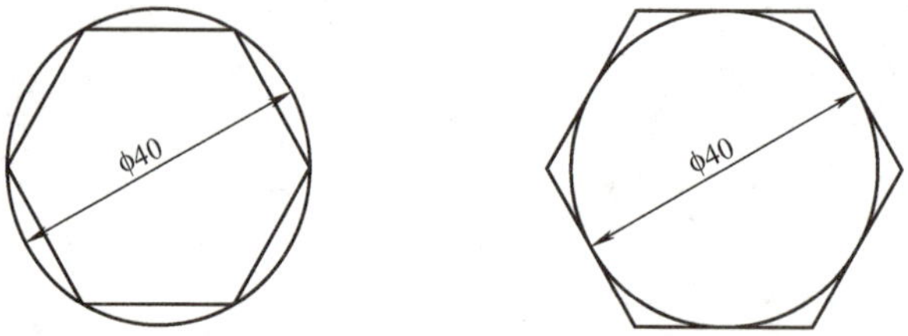

a) 正多边形内接于圆　　b) 正多边形外切于圆

图 2-21　正多边形与圆的关系

多边形内接于圆实际就是圆外接于多边形，圆的半径就是多边形的中心到多边形各顶点的距离，多用于已知偶数边正多边形对顶点距离时绘制正多边形。

多边形外切于圆实际就是圆内切于多边形，圆的半径就是多边形的中心到多边形各边中点的距离，多用于已知偶数边正多边形对边距离时绘制正多边形。

对于同样大小的圆，使用不同的正多边形与圆的关系，画出的圆的大小不一样。

四、夹点编辑

夹点是选中图形物体后所显示的特征点。如：直线的特征点是两个端点，一个中点；圆形的特征点是四个四分圆点和圆心点；矩形的特征点是四个顶点；等等。当选中物体后这些点会被亮显出来，可以选中某个点，这时该点会显示为红色。可以以此点为基点进行编辑，如拉伸、移动、旋转、镜像。还可以输入“c”，表示复制，即编辑结果是复制的新对象。

夹点编辑是通过夹点激活拉伸、移动、复制、旋转、缩放或镜像操作的一种编辑模式。

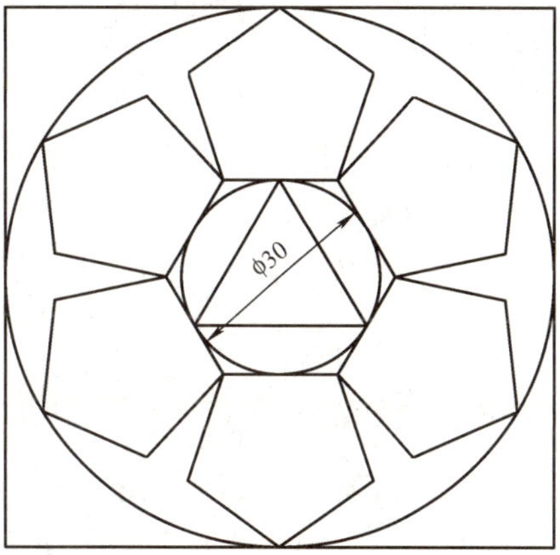

图 2-22　绘制正多边形

任务考核

一、操作训练

绘制图 2-22 所示图形。

二、思考练习

1. 修剪与延伸操作的区别是什么？
2. 夹点编辑有哪几种编辑模式？

任务七　梅花的绘制

2-7 梅花的绘制

任务描述

绘制图 2-23 梅花图形。

任务分析

梅花由五条圆弧组成，可以用圆弧绘图工具绘制，也可以用绘制整圆再修剪的方法来绘制。本任务要求学会利用正多边形、圆弧等命令绘制出梅花图形。

通过本任务的学习，要达到以下目标：

1. 学会圆弧命令的使用方法。
2. 根据当前绘制条件正确选择绘制圆弧的方法。
3. 学会绘制梅花图形。

图 2-23　梅花图形

任务实施

1. 设置绘图环境

2. 绘制正五边形（图 2-24a）

命令：_polygon

输入侧面数〈4〉：5　　　　　　　　　　　　　　（指定正多边形的边数）

指定正多边形的中心点或［边（E）]：　　　　　　（指定正多边形的中心）

输入选项［内接于圆（I）/ 外切于圆（C）]〈I〉：I　　（指定等分圆绘制正多边形的

方式）
指定圆的半径：30 （指定圆的半径）

3. 以正五边形的边的端点绘制半圆弧（图 2-24b）

命令：_arc
指定圆弧的起点或 [圆心（C）]：c
指定圆弧的圆心： （捕捉 AB 的中点单击）
指定圆弧的起点： （捕捉 A 点单击）
指定圆弧的端点（按住 Ctrl 键以切换方向）或 [角度（A）/ 弦长（L）]： （捕捉 B 点单击）

绘制圆弧时注意按逆时针方向绘制。

本例绘制圆弧采用的是“圆心、起点、端点”方式，也可以采用其他的命令绘制。

4. 绘制其他半圆弧（图 2-24c）

同理，利用“圆心、起点、端点”的方法绘制其他圆弧。

5. 删除正五边形（图 2-24d）

命令：_erase
选择对象：找到 1 个（按〈Enter〉键）
选择对象：

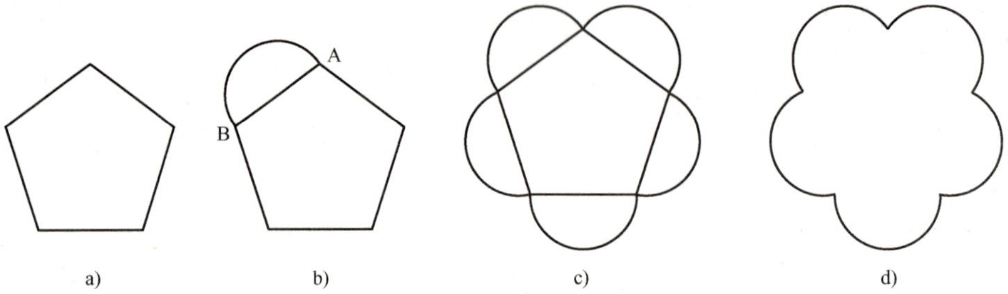

图 2-24 绘制梅花

操作技巧

➢ 绘制圆弧的方法有很多，AutoCAD 2020 在【绘图】菜单中列出了 11 种绘制圆弧的方法，供用户选用。一定要将这 11 种方法牢记并理解，这样才能灵活地使用这些圆弧绘制方法绘制二维图形。

➢ 特别要注意的是在绘制圆弧时，选项“角度”是指圆弧包角，其方向是逆时针方向为正，顺时针方向为负。选项“方向”是指圆弧起点处的切线方向。

知识链接

一、圆弧的绘制

1. 操作方法

（1）功能区 单击【默认】选项卡→【绘图】功能区中的【圆弧】按钮。

（2）菜单栏　单击【绘图】→【圆弧】→【圆心、起点、端点】。

（3）命令行　ARC（或缩写：A）。

2. 操作步骤

命令：_arc

圆弧创建方向：逆时针（按住〈Ctrl〉键可切换方向）

指定圆弧的起点或［圆心（C）］：

指定圆弧的第二个点或［圆心（C）/ 端点（E）］：

指定圆弧的端点：

圆弧的绘制有多种方法，所以使用圆弧命令绘制时，命令行会显示一些选项供用户选用。

3. 选项说明

1）起点：指定圆弧的起点。

2）第二个点：采用三点绘制圆弧时，指定圆弧周线上的一个点。

3）圆心：指定圆弧所在圆的圆心。

4）端点：指定圆弧的结束点。

5）半径：指定圆弧的半径。当半径为正时，将逆时针方向绘制一条劣弧；当半径为负时，将绘制一条优弧。

6）角度：指定圆弧包含角绘制圆弧。逆时针方向为正，顺时针方向为负。

7）长度：指定圆弧所对应的弦长。当弦长为正值时，将从起点逆时针方向绘制劣弧；当弦长为负值时，将逆时针方向绘制优弧。

8）方向：指定绘制圆弧在起点处的切线方向。该方向用于指定圆弧的方向。

二、注意事项

1. 在 AutoCAD 2020 中，功能区面板也提供 11 种绘制圆弧的方法，采用不同的方法绘制时定点顺序等有所不同。

2. 在机械制图中，绘制圆弧常用先绘制圆形再修剪掉多余圆弧的方法或通过圆角等命令来完成，要根据具体的尺寸条件选择合适的方法绘制。

任务考核

一、操作训练

绘制图 2-25 所示图形。两条直线长度均为 80mm，且相互垂直平分，圆弧半径均为 25mm。

图 2-25　圆弧

二、思考练习

1. 在 AutoCAD 2020 中提供了哪些绘制圆弧的方法？

2. 在绘制圆弧时，选项“圆心（C）”代表什么含义？

任务八　异形扳手的绘制

任务描述

2-8 异形扳手的绘制

绘制图 2-26 所示异形扳手。

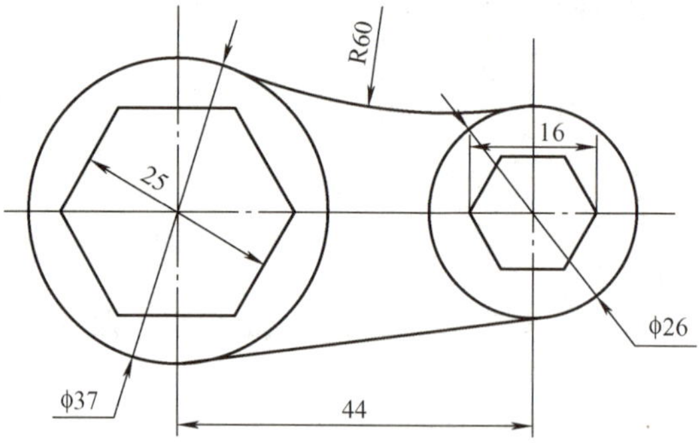

图 2-26　异形扳手

任务分析

异形扳手图形由两个圆、两个正六边形、一条直线和一条圆弧组成。两个圆通过圆弧、切线连接。在绘制过程中可使用修剪命令来完善圆弧。本任务要求学会使用圆、正多边形和直线等命令绘制出该异形扳手。

通过本任务的学习，要达到以下目标：

1. 学会圆弧连接的绘制方法。
2. 学会切线的绘制方法。
3. 学会绘制异形扳手图形。

任务实施

1. 设置绘图环境

设置图形界限、图层（名称、线型、颜色、线宽）。

2. 绘制中心线

绘制一条水平中心线和两条垂直的中心线，如图 2-27 所示。

3. 绘制左右两个圆

命令：_circle　　（启动圆命令）

指定圆的圆心或［三点（3P）/ 两点（2P）/ 切点、切点、半径（T）］：

（捕捉左边中心线交点）

指定圆的半径或［直径（D）］：D　　（输入 D）

指定圆的直径：37　　（输入圆的直径 37mm）

命令：_circle　　（启动圆命令）
指定圆的圆心或［三点（3P）/ 两点（2P）/ 切点、切点、半径（T）］:
　　（捕捉右边中心线交点）
指定圆的半径或［直径（D）］〈18.5000〉：D　　（输入 D）
指定圆的直径〈37.0000〉：26　　（输入圆的直径 26mm）

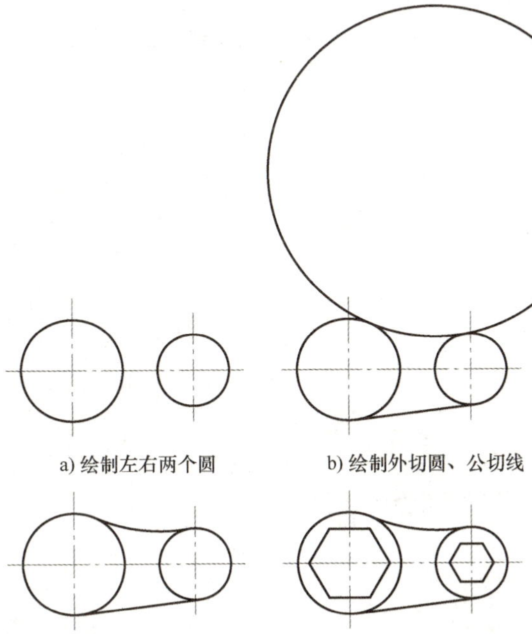

图 2-27　扳手的绘制

4. 绘制圆弧连接

命令：_circle　　（启动圆命令）
指定圆的圆心或［三点（3P）/ 两点（2P）/ 切点、切点、半径（T）］：T
　　（选择“切点、切点、半径”画圆选项）
指定对象与圆的第一个切点：　　（选择 ϕ37mm 的圆的上半部捕捉切点）
指定对象与圆的第二个切点：　　（选择 ϕ26mm 的圆的上半部捕捉切点）
指定圆的半径〈13.0000〉：60　　（输入半径 60mm）
命令：_trim　　（启动修剪命令）
当前设置：投影 =UCS，边 = 无　　（系统显示信息）
选择剪切边 ...　　（系统显示信息）
选择对象或〈全部选择〉:　　（选择 ϕ37mm、ϕ26mm 的圆）
选择要修剪的对象，或按住 Shift 键选择要延伸的对象或［栏选（F）/ 窗交（C）/ 投影（P）/ 边（E）/ 删除（R）/ 放弃（U）]:　　（选择 R60mm 的外切圆要修剪的圆弧，修剪不需要的圆弧）

5. 绘制两个圆的公切线

命令：_line	（启动直线命令）
指定第一点：_tan 到	（按〈Ctrl〉键 + 鼠标右键，在弹出的捕捉特殊点菜单中选择切点命令，移动光标至 ϕ37mm 圆上的适当位置，出现切点提示后单击）
指定下一点或［放弃（U）］：_tan 到	（按同样的方法捕捉 ϕ26mm 圆上的切点）
指定下一点或［放弃（U）］：	（按〈Enter〉键，结束直线命令）

6. 绘制左右两个正六边形

命令：_polygon	（启动多边形命令）
输入侧面数〈4〉：6	（侧面数为 6）
指定正多边形的中心点或［边（E）］	（捕捉左边中心线交点）
输入选项［内接于圆（I）/ 外切于圆（C）］〈I〉：C	（选择外切于圆方式）
指定圆的半径：12.5	（输入圆的半径 12.5mm）
命令：POLYGON 输入侧面数〈6〉：	（直接〈Enter〉键，重复执行正多边形命令）
指定正多边形的中心点或［边（E）］：	（捕捉右边中心线交点）
输入选项［内接于圆（I）/ 外切于圆（C）］〈C〉：I	（选择内接于圆方式）
指定圆的半径：8	（输入圆的半径 8mm）

操作技巧

➢ 圆弧连接和公切线的绘制是在绘图中最常见的操作。圆弧连接多采用“相切、相切、半径”的方法绘制圆后，通过修剪来获得，也可直接使用圆角命令来绘制。

➢ 通过中心点方法绘制正六边形时应注意选项 I 和选项 C 的正确运用，给定对边距离时用 C 选项，给定对角线长度时用 I 选项。

知识链接

一、绘制切线

1. 操作方法

当 AutoCAD 图形需要圆弧与直线连接时，就要用到切线，而绘制切线需要使用切点辅助命令进行捕捉。

2. 操作步骤

启动直线命令后，要指定切点时，按下〈Ctrl〉键 + 鼠标右键或者〈Shift〉键 + 鼠标右键，系统自动弹出捕捉特殊点菜单，在菜单中选择切点命令，然后把光标靠近圆形，AutoCAD 系统会自动捕捉直线与圆的切点位置。这里指定一个圆的切点为切线的起点，用对象捕捉来捕捉另一个圆的切点作为直线的端点。

二、绘制圆弧连接

1. 操作方法

当 AutoCAD 图形需要进行圆弧连接时，其绘制的方法是利用圆或圆弧命令绘制与之相切的图形，通常比较简单的方法是使用圆命令绘制。AutoCAD 的圆命令相切功能，能使圆形和所有的图形（无论直线还是曲线）相切。圆形之间的相切有两种方式，即内切和外切。

2. 操作步骤

先启动圆命令，根据已知条件选用［相切、相切、半径（T）］方式或（相切、相切、相切）方式绘制与要连接图形对象相切的圆；然后使用修剪命令，对圆形中多余的圆弧进行修剪。

三、内公切线和外公切线

两个圆的公切线有外公切线和内公切线，共 4 条，系统在选择切点时，会选中最靠近捕捉靶框中心的那个切点，故捕捉切点时的位置应适当，否则，绘制出来的切线可能不符合要求。

在绘制两圆公切圆时，也同样要注意内公切圆和外公切圆的问题。

四、用圆角命令连接圆弧

进行圆弧连接时，可以使用圆角命令绘制。方法如下：

命令：_fillet

当前设置：模式 = 修剪，半径 =0.0000

选择第一个对象或［放弃（U）/ 多段线（P）/ 半径（R）/ 修剪（T）/ 多个（M）］：r

指定圆角半径〈0.0000〉：60　　（指定圆角半径）

选择第一个对象或［放弃（U）/ 多段线（P）/ 半径（R）/ 修剪（T）/ 多个（M）］：（单击选择第一个圆）

选择第二个对象，或按住 Shift 键选择对象以应用角点或［半径（R）］：（单击选择第二个圆）

任务考核

一、操作训练

绘制图 2-28 所示构件。

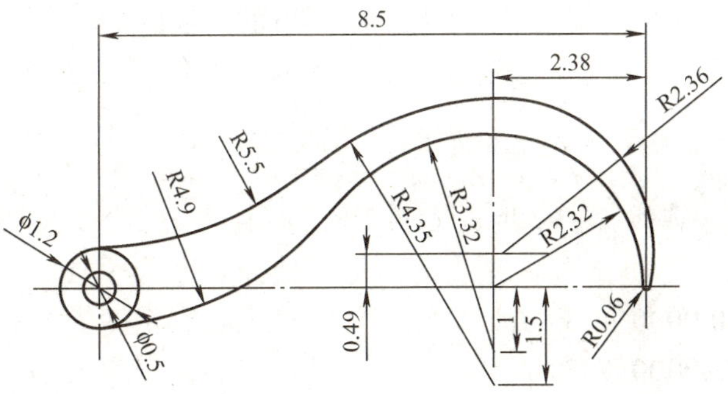

图 2-28　构件

二、思考练习

1. 在 AutoCAD 2020 中绘制光滑连接的圆弧可采用什么方法？
2. 绘制直线切线时捕捉切点的方法有哪些？

任务九　仪表的绘制

2-9 仪表的绘制

任务描述

绘制图 2-29 所示仪表图。

任务分析

仪表图由表盘和指针组成，表盘分为一条直线段和一个半圆弧，均具有一定线宽；指针是一条起点和端点宽度不一样的直线。利用本任务中多段线命令可以绘制带有一定宽度的直线和圆弧。本任务要求学会利用多段线等命令绘制出仪表图形。

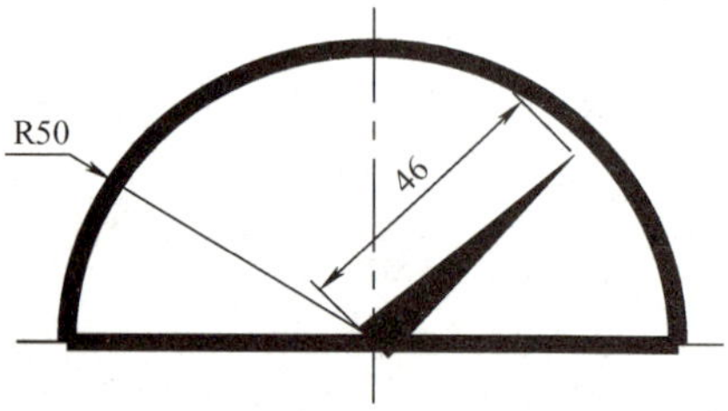

图 2-29　仪表

通过本任务的学习，要达到以下目标：

1. 学会多段线命令的使用方法。
2. 理解多段线命令各选项的意义及使用方法。
3. 学会绘制仪表图形。

任务实施

1. 设置绘图环境

设置图形界限、图层（名称、线型、颜色）。

2. 绘制中心线

绘制水平、垂直两条长的中心线。

3. 绘制表盘

命令：_pline　　（启动多段线命令）

指定起点：50　　（从中心线交点水平向左追踪输入“50”确定起点坐标）

当前线宽为 0.0000

指定下一个点或［圆弧（A）/ 半宽（H）/ 长度（L）/ 放弃（U）/ 宽度（W）］：w

（选择宽度选项）

指定起点宽度〈0.0000〉：3　　（指定起点宽度为 3mm）

指定端点宽度〈3.0000〉：3　　（指定端点宽度为 3mm）

指定下一个点或［圆弧（A）/ 半宽（H）/ 长度（L）/ 放弃（U）/ 宽度（W）］：100

（水平向右追踪输入“100”确定长度）

指定下一点或［圆弧（A）/ 闭合（C）/ 半宽（H）/ 长度（L）/ 放弃（U）/ 宽度（W）]：a（选择圆弧选项）

指定圆弧的端点（按住 Ctrl 键以切换方向）或［角度（A）/ 圆心（CE）/ 闭合（CL）/ 方向（D）/ 半宽（H）/ 直线（L）/ 半径（R）/ 第二个点（S）/ 放弃（U）/ 宽度（W）]：d

指定圆弧的起点切向：（将光标调整为竖直向上后单击任意一点）

指定圆弧的端点（按住 Ctrl 键以切换方向）：（单击多段线起点作为圆弧的端点）

指定圆弧的端点（按住 Ctrl 键以切换方向）或［角度（A）/ 圆心（CE）/ 闭合（CL）/ 方向（D）/ 半宽（H）/ 直线（L）/ 半径（R）/ 第二个点（S）/ 放弃（U）/ 宽度（W）]：（按〈Enter〉键结束）

4. 绘制指针

命令：_pline（启动多段线命令）

指定起点：（捕捉表盘的圆心）

当前线宽为 3.0000（系统提示信息）

指定下一个点或［圆弧（A）/ 半宽（H）/ 长度（L）/ 放弃（U）/ 宽度（W）]：w（选择宽度选项）

指定起点宽度〈3.0000〉：7（指定起点宽度为 7mm）

指定端点宽度〈7.0000〉：0（指定端点宽度为 0）

指定下一个点或［圆弧（A）/ 半宽（H）/ 长度（L）/ 放弃（U）/ 宽度（W）]：L（选择长度选项）

指定直线的长度：46（调整光标到 45° 方向输入直线长度 46mm）

操作技巧

➢ 多段线是 AutoCAD 中绘制线类对象的重要工具，它功能强大，不仅能绘制直线段、圆弧段，还能绘制直线段和圆弧段组成的独立对象，而且能设置线宽。

知识链接

一、多段线命令

1. 命令的调用方法

（1）功能区　单击【默认】选项卡→【绘图】功能区中的【多段线】按钮。

（2）菜单栏　单击【绘图】→【多段线】。

（3）命令行　PLINE（或缩写：PL）。

2. 操作步骤

命令：_pline

指定起点：

当前线宽为 0.0000

指定下一个点或 [圆弧（A）/ 半宽（H）/ 长度（L）/ 放弃（U）/ 宽度（W）]：A

指定圆弧的端点（按住 Ctrl 键以切换方向）或 [角度（A）/ 圆心（CE）/ 闭合（CL）/ 方向（D）/ 半宽（H）/ 直线（L）/ 半径（R）/ 第二个点（S）/ 放弃（U）/ 宽度（W）]：

3. 选项说明

1）圆弧（A）：将多段线命令由绘制直线段模式转换为绘制圆弧段模式，并向多段线中添加圆弧段。

2）半宽（H）：指定从宽多段线线段的中心到其一边的宽度。

3）长度（L）：在与前一线段相同的角度方向上绘制指定长度的直线段。如果前一线段是圆弧，程序将绘制与该弧线段相切的新直线段。

4）宽度（W）：指定下一条直线段的宽度。起点宽度将成为默认的端点宽度。端点宽度在再次修改宽度之前将作为所有后续线段的统一宽度。宽线线段的起点和端点位于宽线的中心。

5）放弃（U）：删除最近一次添加到多段线上的直线段。开始执行多段线命令时，默认的是绘制直线段模式。输入 A 切换到绘制圆弧段模式下时，系统会给出新的选项。

6）角度（A）：指定弧线段从起点开始的包含角。输入正数将按逆时针方向创建弧线段。输入负数将按顺时针方向创建弧线段。

7）圆心（CE）：指定弧线段的圆心。

8）方向（D）：指定弧线段的起始方向（起点处的切线方向）。

9）半径（R）：指定弧线段的半径。

10）第二个点（S）：指定三点圆弧的第二点和端点。

11）闭合（CL）：绘制一条直线段（从当前位置到多段线起点）以闭合多段线。

二、样条曲线命令

1. 命令的调用方法

（1）功能区　单击【默认】选项卡→【绘图】功能区中的【样条曲线】按钮 。

（2）菜单栏　单击【绘图】→【样条曲线】。

（3）命令行　SPLINE（或缩写：SPL）。

2. 操作步骤

命令：_SPLINE

当前设置：方式 = 拟合　节点 = 弦

指定第一个点或 [方式（M）/ 节点（K）/ 对象（O）]：　（指定样条曲线的第一个拟合点）

输入下一个点或 [起点切向（T）/ 公差（L）]：　（指定样条曲线的下一个拟合点）

输入下一个点或 [端点相切（T）/ 公差（L）/ 放弃（U）]：（指定样条曲线的下一个拟合点）

依次确定样条曲线的各个拟合点（或控制点）直到按〈 Enter 〉键结束命令。

三、设置线宽

AutoCAD 中对象线宽的设置一般在对象特性中设置，但对象特性中的线宽设置是提供一个线宽序列（0.00、0.05、0.09、0.13……）供用户选用。而在多段线命令中设置线宽，用户可以不受线宽序列的限制，自由地设置线宽（如 0.04、0.10……）。

已设定线宽的多段线在打印输出时，如果设定宽度大于打印输出中该颜色线条设定的宽度，则以图面设定的宽度为准，不受打印输出中不同颜色线条的宽度限制；如果多段线的图面设定的宽度小于打印输出中该颜色线条的设定宽度，则根据其颜色按打印输出中设定的进行打印。

四、圆弧、直线段和多段线的区别

圆弧命令只能绘制单个圆弧。直线命令可以绘制直线段和连续直线段构成的图形，但图形中每个直线段都是独立的对象。多段线命令既可以绘制圆弧段，又可以绘制直线段，还可以绘制连续的直线段和圆弧段构成的图形。采用多段线命令绘制的图形是一个独立的对象。

PLINE 命令绘制的多段线用 EXPLODE 命令分解后将失去宽度意义并变为一段段的直线或圆弧。而用 PEDIT 命令的“合并”选项则可把首尾相连的直线或圆弧组合成多段线。当系统变量 FILL 设为“关”时，所作的多段线为空心线，设为“开”时，所作的多段线为实心线。

任务考核

一、操作训练

绘制图 2-30 所示雨伞图形（尺寸自定义）。

图 2-30　雨伞

二、思考练习

1. 多段线命令中选项“W”“A”和“L”分别代表什么？

2. 圆弧、直线段和多段线有什么区别？

任务十　连杆的绘制

任务描述

2-10 连杆的绘制

绘制图 2-31 所示连杆图形。

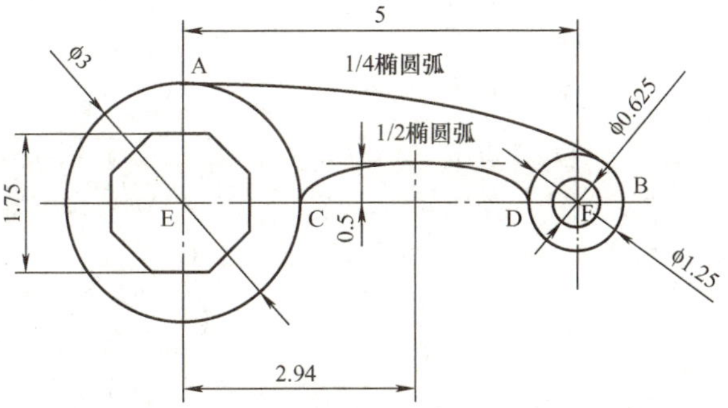

图 2-31　连杆

任务分析

连杆图形左边由一个圆和一个同心的正八边形组成，右边是两个同心圆，左右两边由一个 1/4 椭圆弧和一个 1/2 椭圆弧连接。可以先绘制左边的圆和正八边形，再绘制右边的同心圆，最后用椭圆弧将左右两边连接起来。本任务要求学会利用椭圆、椭圆弧、正多边形、修剪等命令绘制出连杆图形。

通过本任务的学习，要达到以下目标：

1. 学会椭圆和椭圆弧命令的使用方法。
2. 学会根据条件正确选择绘制椭圆的方法。
3. 学会绘制连杆图形。

任务实施

1. 设置绘图环境

设置图形界限、图层（名称、线型、颜色、线宽）。

2. 绘制中心线

绘制一条水平中心线和三条垂直的中心线，如图 2-32 所示。

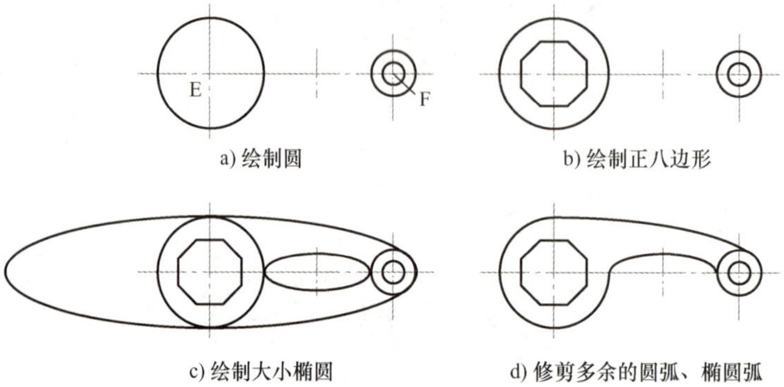

图 2-32　绘制连杆

3. 绘制圆

（1）绘制 ϕ3mm 圆

命令：_circle　　（启动圆命令）

指定圆的圆心或［三点（3P）/ 两点（2P）/ 切点、切点、半径（T）］(捕捉 E 点为圆心）

指定圆的半径或［直径（D）］：d　　（选择直径选项）

指定圆的直径：3　　（输入直径）

（2）绘制 ϕ1.25mm 圆

命令：_circle　　（启动圆命令）

指定圆的圆心或［三点（3P）/ 两点（2P）/ 切点、切点、半径（T）］:（捕捉 F 点为圆心）

指定圆的半径或［直径（D）］〈1.5000〉：0.625　　（输入半径）

（3）绘制 ϕ0.625mm 的小圆

命令：_circle （启动圆命令）

指定圆的圆心或［三点（3P）/ 两点（2P）/ 切点、切点、半径（T）］：

（捕捉 F 点为圆心）

指定圆的半径或［直径（D）］〈0.6250〉：d （选择直径选项）

指定圆的直径〈1.2500〉：0.625 （输入直径）

4. 绘制正八边形

命令：_polygon （启动多边形命令）

输入侧面数〈4〉：8 （输入边数 8）

指定正多边形的中心点或［边（E）］： （捕捉 E 点为中心点）

输入选项［内接于圆（I）/ 外切于圆（C）］〈I〉：c （选择外切于圆选项）

指定圆的半径：0.875 （输入半径）

5. 绘制大小两个椭圆

（1）绘制大椭圆

命令：_ellipse （启动椭圆命令）

指定椭圆的轴端点或［圆弧（A）/ 中心点（C）］：c （选择中心点选项）

指定椭圆的中心点： （捕捉 ϕ3mm 圆的圆心 E 点）

指定轴的端点： （捕捉 ϕ1.25mm 圆右边的象限点）

指定另一条半轴长度或［旋转（R）］： （捕捉 ϕ3mm 圆上边的象限点）

（2）绘制小椭圆

命令：ELLIPSE （启动椭圆命令）

指定椭圆的轴端点或［圆弧（A）/ 中心点（C）］： （捕捉 ϕ3mm 圆右边的象限点）

指定轴的另一个端点： （捕捉 ϕ1.25mm 圆左边的象限点）

指定另一条半轴长度或［旋转（R）］：0.5 （输入另一条半轴长度 0.5mm）

6. 修剪掉多余的圆弧、椭圆弧

命令：_trim

当前设置：投影 =UCS，边 = 无

选择剪切边 ...

选择对象或〈全部选择〉： （选择 ϕ3mm 圆、ϕ1.25mm 圆）

选择对象： （按〈Enter〉键结束对象选择）

选择要修剪的对象，或按住 Shift 键选择要延伸的对象，或［栏选（F）/ 窗交（C）/ 投影（P）/ 边（E）/ 删除（R）/ 放弃（U）］： （选择要修剪掉的椭圆弧）

选择要修剪的对象，或按住 Shift 键选择要延伸的对象，或［栏选（F）/ 窗交（C）/ 投影（P）/ 边（E）/ 删除（R）/ 放弃（U）］： （选择要修剪掉的椭圆弧）

操作技巧

➢ 椭圆和椭圆弧是常见的图形，在使用椭圆和椭圆弧命令时，一定要根据已知条件选择绘制方法和选项。绘制椭圆时一定要注意角度的起始参照方向和角度的旋转方向。

知识链接

一、椭圆命令

1. 操作方法

（1）功能区　单击【默认】选项卡→【绘图】功能区中的【椭圆】按钮。

（2）菜单栏　单击【绘图】→【椭圆】子菜单下的命令。

（3）命令行　ELLIPSE（或缩写：EL）。

2. 操作步骤

命令：_ellipse

指定椭圆的轴端点或［圆弧（A）/ 中心点（C）］:

指定轴的另一个端点：

指定另一条半轴长度或［旋转（R）］:

3. 选项说明

（1）第一种椭圆绘制的方法

1）轴端点：根据两个端点定义椭圆的第一条轴。

2）另一条半轴长度：使用从第一条轴的中点到第二条轴的端点的距离定义第二条轴。

（2）第二种椭圆绘制的方法

1）轴端点：根据两个端点定义椭圆的第一条轴。

2）旋转（R）：通过绕第一条轴旋转圆来创建椭圆。

（3）第三种椭圆绘制的方法

1）中心点（C）：通过指定的中心点来创建椭圆。

2）轴端点：指定椭圆一条轴的一个端点。

3）另一条半轴长度：使用从第一条轴的中点到第二条轴的端点的距离定义第二条轴。

二、椭圆弧的绘制命令

绘制椭圆弧是在绘制椭圆的基础上通过指定起始角度和终止角度来确定椭圆弧度。

1. 操作方法

（1）功能区　单击【默认】选项卡→【绘图】功能区中的【椭圆】按钮→【椭圆弧】按钮。

（2）菜单栏　单击【绘图】→【椭圆】→【圆弧】。

（3）键盘命令　ELLIPSE（或缩写：EL）。

2. 操作步骤

命令：_ellipse

指定椭圆的轴端点或［圆弧（A）/ 中心点（C）］: a

指定椭圆弧的轴端点或 [中心点（C）]:

指定轴的另一个端点:

指定另一条半轴长度或 [旋转（R）]:

指定起始角度或 [参数（P）]:　　（单击椭圆弧的起点，或输入椭圆弧起始的角度）

指定终止角度或 [参数（P）/ 夹角（I）]:　　（单击椭圆弧的终点，或输入椭圆弧包含的角度）

3. 选项说明

启动椭圆弧命令后，命令行中提示的选项与椭圆选项大同小异，不同的各项含义如下：

1）起始角度：定义椭圆弧的第一端点。起始角度选项用于从参数模式切换到角度模式。

2）参数（P）：输入参数作为起始角度。通过下列矢量参数方程创建椭圆弧：$P(u)=c+a\cos u+b\sin u$。其中，c 为椭圆中心点的坐标值，a、b 分别是椭圆的长半轴和短半轴的长度。

3）终止角度：定义椭圆弧的第二端点。

4）夹角（I）：定义椭圆弧包含的角度。

三、椭圆和椭圆弧 0 点位置

绘制椭圆弧时，角度的方向与 AutoCAD 绘图环境初始化时指定的参照方向不一样。绘图环境初始化时指定的参照方向为水平向右。而绘制椭圆时，起始角度和终止角度参照方向为角度的 0 点位置位于椭圆水平轴的左端点（或垂直轴的下端点），且逆时针方向为正，顺时针方向为负，如图 2-33 所示。

图 2-33　椭圆 0 点位置

任务考核

一、操作训练

绘制图 2-34 所示连杆。椭圆弧之间可以用圆角命令连接。

二、思考练习

1. 在 AutoCAD 中有哪几种绘制椭圆的方式？

2. 椭圆命令中选项“A”“C”“R”“I”分别代表什么？

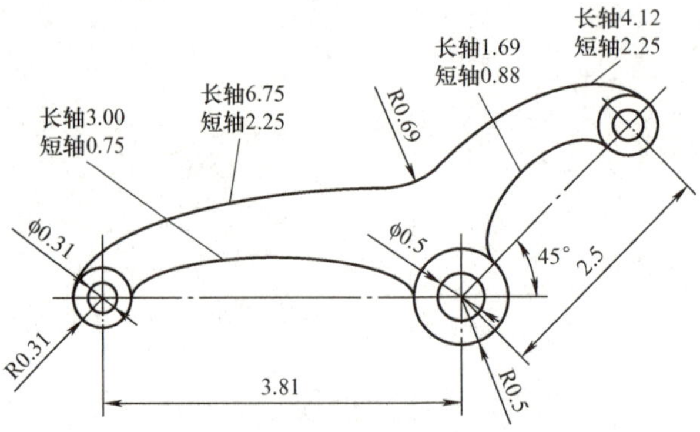

图 2-34 连杆

综合训练二

1. 绘制图 2-35 所示图形。

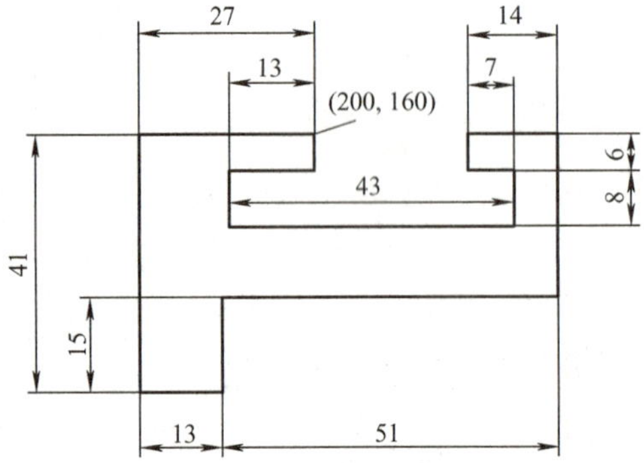

图 2-35 综合训练 1

2. 使用矩形命令和圆命令绘制图 2-36 所示图形。

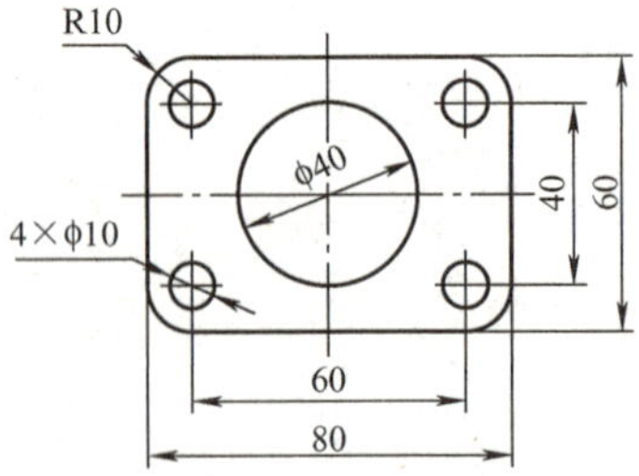

图 2-36 综合训练 2

3. 设置图形范围为 280mm × 180mm，将显示范围设置得和图形范围相同。根据绘图要求设置粗实线、虚线、中心线、标注 4 个图层，将图 2-37 所示图形绘制在相应的图层上。

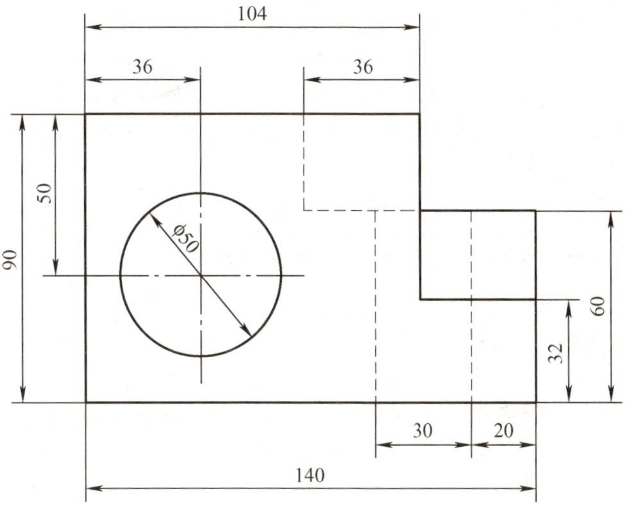

图 2-37　综合训练 3

4. 绘制图 2-38 所示图形。

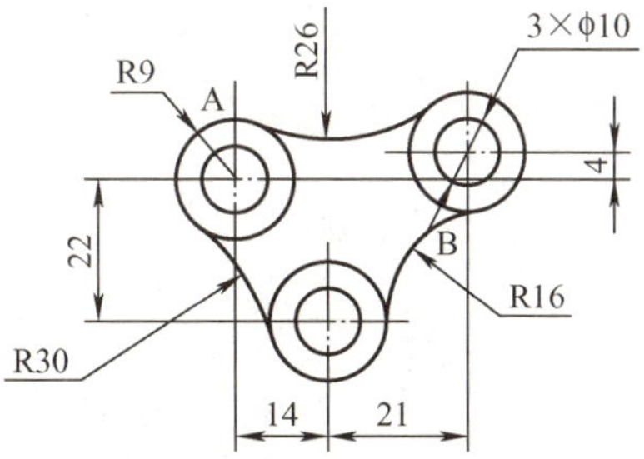

图 2-38　综合训练 4

5. 绘制一个 150mm 的水平线，并将线四等分；绘制多段线，线宽在 B、C 两点处最宽，宽度为 9mm，A、D 两点处宽度为 0，效果如图 2-39 所示。

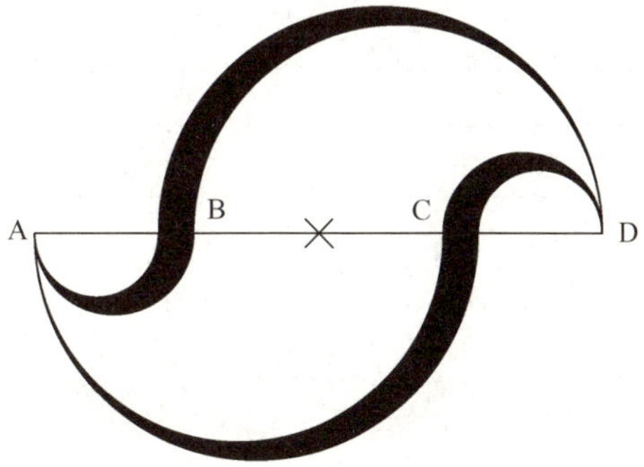

图 2-39　综合训练 5

6. 绘制图 2-40 所示图形。

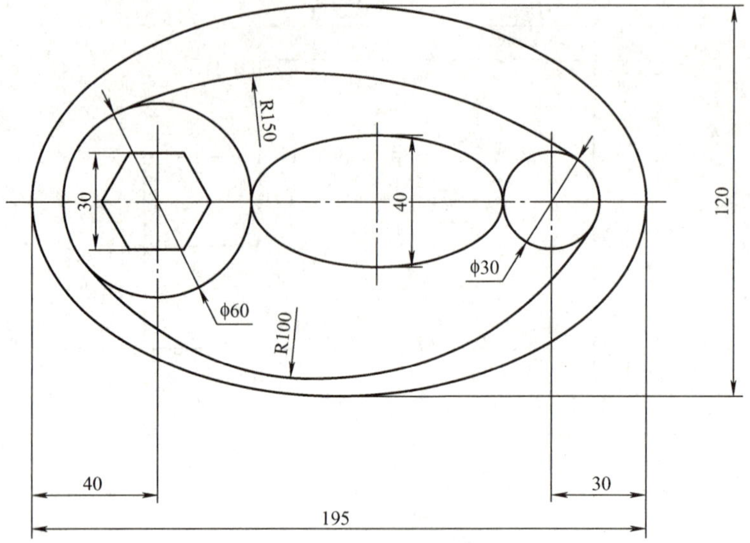

图 2-40 综合训练 6

7. 绘制图 2-41 所示图形。

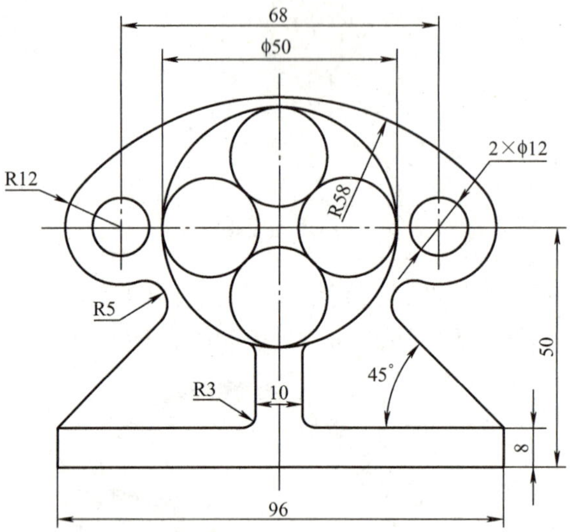

图 2-41 综合训练 7

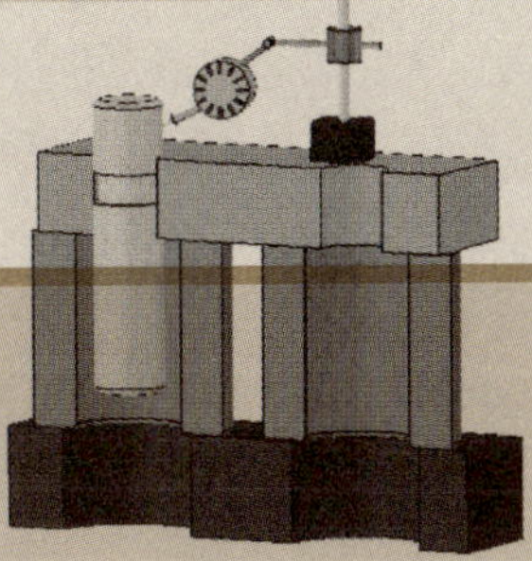

项目三

复杂平面图形的绘制

任务一 槽轮的绘制

任务描述

3-1 槽轮的绘制

绘制图 3-1 所示槽轮图。

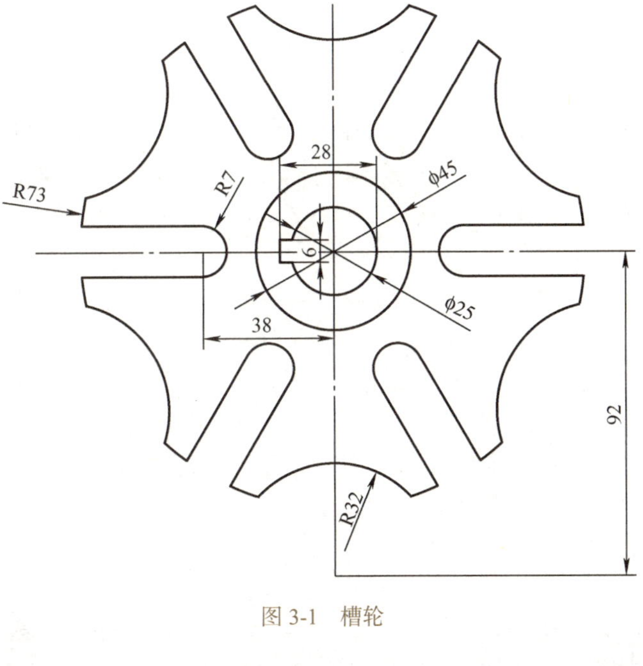

图 3-1 槽轮

任务分析

槽轮是一个典型的由多个相同的图形按照一定规律排列组成的图形，包含外侧 6 组相同的图形结构，可以用环形阵列的方法绘制；内侧为两个同心圆和花键槽。本任务要求学会利用圆、直线、阵列、修剪等命令绘制出槽轮图形。

通过本任务的学习，要达到以下目标：

1. 学会复制、阵列、镜像命令的使用方法。
2. 学会槽轮图形的绘制方法。
3. 合理选择各种复制方法以快速绘制相关图形。

任务实施

1. 设置绘图环境

设置图形界限、图层（名称、线型、颜色、线宽）。

2. 绘制中心线

绘制水平、垂直两条长的中心线。

3. 绘制同心圆（图 3-2a）

使用 CIRCLE 命令绘制三个同心圆，圆心为两条中心线的交点，半径分别为 12.5mm、22.5mm、73mm。

4. 绘制 R7mm、R32mm 的圆（图 3-2b）

命令：_circle（启动圆命令）

指定圆的圆心或［三点（3P）/ 两点（2P）/ 切点、切点、半径（T）］：38（打开极轴追踪，从中心线的交点水平向左追踪输入“38”，按〈Enter〉键）

指定圆的半径或［直径（D）］〈32.0000〉：7（指定半径为 7mm）

命令：_circle（启动圆命令）

指定圆的圆心或［三点（3P）/ 两点（2P）/ 切点、切点、半径（T）］：92（打开极轴追踪，从中心线的交点竖直向下追踪输入“92”，按〈Enter〉键）

指定圆的半径或［直径（D）］〈7.0000〉：32（指定半径为 32mm）

5. 绘制连接直线（图 3-2c）

使用 LINE 命令，分别以 R7mm 圆的上下象限点为起点水平向左绘制直线。

命令：_trim

当前设置：投影 =UCS，边 = 无

选择剪切边 ...

选择对象或〈全部选择〉：（按〈Enter〉键选择剪切边）

选择要修剪的对象或按住 Shift 键选择要延伸的对象，或者［栏选（F）/ 窗交（C）/ 投影（P）/ 边（E）/ 删除（R）］：（依次单击要修剪的图线部位，按〈Enter〉键确认后修剪掉多余的图线，如图 3-2d 所示）

6. 绘制其余的五组相同结构（图 3-2e）

命令：_arraypolar　　（启动环形阵列命令）
选择对象：找到 1 个　　（单击选择 R7mm 圆弧）
选择对象：找到 1 个，总计 2 个　　（单击选择 R7mm 圆弧上方连接直线）
选择对象：找到 1 个，总计 3 个　　（单击选择 R7mm 圆弧下方连接直线）
选择对象：找到 1 个，总计 4 个　　（单击选择 R32mm 圆弧）
选择对象：　　（按〈Enter〉键结束选择对象）
类型 = 极轴　关联 = 是
指定阵列的中心点或［基点（B）/ 旋转轴（A）]：

选择夹点以编辑阵列或［关联（AS）/ 基点（B）/ 项目（I）/ 项目间角度（A）/ 填充角度（F）/ 行（ROW）/ 层（L）/ 旋转项目（ROT）/ 退出（X）]〈退出〉：i　　（选择项目 I 选项）

输入阵列中的项目数或［表达式（E）]〈6〉：6　　（输入阵列数目）

选择夹点以编辑阵列或［关联（AS）/ 基点（B）/ 项目（I）/ 项目间角度（A）/ 填充角度（F）/ 行（ROW）/ 层（L）/ 旋转项目（ROT）/ 退出（X）]〈退出〉：f　　（选择填充角度 F 选项）

指定填充角度（+= 逆时针、-= 顺时针）或［表达式（EX）]〈360〉：360　　（输入填充角度）

选择夹点以编辑阵列或［关联（AS）/ 基点（B）/ 项目（I）/ 项目间角度（A）/ 填充角度（F）/ 行（ROW）/ 层（L）/ 旋转项目（ROT）/ 退出（X）]〈退出〉：

7. 绘制花键槽上半部分（图 3-2f）

命令：_line
指定第一个点：28　　（从 ϕ25mm 圆右象限点向左追踪 28mm）
指定下一点或［放弃（U）]：3　　（垂直向上绘制 3mm）
指定下一点或［退出（E）/ 放弃（U）]：　　（光标水平向右绘制合适长度）

8. 绘制花键槽下半部分（图 3-2g）

命令：_mirror
选择对象：找到 1 个
选择对象：找到 1 个，总计 2 个　　（依次选择上述绘制的 2 条直线段）
选择对象：　　（按〈Enter〉键结束选择对象）
指定镜像线的第一点：　　（单击水平中心线上任一点）
指定镜像线的第二点：　　（单击水平中心线上另外一点）
要删除源对象吗？［是（Y）/ 否（N）]〈否〉：　　（选择 N 选项后按〈Enter〉键或直接按〈Enter〉键）

9. 修剪出槽轮图形（图 3-2h）

利用修剪命令将花键槽在 ϕ25mm 圆形内部的圆弧部分和最大圆部分剪掉。

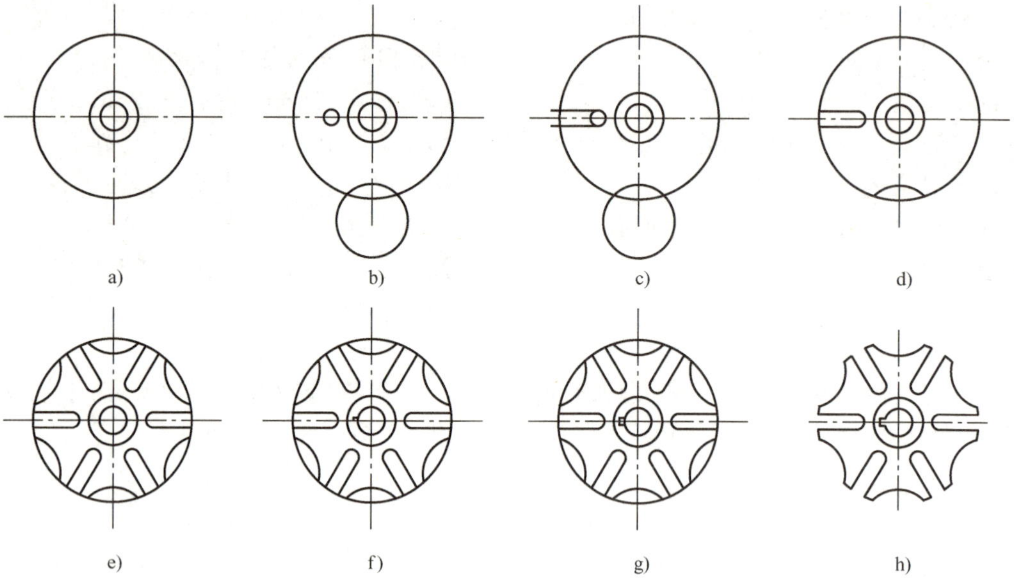

图 3-2　绘制槽轮

操作技巧

➢ 阵列操作可以复制多个对象且有规律地分布。AutoCAD 2020 中矩形阵列可以将复制的副本按指定的行列排队；路径阵列可将复制的副本按指定的距离沿给定路径均匀分布；环形阵列可以将复制的副本均匀地分布在圆周上。操作时可以不看命令行，直接在打开的面板上进行操作。

➢ 镜像命令可以复制单个或多个对象且将副本翻转放置或生成对称图形，镜像线可以是已绘制的线，也可以是虚拟的线。

知识链接

一、复制命令

复制命令用于将所选对象复制一份或多份到其他位置，源对象保留。

1. 操作方法

（1）功能区　单击【默认】选项卡→【修改】功能区中的【复制】按钮。

（2）菜单栏　单击【修改】→【复制】。

（3）命令行　COPY（或缩写：CO）。

2. 操作步骤

命令：_copy

选择对象：(选定要复制的对象并按〈Enter〉键或右击确认)

选择对象：(按〈Enter〉键结束选择对象)

当前设置：复制模式 = 多个

指定基点或［位移（D）/模式（O）］〈位移〉：　（指定复制操作的基点，一般为对象上的点）

指定第二个点或［阵列（A）］〈使用第一个点作为位移〉：（通过指定基点的新位置确定复制后副本的位置）

指定第二个点或［阵列（A）/退出（E）/放弃（U）］〈退出〉：（继续指定第二点或按〈Enter〉键结束）

3. 选项说明

1）位移（D）：利用输入坐标值来确定复制的距离和方向。

2）模式（O）：选择复制模式（单个 S、多个 M）。

3）阵列（A）：通过指定阵列数目和阵列的第二点来确定复制后对象的个数和位置。

4）退出（E）：复制后退出命令。

5）放弃（U）：删除刚复制的图形。

二、阵列命令

阵列命令用于按照一定的规律复制图形。AutoCAD 2020 包含三种阵列类型：矩形阵列、路径阵列、环形阵列。

（一）矩形阵列

矩形阵列是指将对象副本分布到行、列和标高的任意组合。

1. 操作方法

（1）功能区　单击【默认】选项卡→【修改】功能区中的【阵列】→【矩形阵列】按钮。

（2）菜单栏　单击【修改】→【阵列】→【矩形】。

（3）命令行　ARRAYRECT。

2. 操作步骤

命令：_arrayrect

选择对象：　（选择要进行阵列操作的对象并确认）

类型 = 矩形　关联 = 是

选择夹点以编辑阵列或［关联（AS）/基点（B）/计数（COU）/间距（S）/列数（COL）/行数（R）/层数（L）/退出（X）］〈退出〉：　（指定阵列夹点或输入选项，进入下一步操作）

3. 选项说明

1）选择对象：选择要在阵列中使用的对象。

2）关联（AS）：指定阵列中的对象是关联的还是独立的（选中对象后，该对象是一个整体还是单个的个体）。

3）基点（B）：定义阵列基点和基点夹点的位置。

4）计数（COU）：指定行数和列数，并使用户在移动光标时可以动态观察结果（一种比行数和列数选项更快捷的方法）。

5）间距（S）：指定行间距和列间距，并使用户在移动光标时可以动态观察结果。

6）列数（COL）：编辑列数和列间距。

7）行数（R）：指定阵列中的行数、行间的距离以及行间的增量标高。

8）层数（L）：指定阵列中的层数。

（二）路径阵列

路径阵列是指将选定的对象沿路径或部分路径均匀分布生成副本。路径可以是直线、多段线、三维多段线、样条曲线、螺旋线、圆弧、圆或椭圆。

1. 操作方法

（1）功能区　单击【默认】选项卡→【修改】功能区中的【阵列】→【路径阵列】按钮。

（2）菜单栏　单击【修改】→【阵列】→【路径阵列】。

（3）命令行　ARRAYPATH。

2. 操作步骤

命令：_arraypath

选择对象：　　　　　　　　　　　　（选择要进行路径阵列的对象并确认）

类型 = 路径　关联 = 是

选择路径曲线：　　　　　　　　　　（选择阵列路径）

选择夹点以编辑阵列或［关联（AS）/ 方法（M）/ 基点（B）/ 切向（T）/ 项目（I）/ 行（R）/ 层（L）/ 对齐项目（A）/Z 方向（Z）/ 退出（X）］〈退出〉：（选择阵列夹点或输入选项，进入下一步操作）

3. 选项说明

1）方法（M）：控制如何沿路径分布项目（定数等分 D、定距等分 M）。

2）切向（T）：指定阵列中的项目如何相对于路径的起始方向对齐。

3）项目（I）：根据“方法”设置，指定项目数或项目之间的距离。

4）对齐项目（A）：指定是否对齐每个项目以与路径的方向相切。对齐相对于第一个项目的方向。

5）Z 方向（Z）：控制是否保持项目的原始 Z 方向或沿三维路径自然倾斜项目。

（三）环形阵列

环形阵列是指围绕中心点或旋转轴在环形中均匀分布对象副本。

1. 操作方法

（1）功能区　单击【默认】选项卡→【修改】功能区中的【阵列】→【环形阵列】按钮。

（2）菜单栏　单击【修改】→【阵列】→【环形阵列】。

（3）命令行　ARRAYPOLAR。

2. 操作步骤

命令：_arraypolar

选择对象：　　　　　　　　　　　　（选择阵列对象并确认）

类型 = 极轴　关联 = 是

指定阵列的中心点或［基点（B）/ 旋转轴（A）］：　　（指定阵列的中心点）

选择夹点以编辑阵列或［关联（AS）/ 基点（B）/ 项目（I）/ 项目间角度（A）/ 填充角

度（F）/ 行（ROW）/ 层（L）/ 旋转项目（ROT）/ 退出（X）]〈退出〉:

（指定阵列夹点或输入选项，进入下一步操作）

3. 选项说明

1）阵列的中心点：指定分布阵列项目所围绕的点。旋转轴是当前 UCS 的 Z 轴。

2）旋转轴（A）：指定由两个指定点定义的自定义旋转轴。

3）项目间角度（A）：使用值或表达式指定项目之间的角度。

4）填充角度（F）：使用值或表达式指定阵列中第一个和最后一个项目之间的角度。

5）行（ROW）：指定阵列中的行数、行间距以及行间的增量标高。

6）层（L）：指定（三维阵列的）层数和层间距。

7）旋转项目（ROT）：控制在排列项目时是否旋转项目。

三、镜像命令

1. 操作方法

（1）功能区　单击【默认】选项卡→【修改】功能区中的【镜像】按钮。

（2）菜单栏　单击【修改】→【镜像】。

（3）命令行　MIRROR（或缩写：MI）。

2. 操作步骤

命令：_mirror

选择对象：（选择要进行镜像操作的对象并确认）

指定镜像线的第一点：（确定镜像线上的一点）

指定镜像线的第二点：（确定镜像线上的另一点）

要删除源对象吗？[是（Y）/ 否（N）]〈否〉:（设置是否保留源对象）

3. 选项说明

1）选择对象：指定要镜像操作的对象。

2）镜像线的第一点：指定镜像轴线的起点。

3）镜像线的第二点：指定镜像轴线的端点。

4）是否删除源对象：指定在通过绕轴（镜像线）翻转对象创建镜像图像后，是否保留源对象。输入 N，将保留源对象。输入 Y，将删除源对象，只留下创建的镜像图像。

四、复制操作

在 AutoCAD 中，复制操作可以简化绘图过程，提高绘图效率。在二维空间常采用对象追踪或极轴追踪输入长度的方法复制图形，在三维空间常采用输入坐标的方式复制图形。例如：将图形沿 X 轴正向复制 5 个单位，操作时只需将基点定为（0，0），第二点定为（5，0）即可。

任务考核

一、操作训练

绘制图 3-3 所示图形。

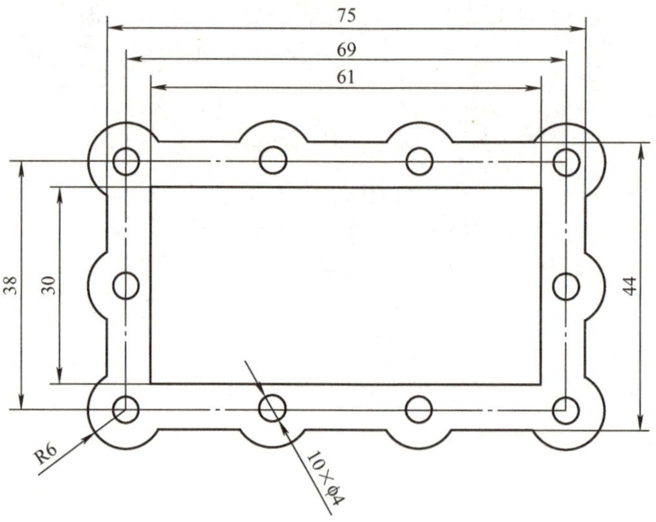

图 3-3　练习

二、思考练习

1. 在 AutoCAD 2020 中阵列命令分为哪几种类型？
2. 在执行镜像命令时，选项“Y”和“N”的含义分别是什么？

任务二　轴套的绘制

任务描述

3-2 轴套的绘制

绘制图 3-4 所示轴套图形。

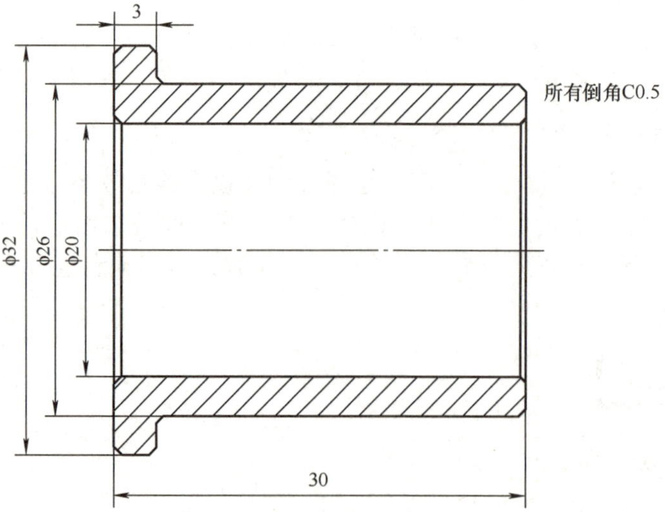

图 3-4　轴套

任务分析

轴套图形是一个典型的轴对称图形，在图形中包含多个直线型切角。可以使用直线和倒角命令绘制轴套上半部分的轮廓，使用镜像命令绘制轴套的下半部分，最后利用图案填充命令绘制剖面线。本任务要求学会利用直线、偏移、倒角、图案填充等命令绘制出轴套图形。

通过本任务的学习，要达到以下目标：

1. 学会倒角命令的使用方法。
2. 学会镜像命令的使用方法。
3. 学会绘制轴套等对称图形。

任务实施

1. 设置绘图环境

设置图形界限、图层（名称、线型、颜色、线宽）。

2. 绘制中心线

绘制水平中心线。

3. 绘制轴套的内外轮廓（图 3-5a）

命令：_line

指定第一点：　（绘制轴套的外轮廓线，在中心线上指定一点）

指定下一点或［放弃（U）］：13　（指定轴套的上半轮廓的侧面高）

指定下一点或［放弃（U）］：30　（指定轴套的长度）

指定下一点或［闭合（C）/ 放弃（U）］：　（捕捉与中心线的垂足）

命令：_offset　（启动偏移命令）

当前设置：删除源 = 否　图层 = 源　OFFSETGAPTYPE=0　（绘制轴套的内轮廓）

指定偏移距离或［通过（T）/ 删除（E）/ 图层（L）］〈通过〉：3

指定要偏移的那一侧上的点，或［退出（E）/ 多个（M）/ 放弃（U）］〈退出〉：　（将外轮廓线向中心线方向偏移）

4. 绘制轴套的凸缘（图 3-5b）

命令：_line

指定第一点：　（捕捉轴套外轮廓的左上角点）

指定下一点或［放弃（U）］：3　（指定凸缘的高度）

指定下一点或［放弃（U）］：3　（指定凸缘的宽度）

指定下一点或［闭合（C）/ 放弃（U）］　（捕捉与轴套外轮廓的垂足）

5. 绘制轴套上的倒角（图 3-5c）

命令：_chamfer

选择第一条直线或［放弃（U）/ 多段线（P）/ 距离（D）/ 角度（A）/ 修剪（T）/ 方式（E）/ 多个（M）］：a

指定第一条直线的倒角长度〈0.0000〉: 0.5　　　　　（指定第一倒角边全角距）

指定第一条直线的倒角角度〈0〉: 45　　　　　（指定第一倒角边的倒角角度）

选择第一条直线或 [放弃 (U)/ 多段线 (P)/ 距离 (D)/ 角度 (A)/ 修剪 (T)/ 方式 (E)/ 多个 (M)]: t

输入修剪模式选项 [修剪 (T) / 不修剪 (N)] 〈修剪〉: n（选择不修剪模式）

选择第一条直线或 [放弃 (U)/ 多段线 (P)/ 距离 (D)/ 角度 (A)/ 修剪 (T)/ 方式 (E)/ 多个 (M)]:　　　　　（输入 m，一次指定多个倒角）

再使用 trim 命令修剪倒角。

6. 绘制轴套内孔的上半部分（图 3-5d）

命令: _line

指定第一点:　　　　　（指定内孔的左或右端点）

指定下一点或 [放弃 (U)]:　　　　　（捕捉与中心线的垂足）

指定下一点或 [放弃 (U)]:　　　　　（结束直线命令）

7. 绘制轴套的下半部分（图 3-5e）

命令: _mirror　　　　　（启动镜像命令）

选择对象:　　　　　（选择轴套的上半部分图形）

指定对角点: 找到 14 个

选择对象:　　　　　（按〈Enter〉键，结束选择对象）

指定镜像线的第一点:

指定镜像线的第二点:　　　　　（分别指定轴线的两个端点）

要删除源对象吗? [是 (Y) / 否 (N)] 〈N〉:（直接按〈Enter〉键，不删除源对象）

8. 绘制轴套剖面线（图 3-5f）

命令: _hatch

拾取内部点或 [选择对象 (S) / 放弃 (U) / 设置 (T)]:

正在选择所有对象 ...

正在选择所有可见对象 ...

正在分析所选数据 ...

正在分析内部孤岛 ...

拾取内部点或 [选择对象 (S) / 放弃 (U) / 设置 (T)]: t（选择图案类型为 ANSI31）

拾取内部点或 [选择对象 (S) / 放弃 (U) / 设置 (T)]:

正在选择所有可见对象 ...

正在分析所选数据 ...

正在分析内部孤岛 ...

已指定此区域。

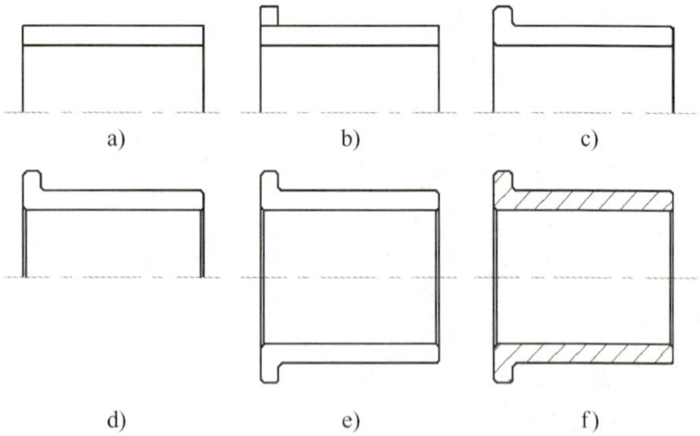

图 3-5　绘制轴套

操作技巧

➢ 倒角操作可以在两对象之间创建直线型切角。注意选项修剪（T）的使用，选择（T）将自动剪切掉多余的边；选择“N”不修剪，将保留原来的边，生成倒角。

➢ 偏移操作可以创建平行对象。按给定的距离偏移直线可生成平行线，偏移圆或圆弧可生成同心圆或同心圆弧，偏移多段线可生成平行的形状一致的多段线，如图 3-6 所示。

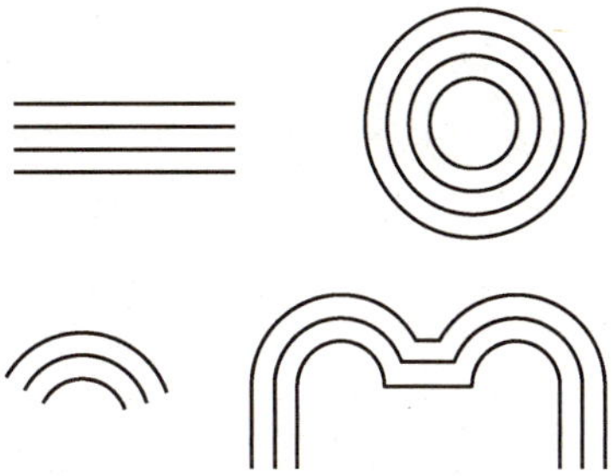

图 3-6　偏移命令的使用

知识链接

一、倒角命令

倒角命令是使用一段直线连接两个对象，从而给对象添加倒角。指定倒角大小可以采用距离法和角度法。

1. 操作方法

（1）功能区　单击【默认】选项卡→【修改】功能区中的【圆角】→【倒角】按钮。

（2）菜单栏　单击【修改】→【倒角】。

（3）命令行　CHAMFER（或缩写：CHA）。

2. 操作步骤

命令：_chamfer

（“修剪”模式）当前倒角距离 1=0.5000，距离 2=0.5000

选择第一条直线或 [放弃（U）/ 多段线（P）/ 距离（D）/ 角度（A）/ 修剪（T）/ 方式（E）/ 多个（M）]：

选择第二条直线，或按住 Shift 键选择直线以应用角点或 [距离（D）/ 角度（A）/ 方法（M）]：

3. 选项说明

1）选择第一条直线：指定二维倒角所需的两条边中的第一条边。

2）选择第二条直线：指定二维倒角所需的两条边中的第二条边。

3）多段线（P）：对整个二维多段线倒角。相交多段线线段在每个顶点被倒角。

4）距离（D）：用距离法设置倒角。依次设置倒角的第一、第二边上的倒角距离。

5）角度（A）：用第一条线的倒角距离和第二条线的角度设置倒角距离。

6）修剪（T）：控制修剪命令是否保留原角点。如果选择修剪模式（T），将选定的边修剪到倒角直线的端点。如果选择不修剪模式（N），将保留原角点。

7）方式（E）：控制倒角工具使用两个距离还是一个距离、一个角度来创建倒角。

8）多个（M）：多组对象的边倒角。

二、偏移命令

创建造型与选定对象造型平行的新对象。

1. 操作方法

（1）功能区 单击【默认】选项卡→【修改】功能区中的【偏移】按钮。

（2）菜单栏 单击【修改】→【偏移】。

（3）命令行 OFFSET（或缩写：O）。

2. 操作步骤

命令：_offset

当前设置：删除源 = 否 图层 = 源 OFFSETGAPTYPE=0

指定偏移距离或［通过（T）/ 删除（E）/ 图层（L）］〈通过〉:

选择要偏移的对象，或［退出（E）/ 放弃（U）］〈退出〉:

指定要偏移的那一侧上的点，或［退出（E）/ 多个（M）/ 放弃（U）］〈退出〉:

3. 选项说明

1）指定偏移距离：在距现有对象指定的距离处创建对象。

2）通过（T）：创建通过指定点的对象。

3）删除（E）：创建偏移对象后，确定是否将源对象删除。输入“Y”，将删除源对象；输入“N”，将保留源对象。

4）图层（L）：确定将偏移对象创建在当前图层上还是源对象所在的图层。输入“C”，将在当前图层创建新对象；输入“S”，将在源对象所在图层创建新对象。

三、图案填充命令

图案填充命令常用于对封闭区域和选择对象进行填充，分为图案填充、渐变色和边界三种类型的填充。

1. 操作方法

（1）功能区 单击【默认】选项卡→【绘图】功能区中的【图案填充】按钮或【渐变色】按钮或【边界】按钮。

（2）菜单栏 单击【绘图】→【图案填充】。

（3）命令行 HATCH（或缩写：H）。

2. 操作步骤

单击功能区图案填充下的三种填充类型，执行不同的操作步骤。

1）图案填充：单击此图标弹出相应功能区，如图 3-7 所示。

命令：_hatch

拾取内部点或［选择对象（S）/ 放弃（U）/ 设置（T）］:

（拾取区域内部的点，如果区域不封闭，可以输入“S”选择对象来填充图案）

图 3-7 图案填充功能区

① 边界：指定图案填充的边界和设置边界是否关联。具体方法：拾取封闭区域中的点（在封闭区域中单击）和选择封闭区域的对象（选中构成封闭区域的对象）。

② 特性和图案：选择填充图案的类型（实体、渐变色、图案、用户定义）、填充图案以及填充图案的角度、比例和透明度。

③ 原点：指定新原点，移动填充图案以便与指定原点对齐。可将原点设定为矩形区域的左上角、左下角、右上角、右下角、中心点。

④ 选项：设置填充图案的关联、注释性及特性匹配

2）渐变色：单击此图标弹出相应功能区，如图 3-8 所示。

图 3-8　渐变色填充功能区

3）边界：填充图案之前若填充边界不容易选择，可拾取封闭区域内部点以创建合适的边界。单击此图标弹出相应对话框，如图 3-9 所示。

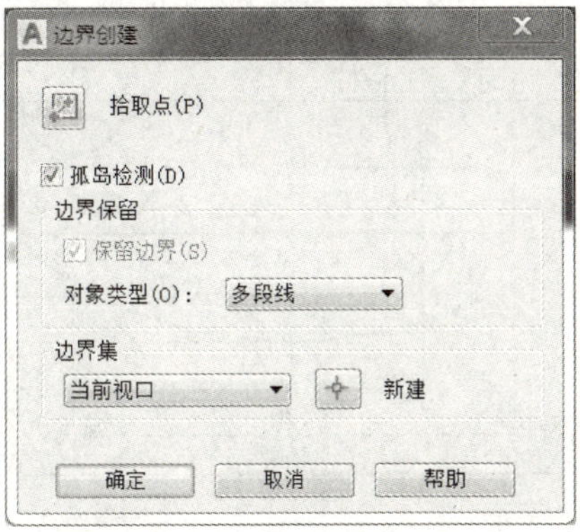

图 3-9 【边界创建】对话框

① 拾取点：拾取封闭区域中的点以创建封闭的多段线或面域。

② 对象类型：选择边界创建的类型。

任务考核

一、操作训练

绘制图 3-10 所示图形。

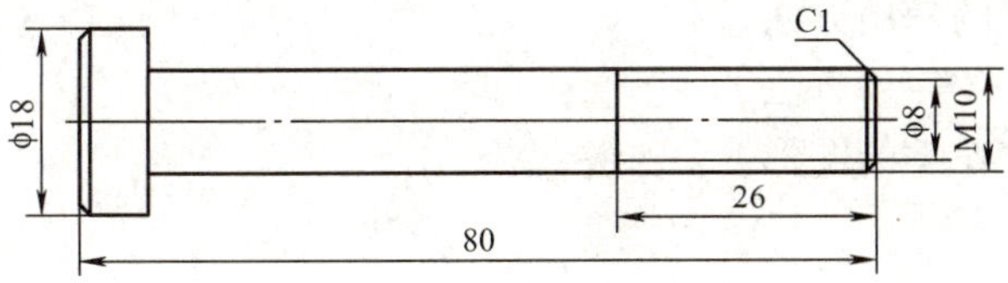

图 3-10　练习

二、思考练习

1. 如何对矩形对象的四个角快速设置同样的倒角？

2. 在 AutoCAD 2020 中可以对未完全封闭的区域进行图案填充吗？如果能，应采用什么方法选择填充边界？

任务三　密封垫圈的绘制

任务描述

3-3 密封垫圈的绘制

绘制图 3-11 所示密封垫圈图形。

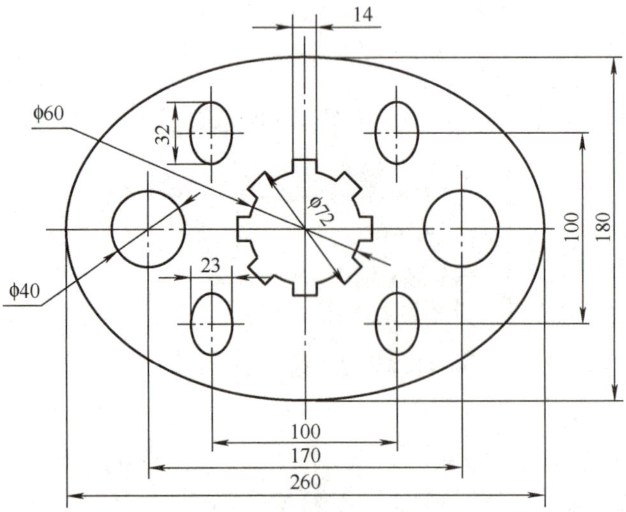

图 3-11　密封垫圈

任务分析

密封垫圈图形包含一个大椭圆形、四个椭圆孔、两个圆孔和一个花键孔。两个圆孔和四个椭圆孔按规律排列，可以用镜像、阵列等方法绘制。花键孔圆周上均匀分布着八个键槽，可以用环形阵列的方法绘制。本任务要求学会利用椭圆、圆、阵列、修剪等命令绘制出密封垫圈图形，并利用修剪、拉长等命令调整中心线的长度。

通过本任务的学习，要达到以下目标：

1. 学会拉长命令的使用方法。
2. 学会延伸命令的使用方法。
3. 学会绘制带有花键的图形。

任务实施

1. 设置绘图环境

设置图形界限、图层（名称、线型、颜色、线宽）。

2. 绘制中心线

绘制水平、垂直两条长的中心线。

3. 绘制大椭圆（图 3-12a）

命令：_ellipse （启动椭圆命令）

指定椭圆的轴端点或 [圆弧（A）/ 中心点（C）]：c （选择中心点选项）

指定椭圆的中心点： （捕捉中心线的交点）

指定轴的端点：〈正交　开〉130 （打开正交模式，在水平方向指定长轴端点）

指定另一条半轴长度或 [旋转（R）]：90 （在垂直方向指定短半轴长度）

4. 绘制左下角的椭圆（图 3-12b）

命令：_ellipse （启动椭圆命令）

指定椭圆的轴端点或 [圆弧（A）/ 中心点（C）]：c （选择中心点选项）

指定椭圆的中心点： （捕捉左下角中心线的交点）

指定轴的端点：〈正交　开〉16 （打开正交模式，在水平方向指定长轴端点）

指定另一条半轴长度或 [旋转（R）]：11.5 （在垂直方向指定短半轴长度）

5. 绘制其他的椭圆（图 3-12c）

使用 ARRAY 命令，将左下角小椭圆及其中心线按两行两列、间距为 100mm 进行矩形阵列。

6. 绘制两个圆（图 3-12d）

命令：_circle （启动圆命令）

指定圆的圆心或 [三点（3P）/ 两点（2P）/ 相切、相切、半径（T）]：

（分别捕捉左右两个垂直中心线与水平中心线交点）

指定圆的半径或 [直径（D）]：20 （指定半径为 20mm）

7. 绘制花键孔（图 3-12e）

命令：_circle （启动圆命令）

指定圆的圆心或 [三点（3P）/ 两点（2P）/ 相切、相切、半径（T）]

（捕捉大椭圆的圆心）

指定圆的半径或 [直径（D）]〈20.0000〉：36 （指定半径为 36mm）

CIRCLE 指定圆的圆心或 [三点（3P）/ 两点（2P）/ 相切、相切、半径（T）]：

（捕捉大椭圆的圆心）

指定圆的半径或 [直径（D）]〈36.0000〉：30 （指定半径为 30mm）

8. 绘制单个花键槽（图 3-12f、g）

命令：_offset

当前设置：删除源 = 否　图层 = 源　OFFSETGAPTYPE=0

指定偏移距离或［通过（T）/ 删除（E）/ 图层（L）］〈通过〉：7　（指定偏移距离 7mm）

选择要偏移的对象，或［退出（E）/ 放弃（U）］〈退出〉：　（选择垂直对称中心线）

指定要偏移的那一侧上的点，或［退出（E）/ 多个（M）/ 放弃（U）］〈退出〉：

（先指定垂直对称中心线左侧）

接下来按同样的方法，在垂直对称中心线右侧偏移，将刚偏移的两条直线调整到粗实线图层，修剪多余图线。

9. 绘制其他花键槽（图 3-12h）

启动环形阵列命令，捕捉椭圆的中心为阵列中心点，选择单个键槽，进行环形阵列，填充角度为 360°，项目个数为 8。

10. 修剪其他花键槽（图 3-12i）

命令：_trim

当前设置：投影 =UCS，边 = 无

选择剪切边 ...

选择对象或〈全部选择〉：　（修剪花键孔内外圆上多余的圆弧段）

选择要修剪的对象，或按住 Shift 键选择要延伸的对象，或［栏选（F）/ 窗交（C）/ 投影（P）/ 边（E）/ 删除（R）/ 放弃（U）］：

11. 整理中心线（图 3-12j）

根据国标要求，中心线应超出轮廓线 3 ～ 4mm。先将中心线修剪到边界处，再利用 LENGTHEN（拉长）命令修改中心线的长度。

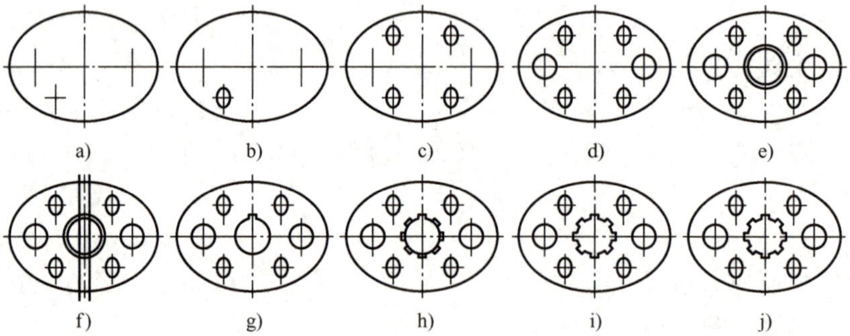

图 3-12　绘制密封垫圈

操作技巧

➢ 拉长操作可以指定以百分比、增量、最终长度或角度来更改对象。拉长命令可以拉长对象也可以缩短对象。

➢ 延伸操作可将对象延伸至指定边界，与修剪互为逆操作。要将所有对象用作边界，请在首次出现“选择对象”提示时按〈Enter〉键。

知识链接

一、拉长命令

拉长命令用于更改对象的长度和圆弧的包含角。

1. 操作方法

（1）功能区　单击【默认】选项卡→【修改】功能区中的【拉长】按钮。

（2）菜单栏　单击【修改】→【拉长】。

（3）命令行　LENGTHEN（或缩写：LEN）。

2. 操作步骤

命令：_lengthen

选择要测量的对象或［增量（DE）/ 百分比（P）/ 总计（T）/ 动态（DY）］〈总计（T）〉：de

输入长度增量或［角度（A）］〈0.0000〉：3

选择要修改的对象或［放弃（U）］：

3. 选项说明

1）选择要测量的对象：选中对象会显示对象的当前长度。

2）增量（DE）：以指定的增量修改对象的长度或角度，正值为拉长对象，负值为缩短对象。

3）百分比（P）：通过指定对象总长度的百分数设置对象长度。对于圆弧，则按照圆弧总包含角的指定百分比修改圆弧角度。

4）总计（T）：通过指定从固定端点测量的总长度的绝对值来设置选定对象的长度。“总计”选项也按照指定的总角度设置选定圆弧的包含角。

5）动态（DY）：打开动态拖动模式。通过拖动选定对象的端点之一来改变其长度。其他端点保持不变。

6）输入长度增量或［角度（A）］：输入长度增量或角度增量。

7）选择要修改的对象：拾取欲拉长的对象。

二、延伸命令

延伸命令用于扩展对象以与其他对象的边相接。

1. 操作方法

（1）功能区　单击【默认】选项卡→【修改】功能区中的【延伸】按钮。

（2）菜单栏　单击【修改】→【延伸】。

（3）命令行　EXTEND（或缩写：EX）。

2. 操作步骤

命令：_extend

当前设置：投影 =UCS，边 = 无

选择边界的边 ...

选择对象或〈全部选择〉：

选择要延伸的对象，或按住 Shift 键选择要修剪的对象，或者［栏选（F）/ 窗交（C）/

投影（P）/ 边（E）/ 放弃（U）]:

3. 选项说明

（1）选择边界的边 ... 选择对象：指定延伸的边界。

（2）选择要延伸的对象：指定要通过伸长或缩短与边界对象相交的对象。选择对象的方法同修剪命令。

三、修剪与延伸命令

修剪命令（TRIM）与延伸命令（EXTEND）是相反的操作。修剪命令是将对象到边界对象间的部分删除（缩短了）；延伸命令是将对象延伸到边界对象（加长了）。

修剪命令与延伸命令互为逆操作。在使用修剪命令的过程中，〈 Shift 〉键 + 选择要修剪的对象 = 延伸命令。在使用延伸命令的过程中，〈 Shift 〉键 + 选择要延伸的对象 = 修剪命令。

四、夹点编辑

1）夹点是对象被选中时对象上出现的小方框（默认为蓝色），此时的点称为冷点，再次把光标移至某点时，停留点称为悬停点。单击选中该点，此时该点处于可编辑状态，同时命令行会出现如下提示：

指定拉伸点或 [基点（B）/ 复制（C）/ 放弃（U）/ 退出（X）]:　　（拖动光标将拉长或缩短对象）

2）夹点编辑有五种编辑模式：拉伸、移动、旋转、比例、镜像。各模式之间可通过空格键或〈 Enter 〉键来切换。

3）机械图中常用夹点编辑的方法调整对象的大小和形状，在三维图形中还可以利用夹点移动对象。

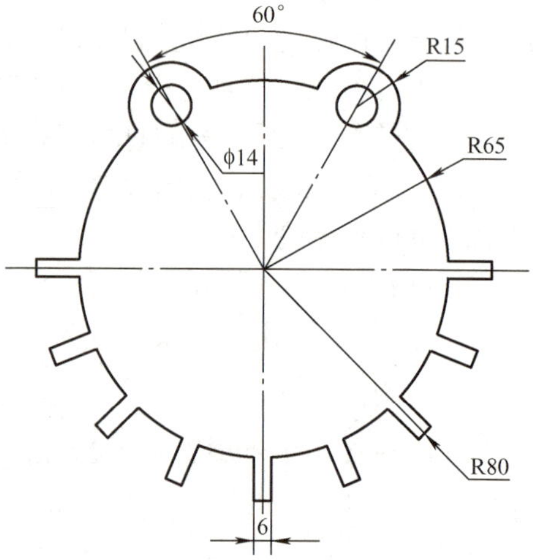

图 3-13　练习

任务考核

一、操作训练

绘制图 3-13 所示图形。

二、思考练习

1. 修剪与延伸操作的区别是什么？
2. 夹点编辑有哪几种编辑模式？

任务四　轮架的绘制

任务描述

绘制图 3-14 所示轮架图形。

3-4 轮架的绘制

任务分析

轮架图主要由圆、圆弧、直线对象组成，各连接处用相切的圆弧光滑连接，是圆形、直线、修剪等多种命令综合使用的实例。本任务是学会利用直线、圆形、修剪、圆角、打断等命令绘制出轮架图形。

通过本任务的学习，要达到以下目标：

1. 学会打断命令的使用方法。
2. 学会圆角命令的使用方法。
3. 学会绘制轮架图形。

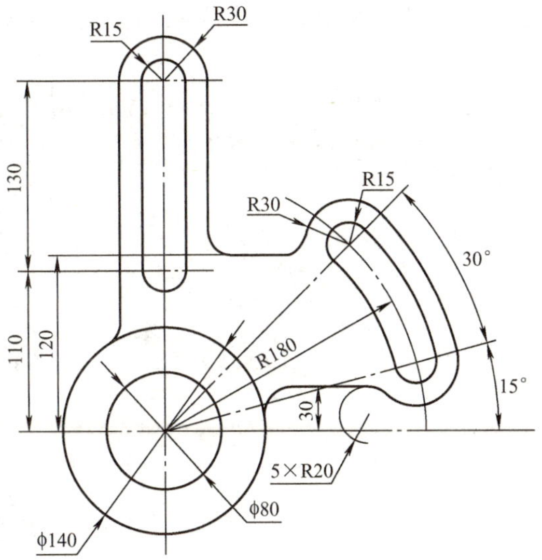

图 3-14　轮架

任务实施

1. 设置绘图环境

设置图形界限、图层（名称、线型、颜色、线宽）。

2. 绘制中心线等辅助图线

在中心线图层绘制水平中心线、垂直中心线、一定角度的斜线和定位圆形。

3. 绘制轮架内外轮廓上的圆（图 3-15a）

分别以圆心、半径方式，绘制两个直径为 140mm、80mm 的圆，三个半径为 30mm 的圆，四个半径为 15mm 的圆。

4. 绘制支架上部的四条直线（图 3-15b）

分别捕捉左边两个 R15mm 圆上的左、右象限点为直线的起点和端点画直线；再依次捕捉左边的 R30mm 圆上的左、右象限点为直线的起点，垂直向下绘制直线。

5. 绘制轮架内外轮廓上的过渡圆弧（图 3-15c）

以圆心、起点、端点方式绘制圆弧。选取 ϕ140mm 圆的圆心为需要绘制圆弧的圆心，起点和端点分别捕捉 15° 和 30° 角度线与轮架右侧两个 R30mm 圆的交点，绘制外侧过渡圆弧。同理，可绘制内侧另两条过渡圆弧。

6. 绘制轮架外轮廓上的水平连接直线（图 3-15d）

通过将水平中心线向上偏移 30mm 和 120mm，得到两条水平直线。选择偏移得到的直线，将其调整到粗实线图层上。

7. 绘制圆角（图 3-15e）

命令：_fillet

当前设置：模式 = 修剪，半径 =0.0000

选择第一个对象或 [放弃（U）/ 多段线（P）/ 半径（R）/ 修剪（T）/ 多个（M）]：r

（选择半径选项）

指定圆角半径〈0.0000〉：20　　（设置圆角半径为 20mm）

选择第一个对象或 [放弃（U）/ 多段线（P）/ 半径（R）/ 修剪（T）/ 多个（M）]：

（选择圆角的第一边）

选择第二个对象，或按住 Shift 键选择对象以应用角点或［半径（R）］：（选择圆角的第二边）

分别绘制五个半径为 20mm 的圆角进行光滑连接。

8. 修剪掉多余的线并调整中心线的长度和线型比例等（图 3-15f）

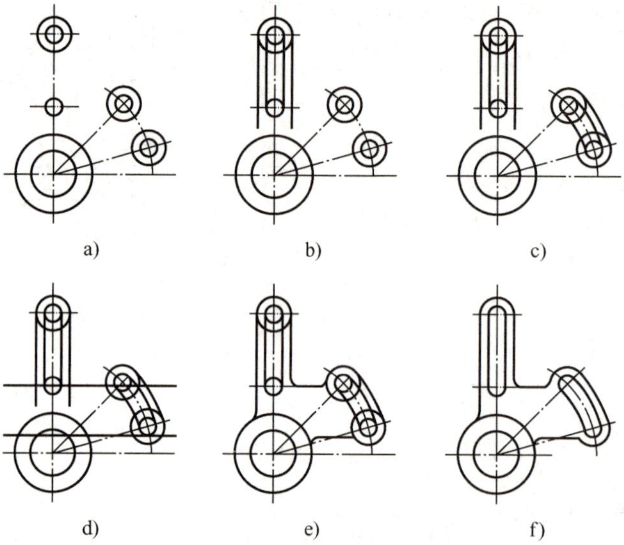

图 3-15　绘制轮架

操作技巧

➢ 打断操作可以在对象上的两个指定点之间创建间隔，从而将对象打断为两个对象。如果这些点不在对象上，则会自动投影到该对象上。

➢ 圆角操作可以对圆弧、圆、椭圆、椭圆弧、直线、多段线、射线、样条曲线和构造线执行圆角操作，常用于绘制机械图中光滑连接的圆弧，还可以对三维实体和曲面进行圆角操作。

知识链接

一、打断命令

打断命令用于在两点之间打断选定对象或将选定对象在某点处断开。

1. 操作方法

（1）功能区　单击【默认】选项卡→【修改】功能区中的【打断】按钮或【打断于点】按钮。

（2）菜单栏　单击【修改】→【打断】。

（3）命令行　BREAK（或缩写：BR）。

2. 操作步骤

命令：_break

选择对象：

指定第二个打断点或［第一点（F）］：

3. 选项说明

1）选择对象：指定要打断的对象。系统自动将选择对象时的拾取点作为第一个断开点。

2）指定第二个打断点：指定对象上的第二点、对象外的点或对象端点之外的点。

3）第一点（F）：用指定的新点替换原来的第一个打断点。

二、圆角命令

圆角命令是利用指定半径的圆弧连接两对象并要求圆弧与两对象相切的操作。

1. 操作方法

（1）功能区　单击【默认】选项卡→【修改】功能区中的【圆角】按钮。

（2）菜单栏　单击【修改】→【圆角】。

（3）命令行　FILLET（或缩写：F）。

2. 操作步骤

命令：_fillet

当前设置：模式 = 修剪，半径 =0.0000

选择第一个对象或［放弃（U）/ 多段线（P）/ 半径（R）/ 修剪（T）/ 多个（M）］：

选择第二个对象，或按住 Shift 键选择对象以应用角点或［半径（R）］：

3. 选项说明

1）选择第一个对象：指定二维圆角所需的两个对象中的第一个对象。

2）选择第二个对象：指定二维圆角所需的两个对象中的第二个对象。

3）半径（R）：定义圆角圆弧的半径。

4）修剪（T）：控制圆角是否将选定的边修剪到圆角弧的端点。如果选择修剪模式（T），修剪选定的边到圆角弧端点。如果选择不修剪模式（N），将不修剪选定边。

5）多段线（P）：在二维多段线中两条直线段相交的每个顶点处插入圆角圆弧。

三、光顺曲线命令

光顺曲线命令用于在两条开放曲线的端点之间创建相切或平滑的样条曲线。这是 AutoCAD 2020 新增的一个命令。

1. 操作方法

（1）功能区　单击【默认】选项卡→【修改】功能区中的【圆角】→【光顺曲线】按钮。

（2）菜单栏　单击【修改】→【光顺曲线】。

（3）命令行　BLEND（或缩写：BLE）。

2. 操作步骤

命令：_blend

连续性 = 相切

选择第一个对象或［连续性（CON）］:
选择第二个点：

3. 选项说明

1）选择第一个对象：选择第一条开放曲线。

2）选择第二个点：在第二条开放曲线上单击一点。

3）连续性（CON）：设置光顺曲线的相切（T）或平滑（S）连续性。

四、圆弧连接与圆角

通常在绘制有圆弧连接的图形时，多采用先绘制圆（相切、相切、半径），再用修剪命令对多余的圆弧段进行修剪，最终得到圆弧连接的方法。采用圆角的方法，可以简化操作，因为圆角命令本身就有修剪功能（选择修剪模式）。使用圆角命令时应注意：

1）圆角半径是指连接被圆角对象的圆弧半径。修改圆角半径将影响后续的圆角操作。如果设置圆角半径为 0，则被圆角的对象将被修剪或延伸直到它们相交，并不创建圆弧。

2）当圆角为平行直线圆角时，是以平行直线间的距离为直径创建圆弧连接的。

3）“修剪”选项指定是否修剪选定对象，并将对象延伸到创建的弧的端点。对于封闭的多段线、圆、椭圆等图形，圆角后并不修剪。是否要选择修剪模式，要根据参与圆角的对象来确定，避免将不应该修剪的部分修剪掉。

4）封闭的多段线、圆、椭圆等图形间不能圆角。

任务考核

一、操作训练

绘制图 3-16 所示图形。

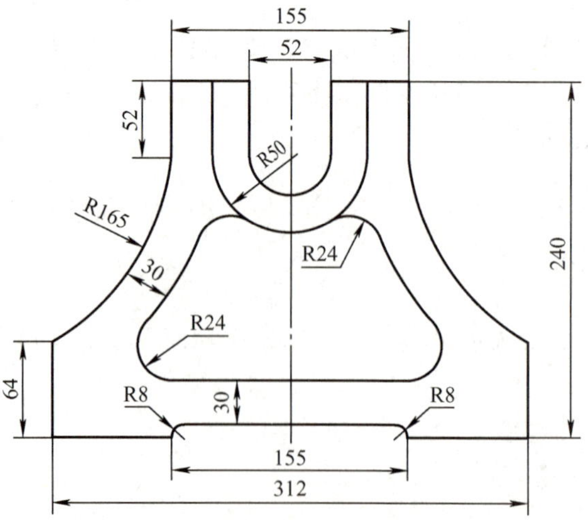

图 3-16　练习

二、思考练习

1. 如何将一条长为 100mm 的直线段从中点断开？

2. 如何利用打断命令对一个半径为 100mm 的圆形实现删除上半圆弧、保留下半圆弧的操作？

综合训练三

1. 按尺寸绘制图 3-17 所示图案。

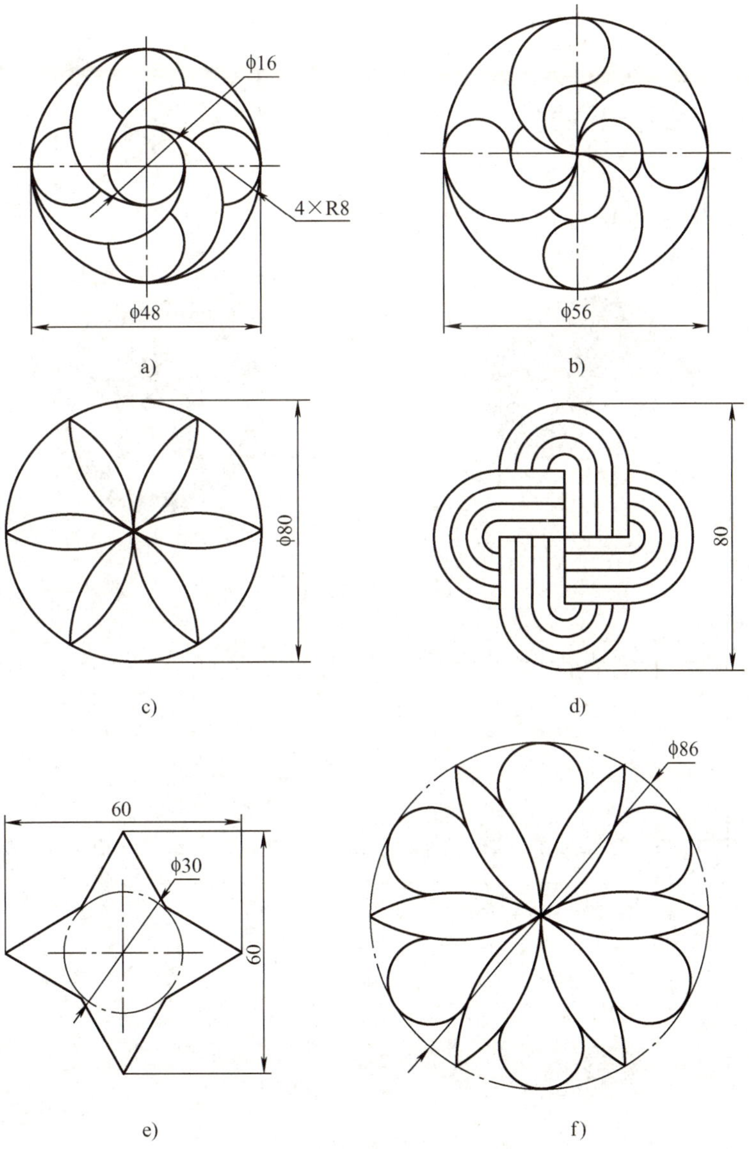

图 3-17　综合训练 1

2. 绘制图 3-18 所示图案。

a)

b)

c)

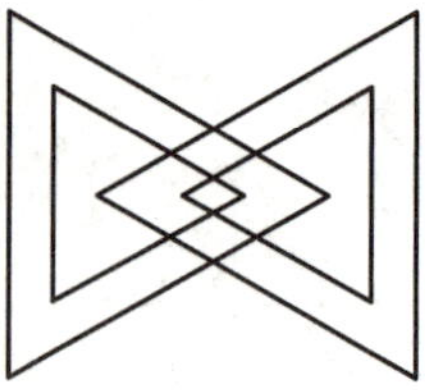

d)

e)

f)

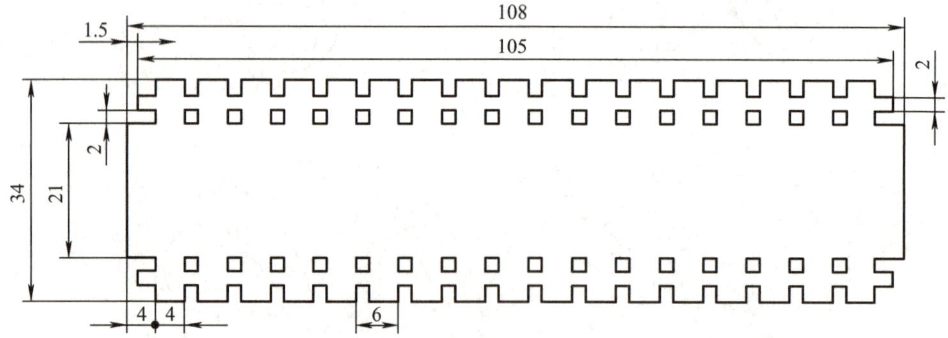

g)

图 3-18　综合训练 2

3. 绘制图 3-19 所示图形。

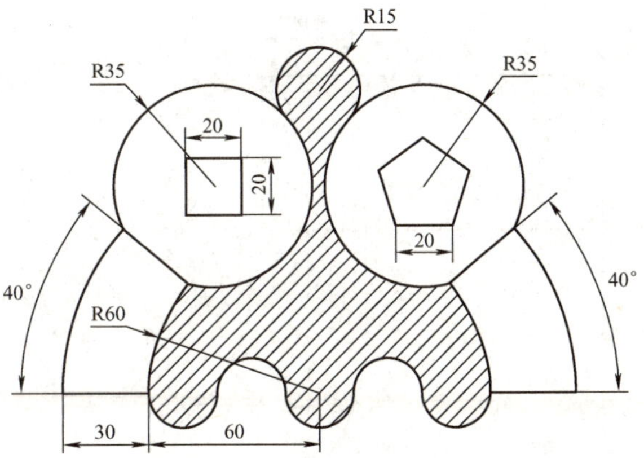

图 3-19 综合训练 3

4. 绘制图 3-20 所示图形。

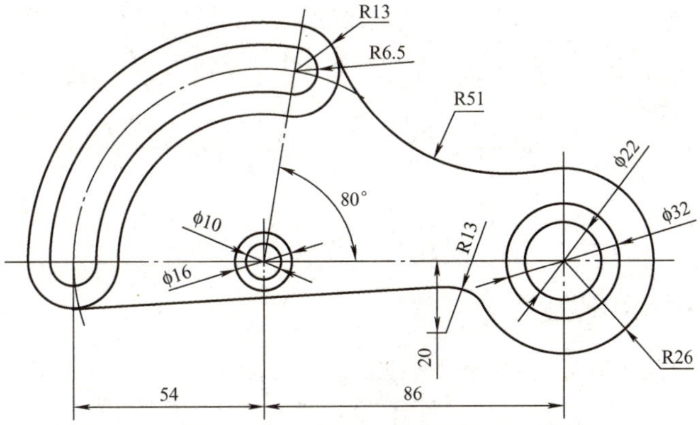

图 3-20 综合训练 4

5. 绘制图 3-21 所示图形。

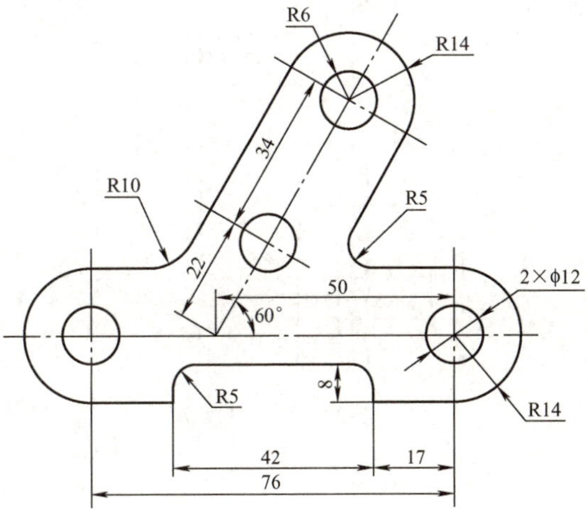

图 3-21 综合训练 5

6. 绘制图 3-22 所示吊钩。

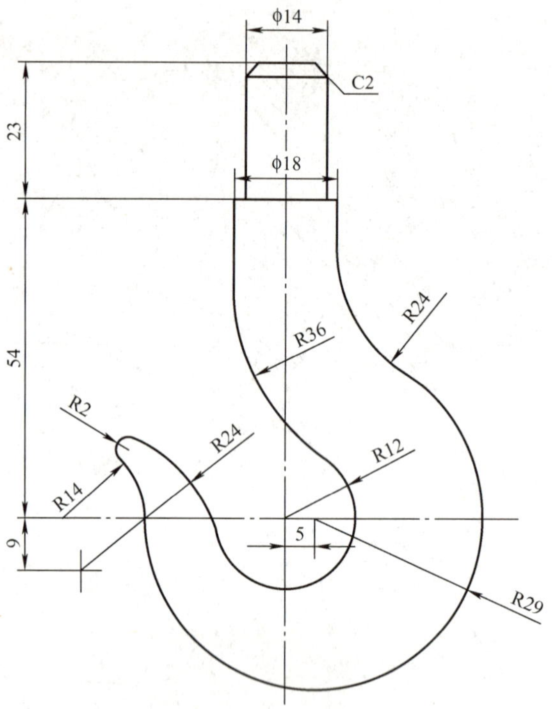

图 3-22　综合训练 6

7. 绘制图 3-23 所示图形。

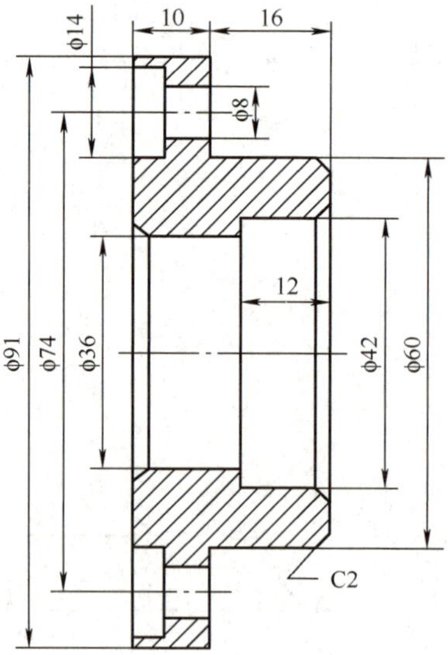

图 3-23　综合训练 7

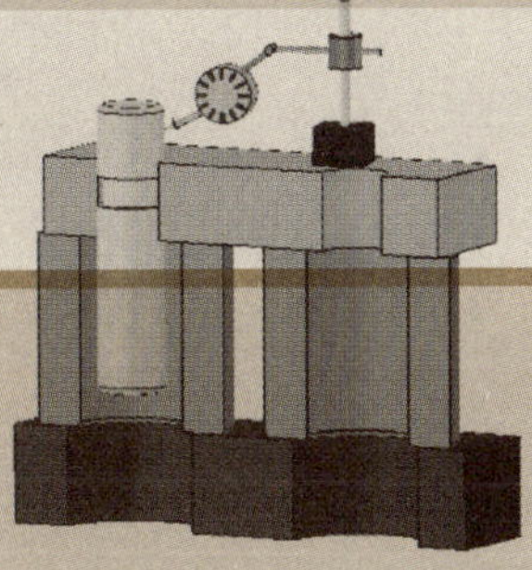

项目四 文字创建与平面图形的标注

任务一 标题栏的绘制

任务描述

4-1 标题栏的绘制

绘制图 4-1 所示标题栏图形并输入文字。

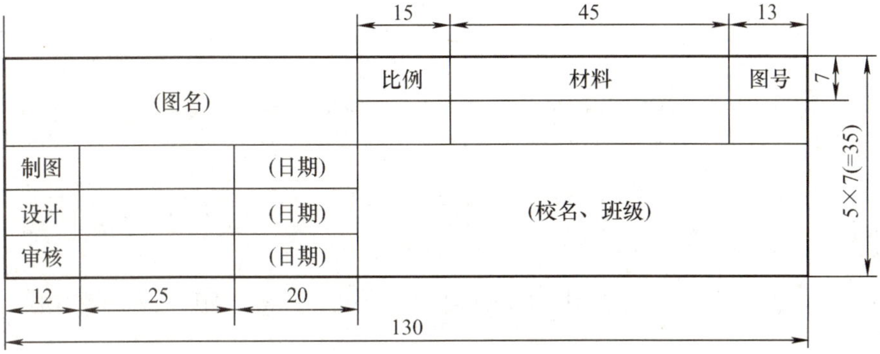

图 4-1 标题栏

任务分析

标题栏是机械图中一个重要的内容，可提供图形的很多信息，如制图者、设计者、审核者、相关日期、材料、比例、图号、图名等。标题栏图形由直线段和文字构成。本任务要求学会利用矩形命令、分解命令、偏移命令、修剪命令和多行文字命令等绘制标题栏。

通过本任务的学习，要达到如下目标：

1. 学会文字样式的设置方法。
2. 学会单行文字与多行文字的创建方法。
3. 学会绘制标题栏图形。

任务实施

1. 绘制矩形外框

绘制 130mm × 35mm 的矩形外框，并用分解命令分解矩形。

命令：_rectang　　（启动矩形命令）

指定第一个角点或 [倒角（C）/ 标高（E）/ 圆角（F）/ 厚度（T）/ 宽度（W）]:

（拾取一点作为矩形的左上角点）

指定另一个角点或 [面积（A）/ 尺寸（D）/ 旋转（R）]：@130，-35

（输入另一角点相对直角坐标）

命令：_explode　　（启动分解命令）

选择对象：找到 1 个　　（选择矩形）

选择对象：　　（按〈Enter〉键，结束选择对象）

2. 偏移左边垂直边框线

使用偏移命令，把左边垂直边框线向右边依次偏移 12、25、20、15、45 个单位（mm）距离，如图 4-2 所示。

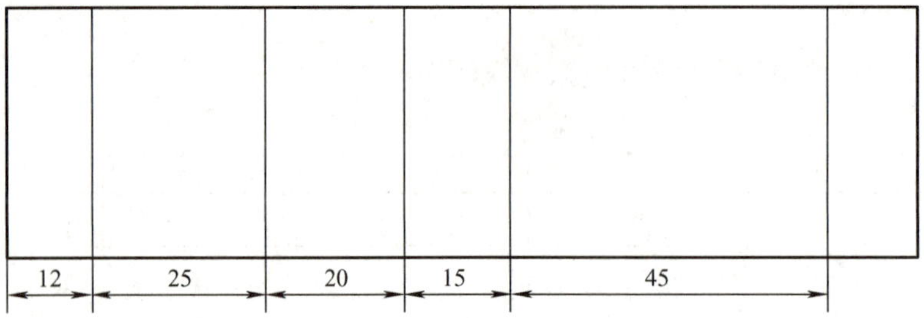

图 4-2　偏移左边垂直边框线

3. 偏移底边水平边框线

使用偏移命令，把底边水平边框线向上偏移 7 个单位（mm）距离，偏移 4 次，如图 4-3 所示。

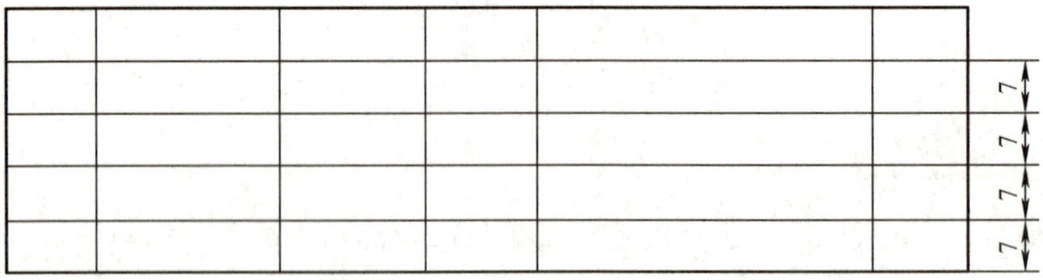

图 4-3　偏移底边水平边框线

4. 修改边框

使用修剪命令、删除命令清除多余线条，把标题栏外边框线改为粗实线，完成标题栏绘制，最后效果如图 4-4 所示。

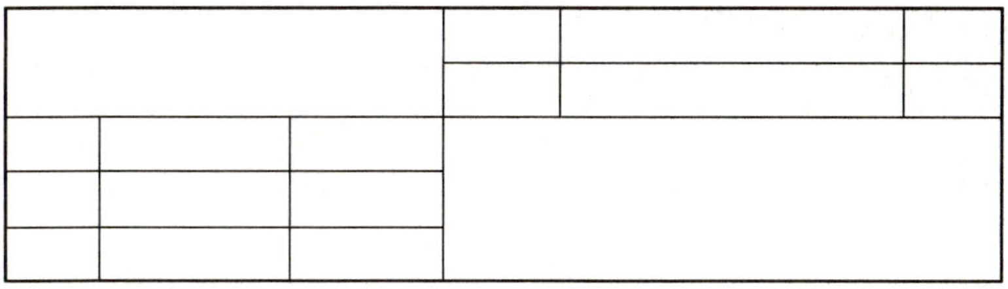

图 4-4 修改边框

5. 设置标题栏的文字样式

打开【文字样式】对话框，新建名为“汉字”的样式，将【使用大字体】复选项取消。国标规定工程图样中的汉字多采用长仿宋体，所以，设置字体为长仿宋体。长仿宋体的宽度因子为 0.7，高度为 0，如图 4-5 所示，使用单行文字命令时再根据需要输入汉字高度。

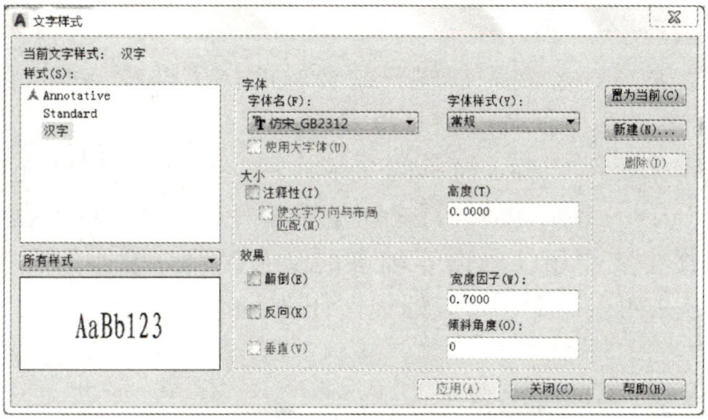

图 4-5 【文字样式】对话框

6. 在标题栏中添加文字（图 4-6）

命令：_mtext

当前文字样式：“汉字” 文字高度：5 注释性：否

指定第一角点： （单击“审核”文字所在矩形框的一个角点）

指定对角点或 [高度 (H)/ 对正 (J)/ 行距 (L)/ 旋转 (R)/ 样式 (S)/ 宽度 (W)/ 栏 (C)]:

（单击对角点）

打开【文字编辑器】选项卡，选择“汉字”样式，设字高 3.5mm，选择“正中”对正方式，输入文字“审核”，单击【关闭文字编辑器】。

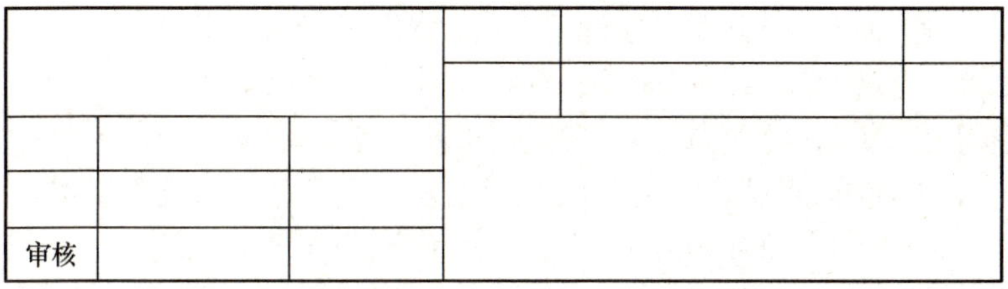

图 4-6 输入文字

7. 在标题栏中添加其他文字（图 4-7）

利用多行文字命令分别输入其他文字，除“图名、校名、班级”高度为 5mm，其他均为 3.5mm。

<table>
<tr><td colspan="3" rowspan="2">(图名)</td><td>比例</td><td>材料</td><td>图号</td></tr>
<tr><td></td><td></td><td></td></tr>
<tr><td>制图</td><td></td><td>(日期)</td><td colspan="3" rowspan="3">(校名、班级)</td></tr>
<tr><td>设计</td><td></td><td>(日期)</td></tr>
<tr><td>审核</td><td></td><td>(日期)</td></tr>
</table>

图 4-7　输入其他文字

操作技巧

➢ 在输入文字之前，一般要先创建新的合适的文字样式，根据图形要求确定字体、字高等。

➢ 单行文字操作主要用于输入简单的文字注释，单行文字操作也可以输入多于一行的文字，通过按〈Enter〉键换行，各行之间是单独对象，可以单独编辑。

➢ 多行文字操作主要用于输入内容较多的文字注释，输入的所有文字是一个整体。标题栏中的注释文字采用多行文字可较好地保证文字的位置。

知识链接

一、文字样式命令

文字样式命令用于创建、修改或指定文字样式。它可以指定当前文字样式以确定所有新文字的外观。文字样式包含字体、字号、倾斜角度、方向和其他文字特征。

1. 操作方法

（1）功能区　单击【默认】选项卡→【注释】功能区中的【文字样式】按钮 。

（2）菜单栏　单击【格式】→【文字样式】。

（3）命令行　STYLE（或缩写：ST）。

2. 操作步骤及选项说明

启动文字样式命令后，将弹出【文字样式】对话框，如图 4-5 所示，可进行以下设置：

1）【样式】选项组。显示样式列表，可选择显示所有样式名或正在使用的样式名，也可新建样式名、更名、删除文字样式、选择当前文字样式等。

2）【字体】选项组。设置当前文字样式的字体名、大小。

3）【效果】选项组。设置文字的颠倒、反向、垂直等显示效果，以及宽度因子、倾斜角度等。在【宽度因子】文本框中可以设置文字字符的宽度和高度之比。当【宽度因子】值为 1 时，将按系统定义的高宽比输入文字；当【宽度因子】小于 1 时，字符会变窄；当【宽度因子】大于 1 时，字符则变宽。在【倾斜角度】文本框中可以设置文字的倾斜角度，角度为 0° 时不倾斜；角度为正值时向右倾斜；角度为负值时向左倾斜。

二、单行文字命令

单行文字命令用于创建和编辑文字，它并不是只能创建一行文字对象，也可以创建多行文字对象，只是系统将每行文字看作是一个单独的对象。

1. 操作方法

（1）功能区　单击【默认】选项卡→【注释】功能区中的【文字】→【单行文字】按钮。

（2）菜单栏　单击【绘图】→【文字】→【单行文字】。

（3）命令行　DTEXT 或 TEXT（或缩写：DT）。

2. 操作步骤

命令：_dtext

当前文字样式："汉字"　文字高度：2.5000　注释性：否　对正：左

指定文字的起点或［对正（J）/ 样式（S）］：

指定高度〈2.5000〉：

指定文字的旋转角度〈0〉：

3. 选项说明

1）指定文字的起点：用于确定文字行基线的起始点位置。

2）对正（J）：用于控制文字的对正方式。

3）样式（S）：设置当前使用的文字样式，也可以选择当前图形中已定义的某种文字样式作为当前文字样式。

4）指定高度：如果当前文字样式的高度设置为 0，系统将显示指定高度提示信息，要求指定文字高度，否则，不显示该提示信息，并使用【文字样式】对话框中设置的文字高度。

5）指定文字的旋转角度：指定文字行排列方向与水平线的夹角，默认角度为 0°。

三、多行文字命令

对于较多的文字的创建，使用单行文字命令往往过于繁琐，为此 AutoCAD 提供了创建多行文字的命令。多行文字命令用于在 AutoCAD 绘图区内创建文本段落，可为图形标注多行文本、表格文本和下划线文本。

1. 操作方法

（1）功能区　单击【默认】选项卡→【注释】功能区中的【文字】→【多行文字】按钮。

（2）菜单栏　单击【绘图】→【文字】→【多行文字】。

（3）命令行　MTEXT（或缩写：MT、T）。

2. 操作步骤及选项说明

命令：_mtext

当前文字样式："汉字"　文字高度：2.5　注释性：否

指定第一角点：　　（指定多行文字矩形边界的一个角点）

指定对角点或［高度（H）/ 对正（J）/ 行距（L）/ 旋转（R）/ 样式（S）/ 宽度（W）/ 栏（C）］：
（指定多行文字矩形边界的另一个角点）

指定好边界之后，系统将打开【文字编辑器】功能区面板，如图 4-8 所示。利用功能区面板可以设置文字样式、文字格式，以及多行文本段落的对齐方式、行距等。输入文本后单击【关闭文字编辑器】按钮。

图 4-8 【文字编辑器】功能区面板

四、特殊字符的输入

在输入文字时有时会使用特殊字符，如直径符号“ϕ”、角度符号“°”和加 / 减符号“±”等。这些特殊字符可以利用多行文字命令在【文字编辑器】功能区面板中打开符号列表选择，也可用控制码来表示，便于用户在文字中快速输入特殊符号或格式。常用特殊字符简介如下：

1）直径符号（%%C）：双百分号后跟字母 C，建立直径符号。

2）加 / 减符号（%%P）：双百分号后跟字母 P，建立加 / 减符号。

3）角度符号（%%D）：双百分号后跟字母 D，建立角度符号。

对于需要标注上划线、下划线或者删除线的文字，可以在选中文字后分别单击【文字编辑器】功能区面板中“Ō”“U”或“A”按钮。

五、编辑文字

要快速修改文字内容，直接双击文字（单行文字和多行文字均可），即可编辑文字内容。还可使用 TEXTEDIT 命令或特性窗口编辑图形中的文本及属性。

任务考核

一、操作训练

绘制图 4-9 所示标题栏，不标注尺寸。

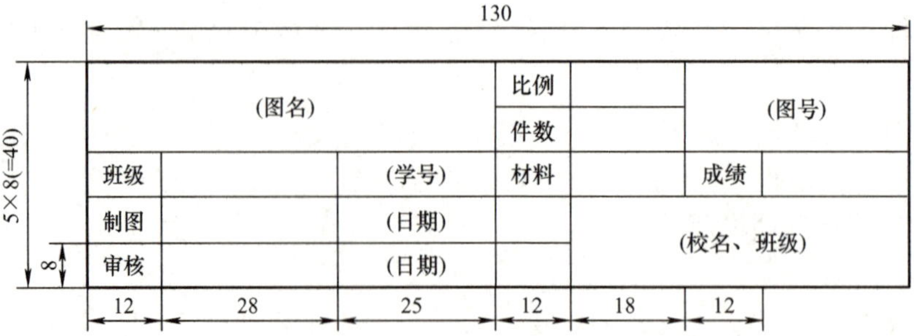

图 4-9 标题栏

二、思考与练习

1. 单行文字命令和多行文字命令的区别是什么？其应用场合有何不同？
2. 简述如何使用控制码来输入常见的一些特殊字符。

任务二　压盖的尺寸标注

任务描述

4-2 压盖的尺寸标注

如图 4-10 所示，给压盖图形标注尺寸。

任务分析

压盖图形由圆形、圆弧、直线所构成，反映图形尺寸和位置的有 4 个半径（直径）尺寸、1 个距离尺寸和 3 个圆心标记。本任务要求学会用圆、直线、修剪等命令绘制出压盖图形，并采用半径尺寸标注、线性尺寸标注和圆心标记标注来标注尺寸。

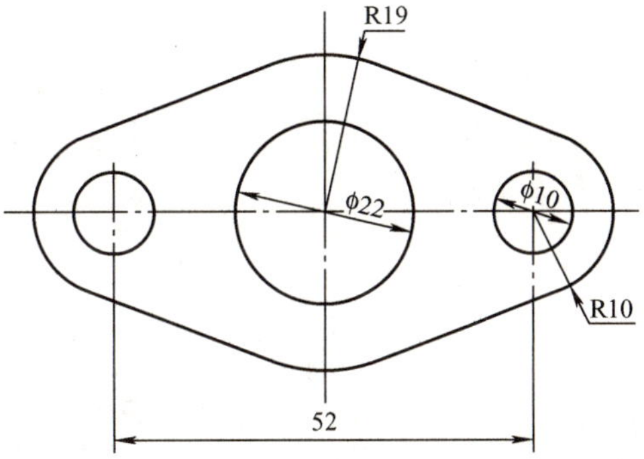

图 4-10　压盖

通过本任务的学习，要达到如下目标：

1. 掌握尺寸样式的创建方法。
2. 学会标注线性尺寸、半径（直径）尺寸。
3. 了解圆心标记命令的使用方法。

任务实施

1. 绘制图形

使用圆命令、直线命令、修剪命令、对象捕捉自命令等绘制压盖的轮廓线，如图 4-11 所示。

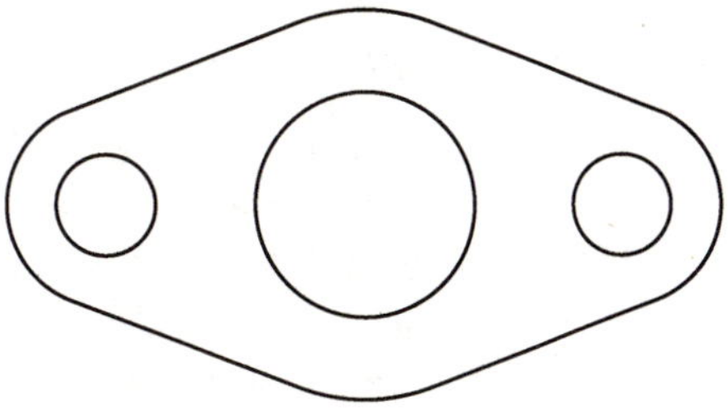
图 4-11　绘制压盖轮廓图

2. 新建尺寸标注图层

选择【格式】→【图层】命令，在弹出的【图层管理器】对话框中新建【标注】图层，颜色为蓝色，线型为细实线，并将【标注】图层设为当前层。

3. 设置文字样式

设置文字样式为【工程字】，选用字体文件名为 gbenor.shx，对应的大字体文件名为 gbcbig.shx，字体高度为 0。

4. 设置尺寸标注父样式

打开【标注样式管理器】对话框，单击【新建】按钮，弹出【创建新标注样式】对话框。以 ISO-25 为基础样式，新建【机械类】样式，单击【继续】按钮，按照相关国家标准进行设置，如图 4-12 所示。

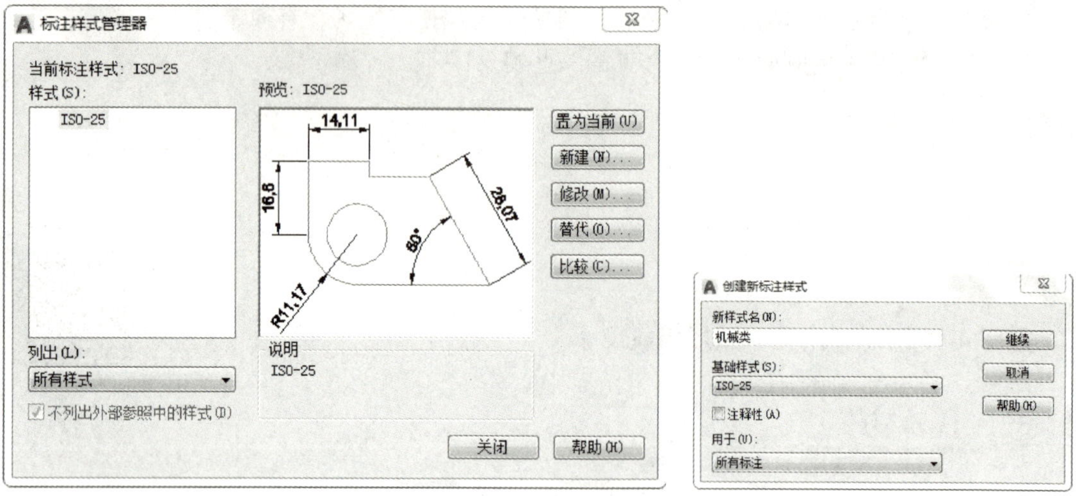

图 4-12　新建【机械类】标注样式

如图 4-13 所示，在【新建标注样式：机械类】对话框的【线】选项卡中进行如下设置：起点偏移量为 0，其余采用默认设置。

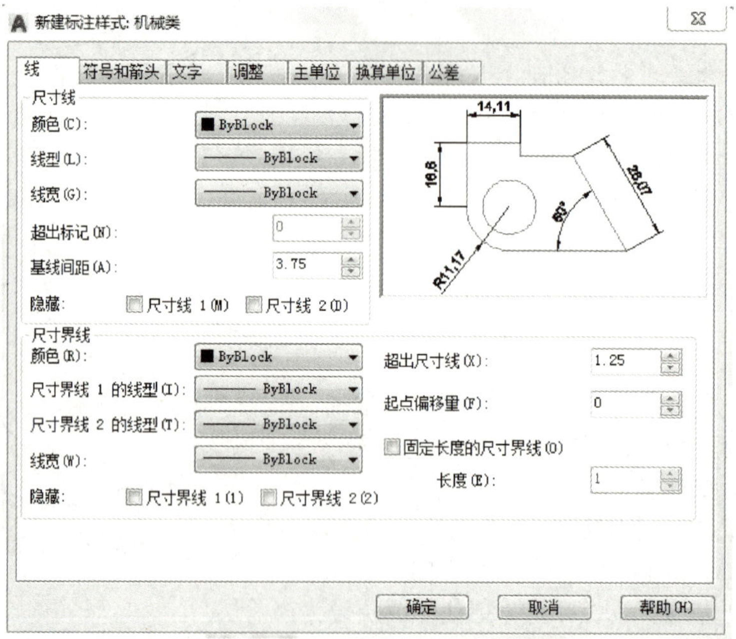

图 4-13　【线】选项卡

采用同样的方法，在其他几个选项卡中进行设置，如图 4-14 所示。

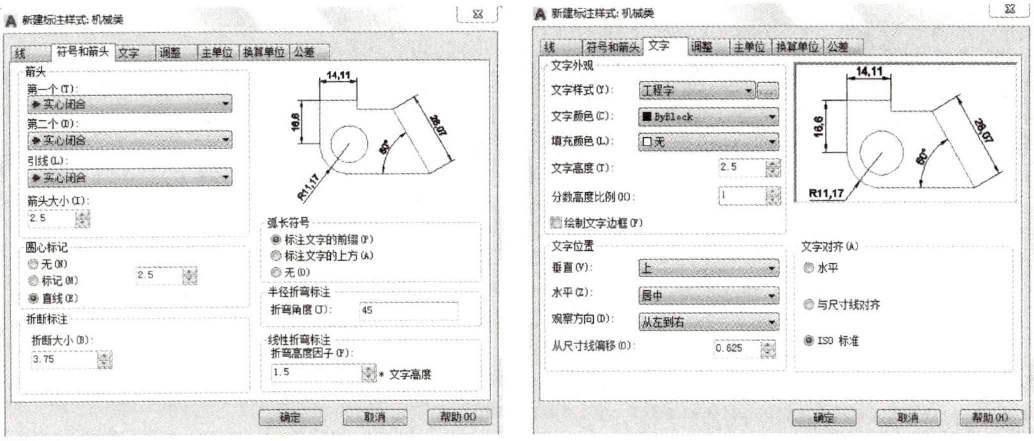

a)【符号和箭头】选项卡　　b)【文字】选项卡

图 4-14　选项卡的设置

其余选项卡采用默认设置，最后单击【确定】按钮，完成同【机械类】父样式的设置，并将其设为当前标注样式。

5. 启用对象捕捉功能

设置对象捕捉模式为端点、圆心等标注尺寸时要用到的一些特殊点。

6. 标注圆心标记

命令：_dimcenter　　（启动圆心标记命令）

选择圆弧或圆：　　（选择要标注圆心的 ϕ10mm 圆）

重复此命令，再标注另一 ϕ10mm 和 ϕ22mm 圆的圆心。

7. 标注线性尺寸

命令：_dimlinear　　（启动线性标注命令）

指定第一条尺寸界线原点或〈选择对象〉：　　（捕捉左边 ϕ10mm 圆的圆心）

指定第二条尺寸界线原点：　　（捕捉右边 ϕ10mm 圆的圆心）

指定尺寸线位置或［多行文字（M）/ 文字（T）/ 角度（A）/ 水平（H）/ 垂直（V）/ 旋转（R）］：　　（指定一点作为尺寸线通过点）

标注文字 =52　　（系统提示）

8. 标注半径尺寸

命令：_dimradius　　（启动半径标注命令）

选择圆弧或圆：　　（选择右边 R10mm 圆）

标注文字 =10　　（系统提示）

指定尺寸线位置或［多行文字（M）/ 文字（T）/ 角度（A）］：
（指定一点作为尺寸线通过点）

重复此命令，标注 R19mm 半径尺寸。

9. 标注直径尺寸

命令：_dimdiameter　　（启动直径标注命令）

选择圆弧或圆：　　（选择右边 ϕ10mm 圆）

标注文字 =10　　　　　　　　　　　　　　（系统提示）
指定尺寸线位置或 [多行文字（M）/ 文字（T）/ 角度（A）]:
　　　　　　　　　　　　　　　　　　　　（指定一点作为尺寸线通过点）
重复此命令，标注 ϕ22mm 圆。最后完成尺寸如图 4-10 所示。

操作技巧

➢ 标注尺寸之前首先要创建或修改标注样式，字体一般采用国家标准字体。
➢ 圆心标记有三种类型：无、标记、直线。本任务选用的是直线类型。

知识链接

一、标注样式管理器

工程图中的尺寸标注必须符合相关国家标准。目前，各国制图标准有许多不同之处，我国各行业制图标准中对尺寸标注的要求也不完全相同。AutoCAD 是一个通用的绘图软件包，它允许用户根据需要自行创建尺寸标注样式。尺寸标注样式是保存的一组尺寸标注变量的设置。

1. 操作方法

（1）功能区　单击【默认】选项卡→【注释】功能区中的【标注样式】按钮。
（2）菜单栏　选择【格式】→【标注样式】命令。
（3）命令行　DIMSTYLE（或缩写：D）。

2. 操作步骤

选择【格式】→【标注样式】命令，打开【标注样式管理器】对话框，如图 4-15 所示，单击对话框上的【新建】按钮，在打开的【创建新标注样式】对话框中可输入新样式名，选择基础样式和其作用，如图 4-16 所示。再单击【继续】按钮，在打开的【新建标注样式】对话框中即可进行详细的设置，从而创建新标注样式，如图 4-17 所示。

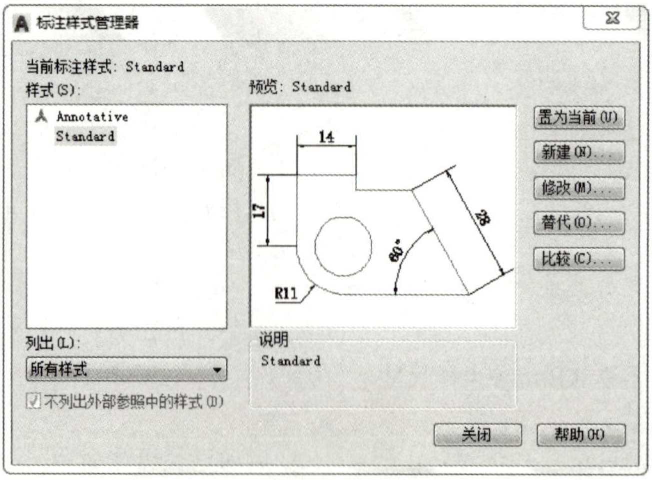

图 4-15 【标注样式管理器】对话框

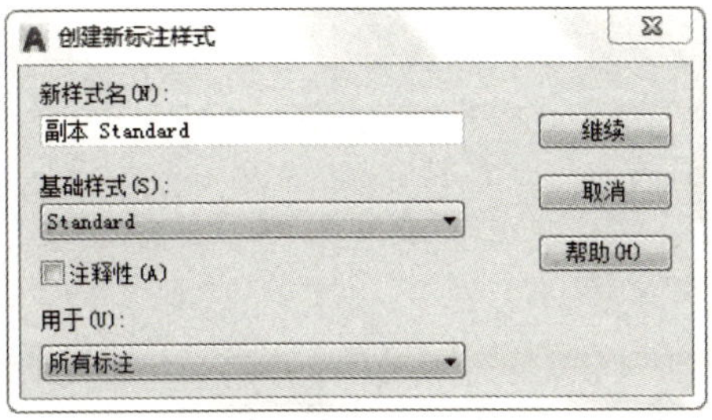

图 4-16 【创建新标注样式】对话框

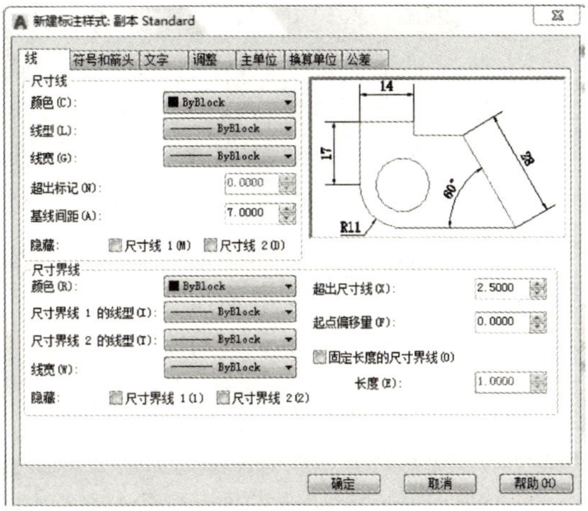

图 4-17 【新建标注样式】对话框

3. 选项说明

1）【线】选项卡：用于设置尺寸线、尺寸界线的特性。

2）【符号和箭头】选项卡：用于设置箭头、圆心标记、弧长符号和折弯半径标注的格式和位置。

3）【文字】选项卡：用于设置尺寸文字的外观、位置及对齐方式等特性。

4）【调整】选项卡：用于控制尺寸标注文字、箭头、引出线，以及尺寸线的位置及标注的全局比例等。

5）【主单位】选项卡：用于设置尺寸标注主单位的精度和格式。

6）【换算单位】选项卡：用于设置替代测量单位的格式和精度，以及前缀、后缀等。

7）【公差】选项卡：用于设置标注尺寸公差的格式。

二、线性尺寸标注命令

线性尺寸标注命令用于标注两个点之间的水平、垂直方向的长度尺寸，通过指定点或选择一个对象来实现。

1. 操作方法

（1）功能区　单击【默认】选项卡→【注释】功能区中的【线性】按钮 。

（2）菜单栏　选择【标注】→【线性】命令。

（3）命令行　DIMLINEAR（或缩写：DIMLIN）。

2. 操作步骤

命令：_dimlinear

指定第一条尺寸界线原点或〈选择对象〉:

指定第二条尺寸界线原点：

指定尺寸线位置或［多行文字（M）/ 文字（T）/ 角度（A）/ 水平（H）/ 垂直（V）/ 旋转（R）］:

3. 选项说明

1）指定第一条尺寸界线原点：指定第一条尺寸界线的起点。

2）指定第二条尺寸界线原点：指定第二条尺寸界线的起点。
3）选择对象：按〈Enter〉键，直接选择标注对象。
4）指定尺寸线位置：指定一个点作为尺寸线要通过的点。
5）多行文字（M）：使用多行文字编辑器输入新的标注文字。
6）文字（T）：在命令行显示自动测量值，用户也可以输入新值。
7）角度（A）：设置标注文字的倾斜角度。
8）水平（H）：标注水平尺寸。
9）垂直（V）：标注垂直尺寸。
10）旋转（R）：标注按指定角度倾斜的尺寸。

三、半径尺寸标注命令

半径尺寸标注命令用于标注圆或圆弧的半径尺寸。

1. 操作方法

（1）功能区　单击【默认】选项卡→【注释】功能区中的【半径】按钮 。
（2）菜单栏　选择【标注】→【半径】命令。
（3）命令行　DIMRADIUS（或缩写：DRA）。

2. 操作步骤

命令：_dimradius
选择圆弧或圆：
指定尺寸线位置或［多行文字（M）/ 文字（T）/ 角度（A）]：

3. 选项说明

1）选择圆弧或圆：选择要标注半径的圆弧或圆。
2）指定尺寸线位置：指定一个点作为尺寸线要通过的点。
3）多行文字（M）：使用多行文字编辑器输入新的标注文字。
4）文字（T）：在命令行中显示自动测量值，用户也可以自行输入新值。
5）角度（A）：设置标注文字的倾斜角度。

四、圆心标记标注命令

圆心标记标注命令用于标注圆或圆弧的圆心标记。

1. 操作方法

（1）功能区　单击【注释】选项卡→【中心线】功能区中的【圆心标记】按钮 。
（2）菜单栏　选择【标注】→【圆心标记】命令。
（3）命令行　DIMCENTER（或缩写：DCE）。

2. 操作步骤

命令：_dimcenter
选择圆弧或圆：

3. 选项说明

选择圆弧或圆：选择要标注圆心标记的圆或圆弧。

五、尺寸标注的组成、类型及规则

1. 尺寸标注的组成

在机械制图或其他工程绘图中，一个完整的尺寸标注应由尺寸线、尺寸界线、尺寸文字和箭头组成。

2. 尺寸标注的类型

AutoCAD 共提供了六种基本尺寸标注类型：线性型尺寸标注、径向型尺寸标注、角度型尺寸标注、坐标尺寸标注、引线标注和中心标注。

其中，线性型尺寸标注又分为水平尺寸标注、垂直尺寸标注、指定倾斜角度标注、对齐尺寸标注、基线尺寸标注和连续尺寸标注。径向型尺寸标注分为半径尺寸标注和直径尺寸标注。

3. 尺寸标注的基本规则

1）机件的真实大小应以图样上所注的尺寸数值为依据，与绘图比例及绘图的准确度无关。

2）图样中（包括技术要求和其他说明）的尺寸，一般以毫米为单位。以毫米为单位时，不注计量单位的代号或名称，若采用其他单位，则必须注明相应的计量单位的代号或名称。

3）图样中所标注的尺寸应为该图样所表示机件的最后完工尺寸，否则应另加说明。

4）机件的每一尺寸一般只标注一次，并应标注在反映该结构最清晰的图形上。

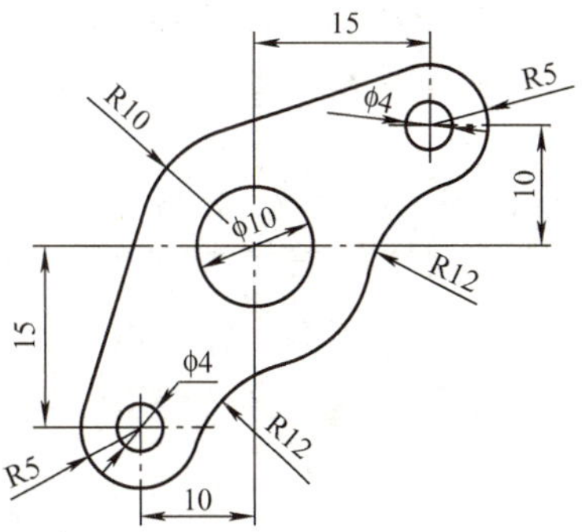

图 4-18　练习

任务考核

一、操作训练

绘制图 4-18 所示图形并标注尺寸。

二、思考练习

1. 如何根据需要在一个图形中设置两种或两种以上的标注样式？
2. 如何设置标注尺寸的精度要求？

任务三　手柄的尺寸标注

任务描述

绘制图 4-19 所示手柄图形，并标注其尺寸。

4-3 手柄的尺寸标注

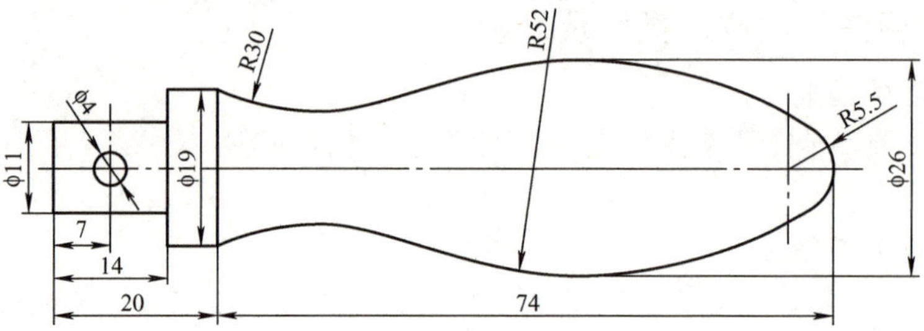

图 4-19 手柄

任务分析

手柄图形由圆形、直线、圆弧构成，反映图形尺寸和位置的有 3 个半径尺寸、1 个直径尺寸和 7 个线性尺寸。本任务要求学会用圆、直线、修剪等命令绘制出手柄图形，并采用半径尺寸标注、线性尺寸标注、基线尺寸标注和直径尺寸标注命令来标注尺寸。

通过本任务的学习，要达到如下目标：

1. 熟练掌握尺寸样式的创建方法。
2. 掌握基线尺寸标注命令、连续尺寸标注命令的使用方法。
3. 掌握直径的标注方法。

任务实施

1. 绘制图形（图 4-20）

使用直线、圆、修剪、镜像等命令绘制手柄。

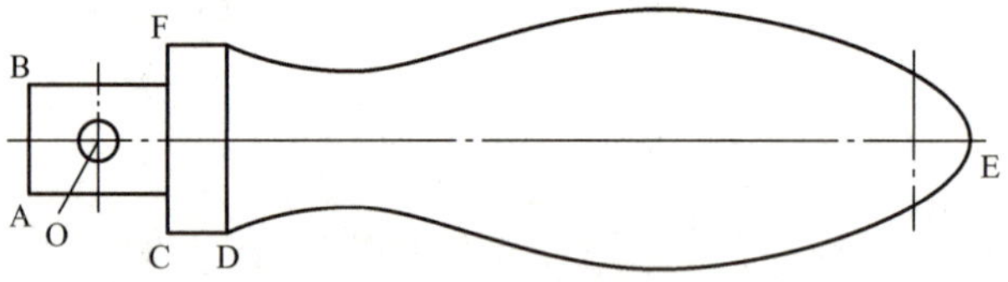

图 4-20 绘制手柄轮廓图

2. 尺寸标注的准备工作

新建尺寸标注的图层、设置文字样式、设置尺寸标注样式、启用对象捕捉功能等，其具体操作步骤与任务二相同。

3. 标注线性尺寸

使用线性尺寸标注命令、基线尺寸标注命令、连续尺寸标注命令标注尺寸。

命令：_dimlinear （启动线性标注命令）
指定第一条尺寸界线原点或〈选择对象〉: （捕捉 A 点）
指定第二条尺寸界线原点： （捕捉小圆圆心 O 点）
指定尺寸线位置或［多行文字（M）/ 文字（T）/ 角度（A）/ 水平（H）/ 垂直（V）/ 旋

转（R）]：　　（指定一点作为尺寸线通过点）

标注文字 =7　　（系统提示）

命令：_dimbaseline　　（启动基线尺寸标注命令）

指定第二条尺寸界线原点或［放弃（U）/ 选择（S）］〈选择〉：（捕捉 C 点）

标注文字 =14　　（系统提示）

指定第二条尺寸界线原点或［放弃（U）/ 选择（S）］〈选择〉：（捕捉 D 点）

标注文字 =20　　（系统提示）

命令：_dimcontinue　　（启动连续尺寸标注命令）

指定第二条尺寸界线原点或［放弃（U）/ 选择（S）］〈选择〉：（捕捉 E 点）

标注文字 =74　　（系统提示）

4. 使用线性尺寸标注命令标注“ϕ11”等尺寸

命令：_dimlinear　　（启动线性尺寸标注命令）

指定第一条尺寸界线原点或〈选择对象〉：　　（捕捉 A 点）

指定第二条尺寸界线原点：　　（捕捉 B 点）

指定尺寸线位置或［多行文字（M）/ 文字（T）/ 角度（A）/ 水平（H）/ 垂直（V）/ 旋转（R）]：M　　（打开多行文字编辑窗口，输入“%%C”）

指定尺寸线位置或［多行文字（M）/ 文字（T）/ 角度（A）/ 水平（H）/ 垂直（V）/ 旋转（R）]：　　（指定一点作为尺寸线通过点）

标注文字 =11　　（系统提示）

按照同样的方法，标注尺寸“ϕ19”和“ϕ26”。

5. 使用直径尺寸标注命令标注圆的直径“ϕ4”

命令：_dimdiameter　　（启动直径尺寸标注命令）

选择圆弧或圆：　　（选择小圆）

标注文字 =4　　（系统提示）

指定尺寸线位置或［多行文字（M）/ 文字（T）/ 角度（A）]：（指定一点作为尺寸线通过点）

6. 使用半径尺寸标注命令标注圆弧的半径“R30”等尺寸

命令：_dimradius　　（启动半径尺寸标注命令）

选择圆弧或圆：　　（选择 R30mm 的圆弧）

标注文字 =30　　（系统提示）

指定尺寸线位置或［多行文字（M）/ 文字（T）/ 角度（A）]：（指定一点作为尺寸线通过点）

按照同样的方法，标注尺寸“R52”和“R5.5”，最后完成尺寸如图 4-19 所示。

操作技巧

➢ 基线尺寸标注和连续尺寸标注都必须先选择基准标注，否则，以上一尺寸标注作为基准。

➢ 直径尺寸标注自动带前缀“ϕ”符号，但不是带“ϕ”符号的标注都采用直径尺寸标注。本任务中 ϕ11mm、ϕ19mm、ϕ26mm 的标注均采用线性尺寸标注来完成。

➢ 如果要标注的圆或圆弧的中心位于布局外时，可选择折弯半径标注命令标注其半径尺寸。

知识链接

一、基线尺寸标注命令

基线尺寸标注命令用于创建一系列由相同的基线测量出来的多个标注。在创建基线尺寸标注之前必须先创建线性、对齐或角度标注，方可以此标注为基线，标注其他图形对象的尺寸。

1. 操作方法

（1）功能区　单击【默认】选项卡→【注释】功能区中的【标注】按钮→基线（B）。

（2）菜单栏　选择【标注】→【基线】命令。

（3）命令行　DIMBASELINE。

2. 操作步骤

命令：_dimbaseline

指定第二条尺寸界线原点或［放弃（U）/ 选择（S）］〈选择〉:

系统将上一个标注或选定标注的第一条尺寸界线作为基线标注尺寸界线起点，指定第二条尺寸界线的起点后，创建具有公共基准的线性或角度标注。

3. 选项说明

1）指定第二尺寸界限原点：指定第二条尺寸界限的起点。

2）选择（S）：选择一个新的标注，以此标注的第一条尺寸界线起点为所要创建的尺寸的第一条界线起点来创建尺寸标注。

二、连续尺寸标注命令

连续尺寸标注命令用于创建首尾相连的多个标注，即上一级标注的尺寸界线作为下一级标注的其中一条尺寸界线。

1. 操作方法

（1）功能区　单击【默认】选项卡→【注释】功能区中的【标注】按钮→连续（C）。

（2）菜单栏　选择【标注】→【连续】命令。

（3）命令行　DIMCONTINUE（或缩写：DIMCONT）。

2. 操作步骤

命令：_dimcontinue

指定第二条尺寸界线原点或［放弃（U）/ 选择（S）］〈选择〉:

在连续尺寸标注过程中，用户只能向一个方向标注下一连续尺寸，不能往相反的方向进行标注，否则会覆盖已标注文本。

3. 选项说明

选项同基线尺寸标注。

三、直径尺寸标注命令

直径尺寸标注命令用于标注圆或圆弧的直径尺寸。

1. 操作方法

（1）功能区　单击【默认】选项卡→【注释】功能区中的【直径】按钮⊘。

（2）菜单栏　选择【标注】→【直径】命令。

（3）命令行　DIMDIAMETER（或缩写：DDI）。

2. 操作步骤

命令：_dimdiameter

选择圆弧或圆：

指定尺寸线位置或 [多行文字（M）/ 文字（T）/ 角度（A）]：

3. 选项说明

选项同半径尺寸标注。

四、折弯半径标注命令

当圆或圆弧的中心位于绘图布局外，且无法在其实际位置显示时，可使用该命令标注半径尺寸。

1. 操作方法

（1）功能区　单击【默认】选项卡→【注释】功能区中的【折弯】按钮。

（2）菜单栏　选择【标注】→【折弯】命令。

（3）命令行　DIMJOGGED。

2. 操作步骤

命令：_dimjogged

选择圆弧或圆：

指定中心位置替代：

指定尺寸线位置或 [多行文字（M）/ 文字（T）/ 角度（A）]：

指定折弯位置：

3. 选项说明

1）选择圆弧或圆：选择一个圆弧、圆或多段线弧线段。

2）指定中心位置替代：指定折弯半径标注的新中心点，用于替代实际中心点。

3）指定折弯位置：确定连接半径标注的尺寸界线和尺寸线的横向直线中点的位置。

五、快速标注命令

当创建系列基线尺寸或连续尺寸标注，或为一系列圆或圆弧进行标注时，可选择多个需要标注的相同类型尺寸对象，使用快速标注命令进行标注。

1. 操作方法

（1）功能区　单击【注释】选项卡→【标注】功能区中的【快速】按钮。

（2）菜单栏　选择【标注】→【快速标注】命令。

（3）命令行　QDIM。

2. 操作步骤

命令：_qdim

选择要标注的几何图形：

指定尺寸线位置或［连续（C）/ 并列（S）/ 基线（B）/ 坐标（O）/ 半径（R）/ 直径（D）/ 基准点（P）/ 编辑（E）/ 设置（T）］〈连续〉：

3. 选项说明

1）选择要标注的几何图形：用窗口直接选择要标注的几何图形。

2）指定尺寸线位置：拖动鼠标确定尺寸线的位置完成标注。

3）连续（C）/ 并列（S）/ 基线（B）/ 坐标（O）/ 半径（R）/ 直径（D）：指定标注类型。

4）基准点（P）：为基线尺寸标注和连续尺寸标注确定一个新的基准点。

5）编辑（E）：编辑一系列标注。AutoCAD 提示在现有标注中添加或删除标注点。

6）设置（T）：为指定尺寸界线原点设置默认的对象捕捉方式。

本任务中也可使用快速标注命令完成部分尺寸的标注。

任务考核

一、操作训练

绘制图 4-21 所示图形并标注尺寸。

二、思考练习

1. 基线尺寸标注能否独立标注？为什么？

2. 基线尺寸标注和连续尺寸标注有什么区别？

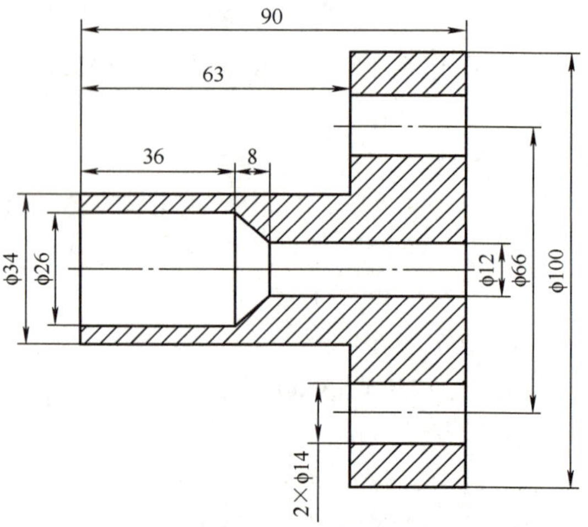

图 4-21　练习

任务四　带轮的尺寸标注

任务描述

图 4-22 所示为带轮零件图，要求绘制其图形并标注尺寸。

4-4 带轮的尺寸标注

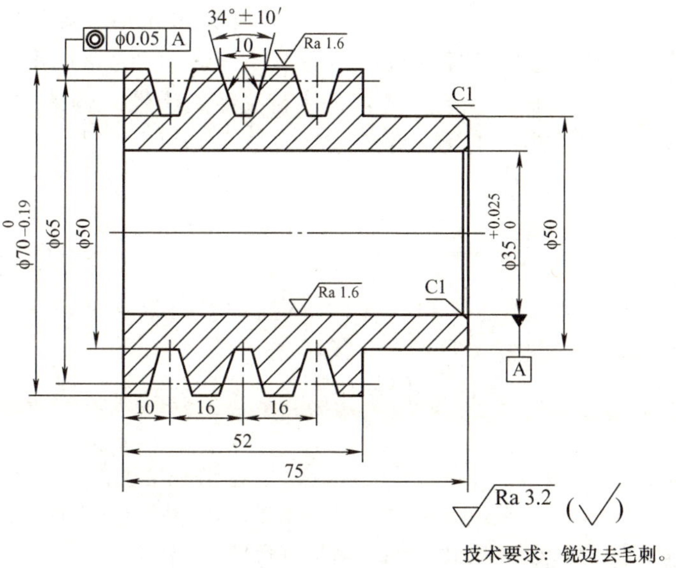

图 4-22　带轮

任务分析

带轮图形由直线、图案填充构成，其绘制是直线、偏移、修剪、倒角等命令的综合运用。该图形需要标注的尺寸很多，反映图形尺寸和位置的有线性尺寸、角度尺寸、形位公差⊖等。需要用到的命令有多重引线标注命令、角度标注命令、线性尺寸标注命令、基线尺寸标注命令、连续尺寸标注命令等。此外还需要使用插入块命令插入表面粗糙度块和基准符号块。

通过本任务的学习，要达到如下目标：

1. 学会角度尺寸的标注方法。
2. 学会形位公差和尺寸公差的标注方法。
3. 学会快速引线命令的使用方法。

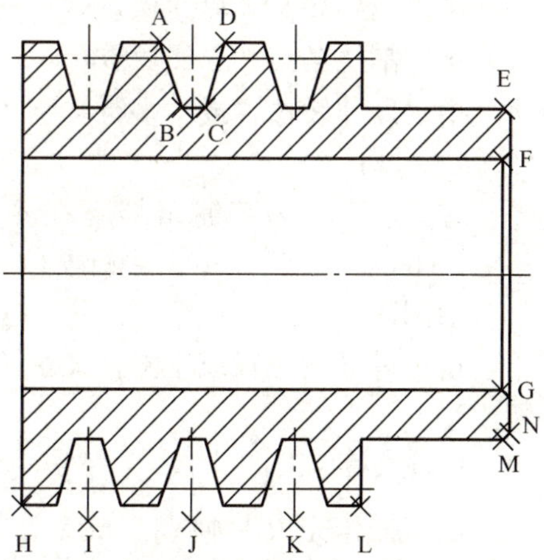

图 4-23　带轮零件图

任务实施

1. 绘制图形

如图 4-23 所示，新建尺寸图层，创建尺寸标注样式，设置对象捕捉模式，做好尺寸标注前的准备工作。

2. 标注角度

命令：_dimangular　　　　（启动角度标注命令）

选择圆弧、圆、直线或〈指定顶点〉：　　　　（选择夹角的一条直线 AB）

⊖　按照国家标准，应用几何公差，但为了与软件保持一致，本书仍用形位公差。

选择第二条直线：　　　　　　　　　　　　（选择夹角的另一条直线 CD）
指定标注弧线位置或 [多行文字（M）/ 文字（T）/ 角度（A）]：M
（打开多行文字编辑器，输入“34%%d%%P10′”）
指定标注弧线位置或 [多行文字（M）/ 文字（T）/ 角度（A）]：
（选择标注弧线的位置）
标注文字 =34　　　　　　　　　　　　　（系统提示）

3. 标注倒角

命令：_leader　　　　　　　　　　　　（启动引线命令）
指定第一个引线点或 [设置（S）]〈设置〉：S
（设置引线样式，在弹出的对话框中将引线设置为“无箭头”，单击【确定】按钮返回绘图窗口）
指定引线起点：　　　　　　　　　　　　（指定第一个引线点 E 点）
指定下一点：　　　　　　　　　　　　　（指定第二个引线点，左上追踪 135°）
指定下一点或 [注释（A）/ 格式（F）/ 放弃（U）]〈注释〉：
（指定第三个引线点，水平向右追踪单击一点）
指定下一点或 [注释（A）/ 格式（F）/ 放弃（U）]〈注释〉：
（按〈Enter〉键进入下一步操作）
输入注释文字的第一行或〈选项〉：C1　　（输入注释文字）
输入注释文字的下一行：　　　　　　　　（按〈Enter〉键结束命令）

4. 用堆叠字符的方法标注尺寸公差

命令：_dimlinear　　　　　　　　　　　（启用线性尺寸标注命令）
指定第一条尺寸界线原点或〈选择对象〉：（捕捉 F 点）
指定第二条尺寸界线原点：　　　　　　　（捕捉 G 点）
指定尺寸线位置或 [多行文字（M）/ 文字（T）/ 角度（A）/ 水平（H）/ 垂直（V）/ 旋转（R）]：M
（打开多行文字编辑器，在多行文字编辑器中输入“%%c35+0.025^ 0”；选中“+0.025^ 0”，单击多行文字编辑器上的【堆叠】按钮，单击【确定】按钮返回绘图窗口）
指定尺寸线位置或 [多行文字（M）/ 文字（T）/ 角度（A）/ 水平（H）/ 垂直（V）/ 旋转（R）]：　　（按〈Enter〉键进入下一步操作）
标注文字 =35　　　　　　　　　　　　　（系统提示）

以上操作完成了 $\phi35^{+0.025}_{0}$ mm 的标注，按同样的方法完成尺寸 $\phi70^{0}_{-0.19}$ mm 的标注。

5. 标注 ϕ50mm、ϕ65mm 等尺寸

命令：_dimlinear　　　　　　　　　　　（启用线性尺寸标注命令）
指定第一条尺寸界线原点或〈选择对象〉：（捕捉 E 点）
指定第二条尺寸界线原点：　　　　　　　（捕捉 M 点）
指定尺寸线位置或 [多行文字（M）/ 文字（T）/ 角度（A）/ 水平（H）/ 垂直（V）/ 旋转（R）]：M　　（打开多行文字编辑器，输入“%%C50”）

指定尺寸线位置或［多行文字（M）/ 文字（T）/ 角度（A）/ 水平（H）/ 垂直（V）/ 旋转（R）］: （指定一点作为尺寸线通过点）

标注文字 =50 （系统提示）

以上操作完成了零件右端面 ϕ50mm 的标注，按同样的方法完成左端面尺寸 ϕ65mm 和左端面尺寸 ϕ50mm 的标注。

6. 标注 10mm、16mm、16mm 三个首尾相连的线性尺寸

利用线性尺寸标注命令标注 10mm 尺寸，下面利用连续标注命令标注两个 16mm 尺寸。

命令：_dimcontinue

指定第二条尺寸界线原点或［放弃（U）/ 选择（S）］〈选择〉: （捕捉 J 点）

标注文字 =16 （系统提示）

指定第二条尺寸界线原点或［放弃（U）/ 选择（S）］〈选择〉: （捕捉 K 点）

标注文字 =16 （系统提示）

7. 标注 52mm、75mm 两个线性尺寸

命令：_dimbaseline

指定第二条尺寸界线原点或［放弃（U）/ 选择（S）］〈选择〉: S （选择基准）

选择基准标注： （选择 H 点处的线性尺寸 10mm 作为基准）

指定第二条尺寸界线原点或［放弃（U）/ 选择（S）］〈选择〉: （选择尺寸界线原点 L 点）

标注文字 =52 （系统提示）

指定第二条尺寸界线原点或［放弃（U）/ 选择（S）］〈选择〉: （选择尺寸界线原点 M 点）

标注文字 =75 （系统提示）

适当调整【标注样式】中基线间距的数值。

8. 标注线性尺寸 10mm

过程同前。

9. 标注表面粗糙度和基准符号

下面介绍插入表面粗糙度块的方法，插入基准符号块方法基本相同。

命令：_insert （单击【插入】→【块】命令，弹出插入块的对话框，在对话框中选择表面粗糙度块）

指定插入点或［基点（B）/ 比例（S）/X/Y/Z/ 旋转（R）/ 预览比例（PS）/PX/PY/PZ/ 预览旋转（PR）］: （指定插入表面粗糙度块的位置）

输入属性值： （系统提示）

输入粗糙度值：〈6.3〉: 1.6 （输入该零件规定的表面粗糙度 Ra 值 1.6μm）

10. 利用 leader 命令标注形位公差

命令：_leader

指定引线起点：

指定下一点：

指定下一点或［注释（A）/ 格式（F）/ 放弃（U）］〈注释〉:

指定下一点或［注释（A）/ 格式（F）/ 放弃（U）］〈注释〉:

输入注释文字的第一行或〈选项〉:

输入注释选项［公差（T）/ 副本（C）/ 块（B）/ 无（N）/ 多行文字（M）］〈多行文字〉：T

弹出【形位公差】对话框，选择符号，输入公差 1 和公差 2，如图 4-24 所示，最后单击【确定】按钮完成形位公差的标注。

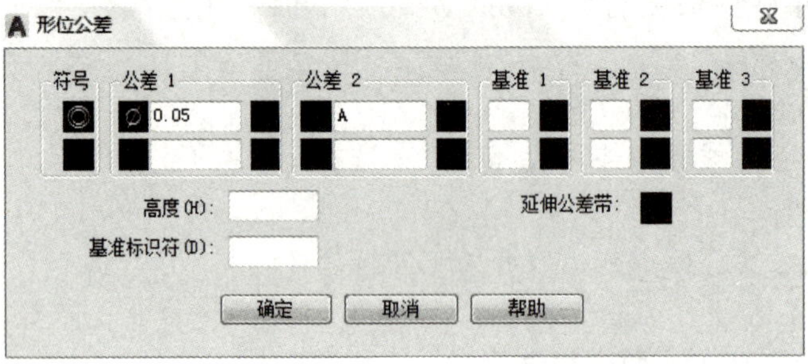

图 4-24 【形位公差】对话框 1

11. 用多行文字工具输入说明文字

过程略。

操作技巧

➢ 角度尺寸标注可用于标注两个直线对象的夹角、圆弧的角度等，当选择的对象不是上述对象时，如标注两条构造线的夹角，可从指定顶点开始。

➢ 倒角标注和形位公差标注可通过采用引线标注设置不同的注释类型来完成。

➢ 尺寸公差可使用字符堆叠方法、修改公差特性、利用替代样式等方法进行设置。对于倾斜距离的标注可使用对齐标注命令。

知识链接

一、角度尺寸标注命令

角度尺寸标注用于标注两条非平行直线的角度或圆弧两端点对应的圆心角。

1. 操作方法

（1）功能区　单击【默认】选项卡→【注释】功能区中的【角度】按钮。

（2）菜单栏　选择【标注】→【角度】命令。

（3）命令行　DIMANGULAR。

2. 操作步骤

命令：_dimangular

选择圆弧、圆、直线或〈指定顶点〉:

选择第二条直线:

指定标注弧线位置或［多行文字（M）/ 文字（T）/ 角度（A）］:

3. 选项说明

1）指定顶点：指定角度的角顶点。

2）选择圆弧：选择要标注圆心角的圆弧。

3）选择圆：选择要标注圆心角的圆。

4）选择直线：选择要标注夹角的直线。

5）指定标注弧线位置或 [多行文字（M）/ 文字（T）/ 角度（A）]：与线性尺寸标注命令相同。

二、多重引线命令

多重引线命令用于快速绘制引线和创建多种格式的注释文字或公差。

1. 操作方法

命令行 MLEADER。

2. 操作步骤

命令：_mleader

指定引线起点：

指定下一点：

指定下一点或 [注释（A）/ 格式（F）/ 放弃（U）]〈注释〉：

指定下一点或 [注释（A）/ 格式（F）/ 放弃（U）]〈注释〉：

输入注释文字的第一行或〈选项〉：

输入注释选项 [公差（T）/ 副本（C）/ 块（B）/ 无（N）/ 多行文字（M）]〈多行文字〉：

3. 选项说明

1）指定下一点：绘制一条到指定点的引线段，然后继续提示下一点和选项。

2）注释（A）：在引线的末端插入注释。注释可以是单行或多行文字、包含形位公差的特征控制框或块。

3）格式（F）：设定引线格式。

4）公差（T）：使用【形位公差】对话框创建包含形位公差的特征控制框。

5）副本（C）：复制文字、多行文字对象、带形位公差的特征控制框或块，并且将副本连接到引线的末端。

6）块（B）：将块插入到引线末端。

7）无（N）：不给引线添加任何注释而结束命令。

8）多行文字（M）：指定了文字边界的插入点和第二点后，使用【在位文字编辑器】创建文字。

三、形位公差标注命令

形位公差标注命令是利用一个特征控制框来标注形位公差。

1. 操作方法

（1）功能区 单击【注释】选项卡→【标注】功能区中的【形位公差】按钮。

（2）菜单栏 选择【标注】→【公差】命令。

（3）命令行 TOLERANCE。

2. 操作步骤和选项说明

命令：_tolerance

启动命令后，弹出【形位公差】对话框，如图 4-25 所示，在该对话框中可以选择特征符号，输入公差 1 和公差 2 的数值，还可以输入基准符号等。

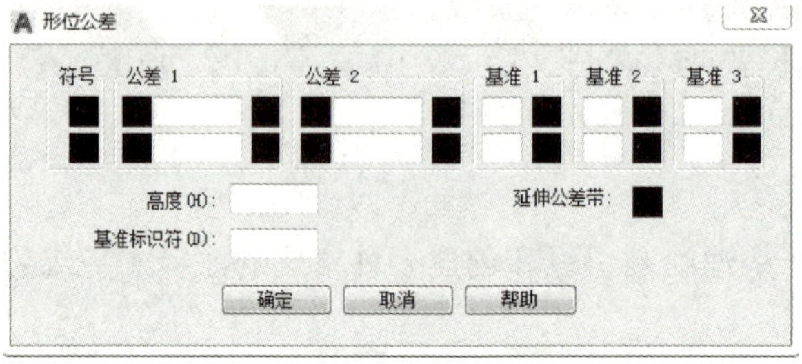

图 4-25 【形位公差】对话框 2

四、尺寸公差标注的方法

尺寸公差的标注除了堆叠字符的方法外，通常还可通过修改公差特性或利用替代样式的方法实现，具体操作方法如下。

1. 通过修改公差特性来标注尺寸公差

选中要修改的尺寸，单击鼠标右键选择【特性】选项，打开【特性】选项板，如图 4-26 所示。在【公差上偏差】和【公差下偏差】中输入相应数值，单击【关闭】按钮，完成尺寸编辑。

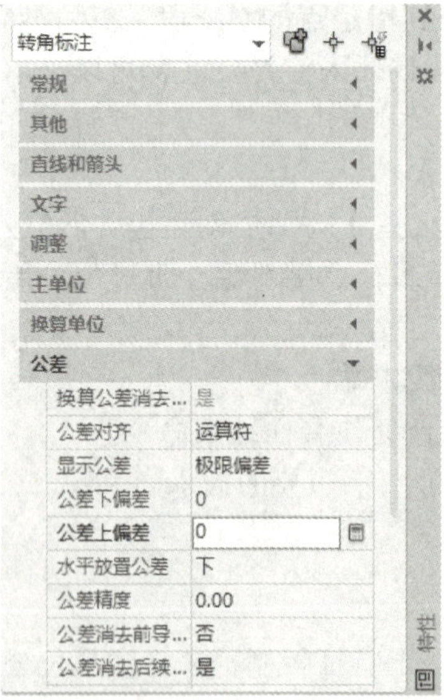

图 4-26 【特性】选项板

2. 利用替代样式标注尺寸公差

1）选择【格式】→【标注样式】命令，弹出【标注样式管理器】对话框，如图 4-12 所示。

2）单击【标注样式管理器】对话框中的【替代】按钮，弹出【替代当前样式】对话框，如图 4-27 所示。

3）选择【公差】选项卡，设置公差的方式为极限偏差，输入上、下极限偏差值，再单击【确定】按钮返回【标注样式管理器】对话框，最后单击【关闭】按钮，返回绘图窗口。

4）用标注尺寸的命令进行标注，此时标注的尺寸就会有替代样式中设置的公差。

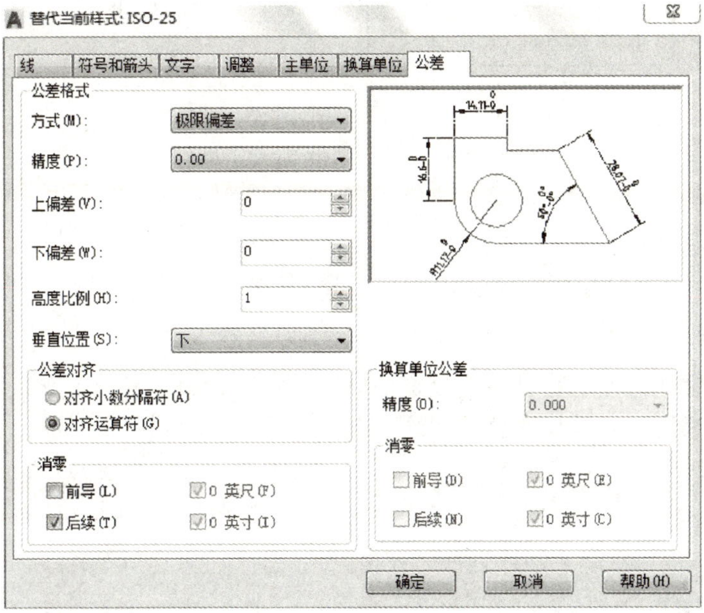

图 4-27 【替代当前样式】对话框

五、对齐标注命令

对齐标注是线性尺寸标注的一种特殊形式，用于标注倾斜的线性尺寸，并且尺寸线与尺寸界线原点连线平行。

1. 操作方法

（1）功能区　单击【默认】选项卡→【注释】功能区中的【对齐】按钮 。

（2）菜单栏　选择【标注】→【对齐标注】命令。

（3）命令行　DIMALIGNED。

2. 操作步骤和选项说明

同线性尺寸标注，过程略。

任务考核

一、操作训练

绘制图 4-28 所示图形并标注尺寸。

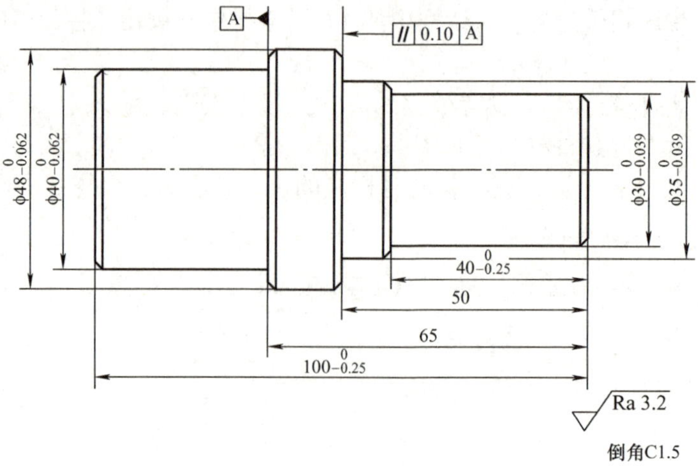

图 4-28　短轴

二、思考练习

1. 尺寸公差标注的方法有哪些？分别如何操作？
2. 如何进行相同的批量尺寸公差标注？

任务五　图幅与绘图比例的设置

任务描述

4-5 图幅与绘图比例的设置

图 4-29 所示为某阶梯轴的零件图。设置图幅大小为 A4，绘图比例为 4∶1。

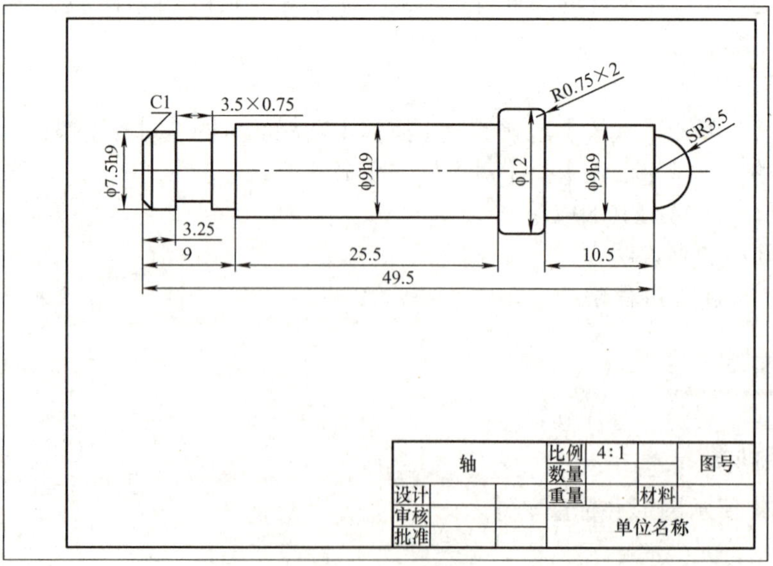

图 4-29　轴的零件图

任务分析

在实际工程图绘制中，完成图形绘制并标注尺寸后，还需将图形放入合适的图纸幅面以便输出。图纸的幅面应能清晰、完整显示图形各几何要素及尺寸参数；同时，图纸幅面尺寸规格还应符合国标相关规定。此外，对于需要放大或缩小的零件图形，还应设置合适的绘图比例值。本任务中，图形实际尺寸较小，若选用 A4 图幅，可将图形放大 4 倍。值得注意的是，在图形放大后，为保证标注的尺寸不变，还应对尺寸标注样式进行相应设置。

通过本任务的学习，要达到如下目标：

1. 掌握机械图样中常见图幅大小及其设置方法。
2. 掌握绘图比例设置的相关操作。

任务实施

1. 绘制图纸边框

1）绘制 297mm × 210mm 的矩形外框，并用分解命令分解矩形。

2）使用偏移命令把左边框向内偏移 25mm，其他三边向内偏移 5mm，得到图纸边框，如图 4-30 所示。

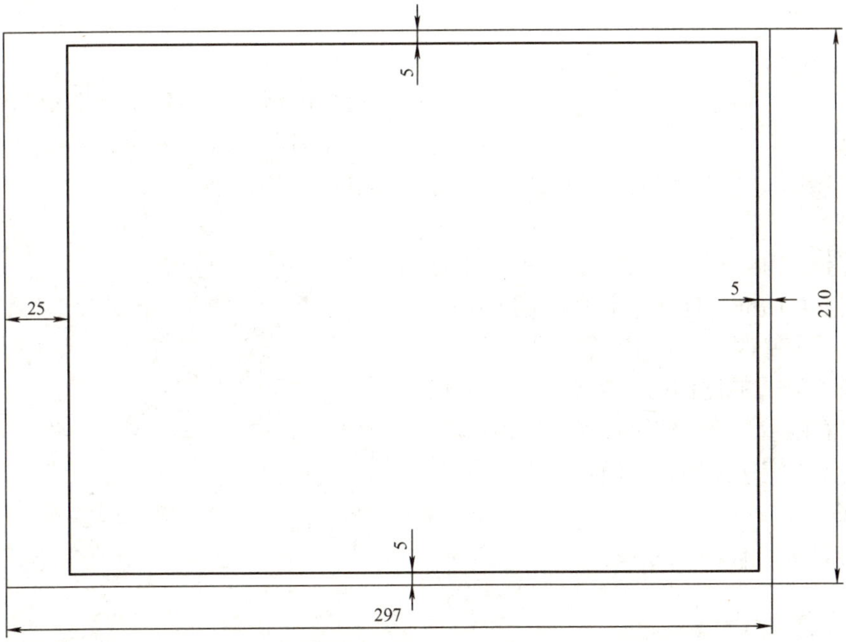

图 4-30 A4 横幅图纸边框

2. 绘制标题栏

按本项目任务一给定的尺寸绘制标题栏。

将边框和标题栏的部分线框修改为粗实线，完成图纸边框和标题栏的绘制，如图 4-31 所示。

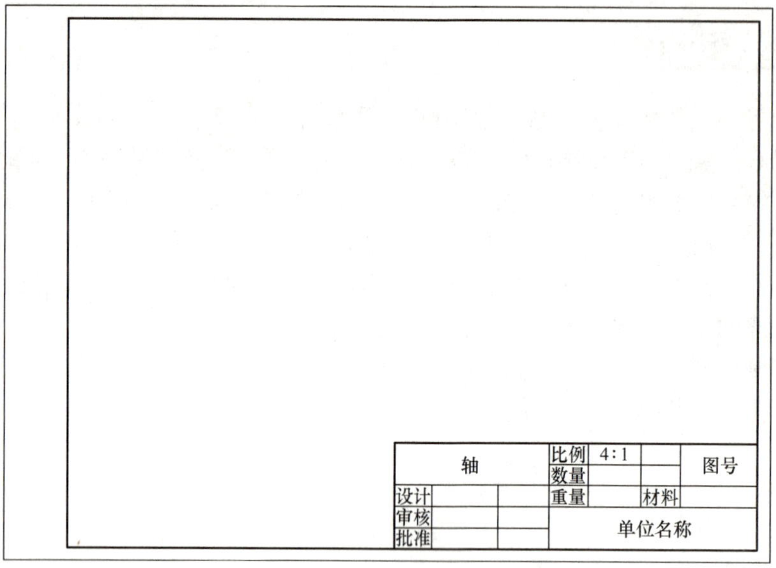

图 4-31　A4 图纸幅面

3. 绘制阶梯轴零件

利用直线、圆弧、倒角、偏移、修剪等命令绘制阶梯轴零件。

4. 放大图形

命令：_scale

选择对象：　　（用光标框选轴零件全部图形）

指定基点：　　（选择图形轴线上一点）

指定比例因子或 [复制（C）/ 参照（R）]：　　（输入“4”）

5. 标注尺寸

单击【格式】→【标注样式】，弹出【修改标注样式】对话框，打开【主单位】选项卡，将【比例因子】修改为 0.25（图形放大 4 倍后，设置标注尺寸样式的比例因子为 0.25，才能保证标注尺寸值显示为零件实际尺寸），如图 4-32 所示。单击【确定】按钮，返回绘图界面。

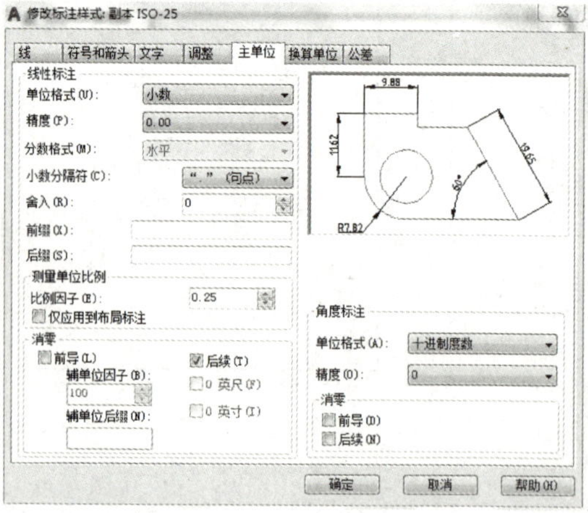

图 4-32　修改【比例因子】取值

6. 标注尺寸

按图样要求，标注尺寸值。

操作技巧

➢ 国家标准对图幅的大小有严格规定，绘制时应遵照其要求绘制；对于标题栏尺寸，国家标准中并没有统一规定，实践中可选用行业标准或根据企业自身要求灵活处理。

➢ 图形放大（缩小）的比例应和标注尺寸时设定的【比例因子】值对应。若图形放大的比例因子为 n，为了使标注生成的尺寸值反映零件实际尺寸大小，则标注样式里的【比例因子】值应修改为 1/n。

➢ 实践中，除了对零件图进行缩放，也可以将绘图图框进行适当比例缩放。此时，由于是对图框进行缩放，所以，零件的尺寸标注不需要重新设置。

知识链接

一、机械制图的图幅

国家标准规定，机械制图基础图幅共有五种，分别是 A0、A1、A2、A3、A4。其对应的尺寸分别为 A0（841mm × 1189mm）、A1（594mm × 841mm）、A2（420mm × 594mm）、A3（297mm × 420mm）、A4（210mm × 297mm）。在图纸幅面和绘图区中间，一般还设置有边框，其距离在国家标准中也有规定。以 A4 幅面的图纸为例，若左边为装订边，则内外边框间距为 25mm，其他三边的间距都为 5mm。图纸幅面及其边框尺寸需严格遵照国家标准规定，在 AutoCAD 中，绘制图幅时可以利用矩形、偏移、修剪等命令，和绘制标题栏的方法相同，此处不再赘述。

二、缩放命令

缩放命令用于放大或缩小选定对象，同时保持缩放后对象图形要素的比例不变。要缩放对象，需指定基点并确定比例因子。基点是缩放操作的中心，保持静止。比例因子是图形相对原图变化的系数，比例因子大于 1 时将放大对象，比例因子为 0 ～ 1 之间时将缩小对象。

1. 操作方法

（1）功能区　单击【默认】选项卡→【修改】功能区中的【缩放】按钮。

（2）菜单栏　选择【修改】→【缩放】命令。

（3）命令行　SCALE（或缩写：SC）。

2. 操作步骤

命令：_scale

选择对象：

指定基点：

指定比例因子或［复制（C）/ 参照（R）］：

3. 选项说明

1）选择对象：选择需要缩放的几何图形。

2）指定基点：在选定对象的大小发生改变时位置保持不变的点。

3）指定比例因子：按指定的比例放大选定对象的尺寸。可以输入数值，大于 1 的比例因子使对象放大。0 ～ 1 之间的比例因子使对象缩小；还可以通过拖动光标使对象变大或变小。

4）复制（C）：创建要缩放的选定对象的副本。

5）参照（R）：按参照长度和指定的新长度缩放所选对象。

三、图形的局部缩放与标注

在很多零件图中，只需要对局部过大或过小的尺寸进行缩放处理，而其他大部分图形仍需按实际尺寸绘制和标注。这时，应将需要缩放的部分复制移出，进行放大或缩小。标注缩放部分的尺寸时，应新建【标注样式】，并将【比例因子】设置为缩放比例的倒数。

四、利用块命令进行缩放

除了通过改变标注样式中的【比例因子】来保证缩放后的图形尺寸不变外，还可以通过块操作实现此功能。方法是将零件图形和尺寸整体做成块，然后对这个块进行缩放。这样，图形和尺寸成为一个整体，无论图形放大还是缩小，尺寸值都不变。

任务考核

一、操作训练

绘制如图 4-33 所示图形，并将其按合适比例放置在 A4 图纸幅面中出图。

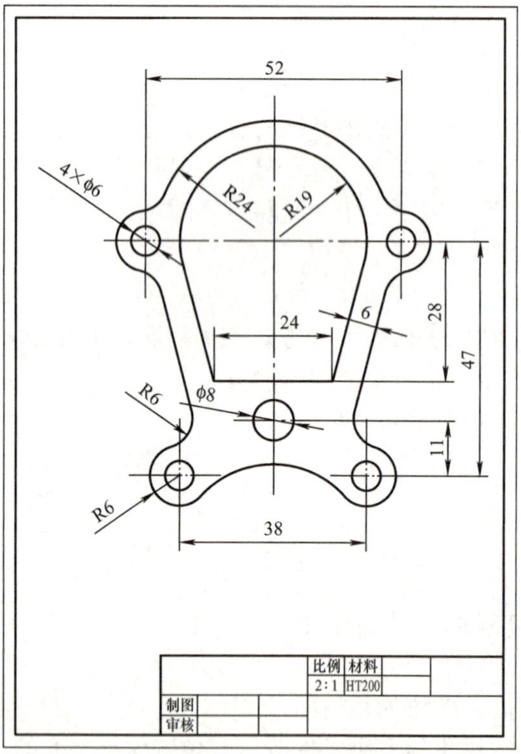

图 4-33 练习

二、思考练习

1. 机械制图中，常见的图纸幅面规格有哪几种？尺寸分别是多少？
2. 如何对图形进行比例缩放而不改变其标注尺寸值？
3. 如何对零件图中的局部尺寸进行比例缩放？

综合训练四

1. 绘制图 4-34 所示标题栏，并标注尺寸（文字注释采用仿宋体，宽度因子为 0.7，高度合适）。

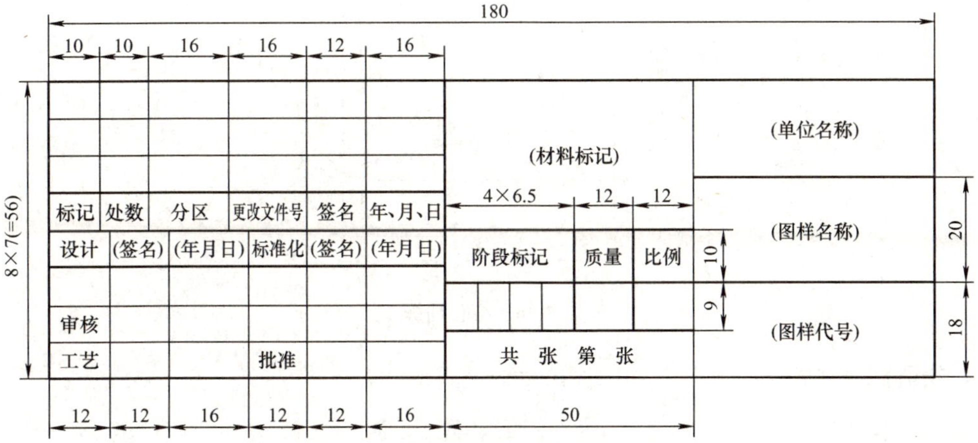

图 4-34 综合训练 1

2. 绘制图 4-35 所示图形，并标注尺寸。

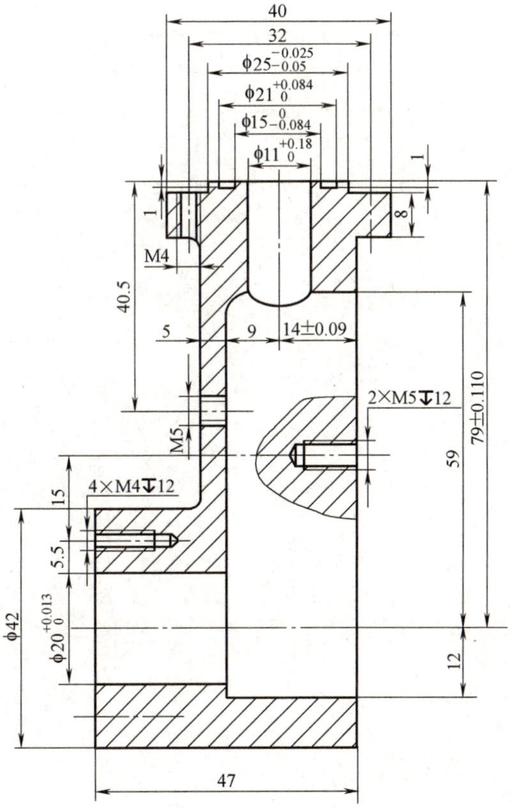

图 4-35 综合训练 2

3. 绘制图 4-36 所示图形，并标注尺寸。

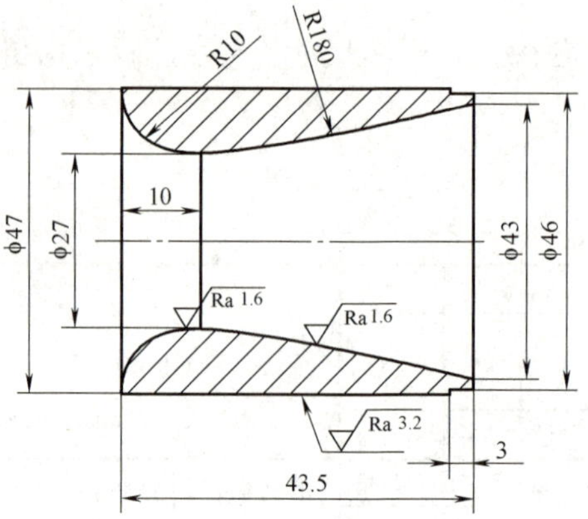

图 4-36 综合训练 3

4. 绘制图 4-37 所示图形，并标注尺寸。

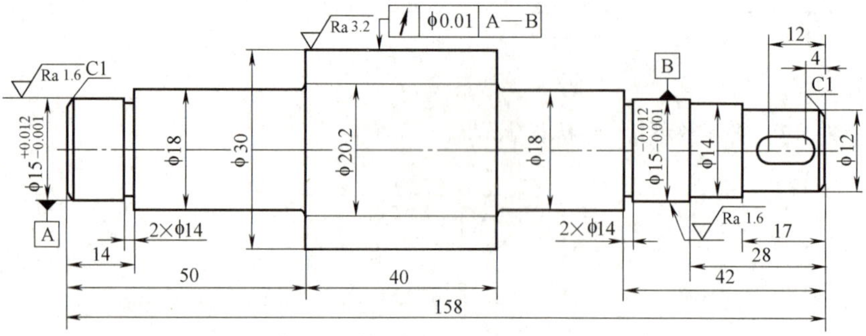

图 4-37 综合训练 4

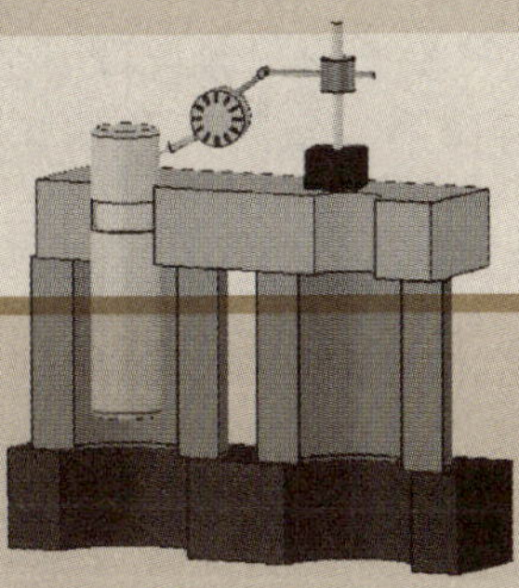

项目五

机械零件图与装配图的绘制

任务一 组合体三视图的绘制

5-1 组合体三视图的绘制

任务描述

图 5-1 所示为一组合体及其三视图。要求利用直线、圆、构造线、修剪等命令绘制该组合体的三视图。

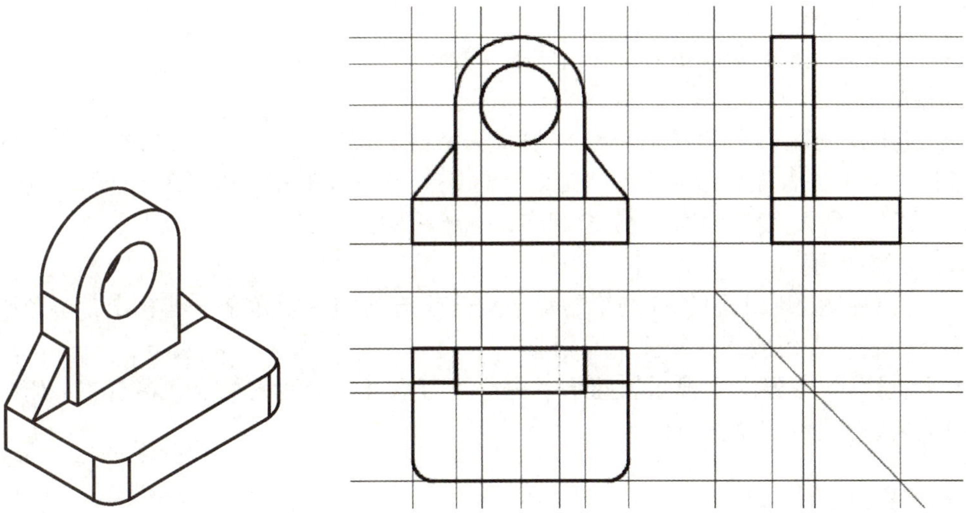

图 5-1 组合体及其三视图

任务分析

三视图（主视图、俯视图、左视图）是能够正确反映物体长、宽、高尺寸的正投影工程图。这是工程界对物体几何形状约定俗成的一种抽象表达方式。三视图的投影规则是长对正、宽相等、高平齐。

利用 AutoCAD 绘制三视图时，其基本步骤如下：

1）构造绘图象限。可以用一条水平构造线和一条垂直构造线将绘图窗口分成四等分，在右下角部分用构造线绘制一条二、四象限的角平分线，并修剪掉第二象限部分的角平分线。

2）分别绘制主视图、俯视图和左视图。在左上角（第二象限）绘制主视图，过主视图上各点作水平构造线，与左视图“高平齐”；过主视图上各点作垂直构造线，与俯视图“长对正”。然后在窗口左下角（第三象限）绘制俯视图，并过俯视图各点绘制水平构造线与第四象限的角平分线相交，过交点绘制垂直构造线与第二象限水平构造线相交，实现“宽相等”。最后在窗口的右上角（第一象限）绘制左视图。

通过本任务的学习，要达到如下目标：

1. 学会构造线、射线等命令在绘制三视图中的用法。
2. 学会使用辅助线法绘制三视图的方法。
3. 学会使用自动追踪法绘制三视图的方法。

任务实施

1. 构建绘图象限

绘制构造线，将绘图窗口分为四个区域，并在第四象限（右下角区域）用构造线命令绘制角平分线。

2. 绘制主视图

在第二象限（左上角区域）绘制实体的主视图。

3. 绘制俯视图

1）过主视图图形上的各端点绘制垂直构造线，保证主视图与俯视图的“长对正”。过主视图图形上的各端点绘制水平构造线，保证主视图与左视图的“高平齐”。

2）在第三象限（左下角区域）绘制实体的俯视图。

4. 绘制左视图

1）过俯视图图形上的各端点绘制水平构造线与第四象限角平分线相交，过角平分线的各交点绘制垂直构造线，保证“宽相等”。

2）通过第一象限中主视图作的水平构造线与垂直构造线的交点，再看主、俯视图上点的对应关系，绘制出左视图。

操作技巧

➢ 构造线在 AutoCAD 中都是绘制图形的辅助线，它们不打印输出，所以不会影响图形在图纸上的效果，也不会影响图形界限。

➢ 在绘制三视图时，也可以用直线命令绘制平行（或垂直）于轴的辅助直线，来保证三个视图中图形的“长对正、高平齐、宽相等”。但三视图绘制完成后，必须将这些平行（或垂直）于轴的辅助直线删除或修剪掉。

知识链接

一、对齐命令

将选定的对象移动、旋转或倾斜，使其与另一个对象对齐。

1. 操作方法

（1）功能区　单击【默认】选项卡→【修改】功能区中的【对齐】按钮。

（2）菜单栏　选择【修改】→【三维操作】→【对齐】命令。

（3）命令行　ALIGN（或缩写：AL）。

2. 操作步骤

命令：_align

选择对象：

指定第一个源点：

指定第一个目标点：

指定第二个源点：

指定第二个目标点：

指定第三个源点或〈继续〉：

是否基于对齐点缩放对象？[是（Y）/否（N）]〈否〉：

3. 选项说明

1）选择对象：使用选择对象的方法选择要对齐的对象，直至按〈Enter〉键结束选择。

2）指定第一个源点：指定一点作为源点，一般在选定的对象上定点。

3）指定第一个目标点：指定一点作为第一个源点将要对齐的目标点。

4）是否基于对齐点缩放对象：是（Y）表示对齐后改变大小，否（N）表示不改变大小。

二、采用其他方法绘制三视图

通常绘制三视图还可使用自动追踪法，即利用自动追踪功能并结合对象捕捉追踪、极轴追踪等绘图辅助工具，保证视图之间的“三等”关系，并进行必要的编辑，完成图形。

使用自动追踪法绘制三视图时，一般先根据主、俯视图“长对正”，完成主、俯视图的绘制，再将俯视图复制到合适位置，并逆时针方向旋转 90°，绘制左视图，保证俯、左视图“宽相等”。下面结合本任务介绍这种方法的操作步骤。

1. 设置图限范围

使用 LIMITS 命令设置图限，左下角为（0，0），右上角为（210，297）。然后执行 ZOOM 命令的 ALL 选项，显示图形界限。

2. 设置对象捕捉模式

右击状态栏上的【对象捕捉追踪】按钮，选择快捷菜单中的【设置】项，弹出【草图设置】对话框。设置对象捕捉模式为端点、圆心、象限点、中点、交点等，或单击【全部选择】按钮。在状态栏开启极轴追踪、对象捕捉追踪等功能。

3. 绘制俯视图

使用圆命令、直线命令、修剪命令等绘制俯视图，如图 5-2 所示。

4. 绘制主视图

启动直线命令，利用自动追踪功能绘制主视图。

5. 绘制左视图

先将俯视图复制到合适位置（左视图的正下方），然后逆时针方向旋转 90°，作为绘制左视图的辅助图形。然后利用自动追踪功能绘制左视图，如图 5-3 所示。

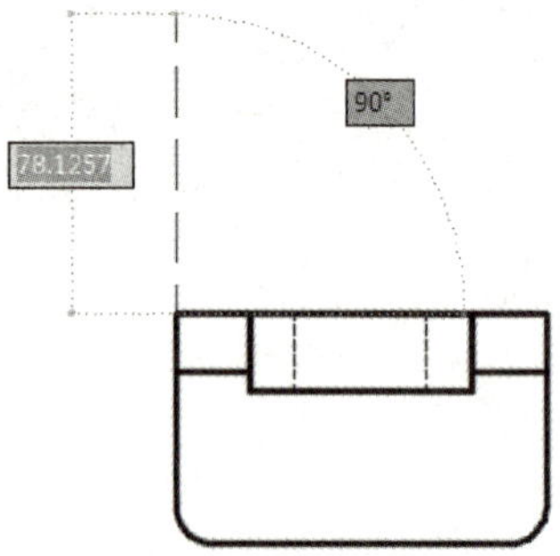

图 5-2　绘制俯视图

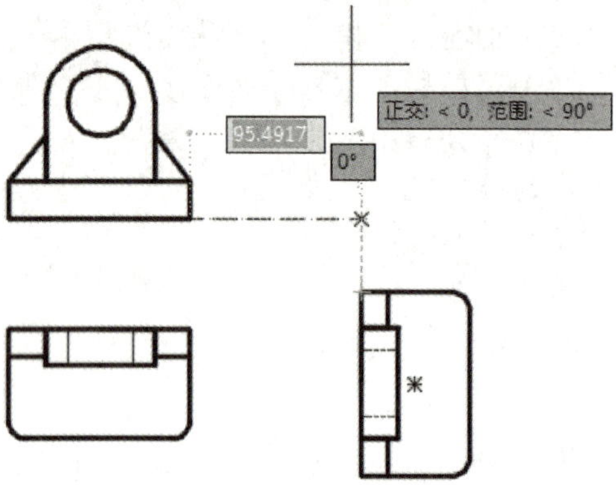

图 5-3　绘制左视图

6. 删除复制旋转的辅助图形，完成三视图的绘制

任务考核

一、操作训练

如图 5-4 所示，抄画主、左视图，并补画俯视图。

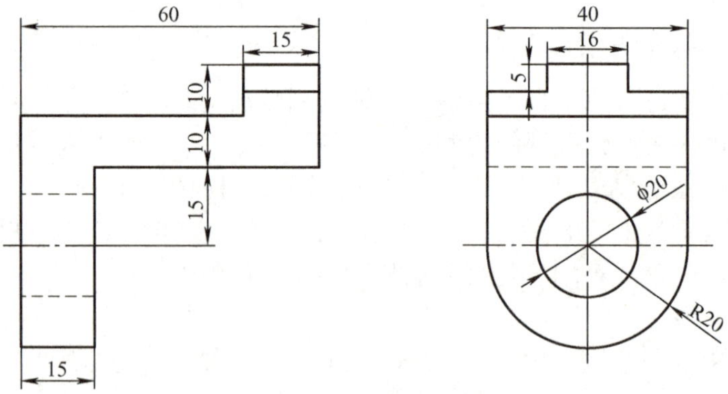

图 5-4　三视图的绘制

二、思考练习

1. 什么是构造线？它有何特点？
2. 比较使用辅助线法绘制三视图和使用自动追踪法绘制三视图的异同。

任务二 泵盖剖视图的绘制

任务描述

5-2 泵盖剖视图的绘制

利用平面绘图和标注知识绘制图 5-5 所示泵盖剖视图。

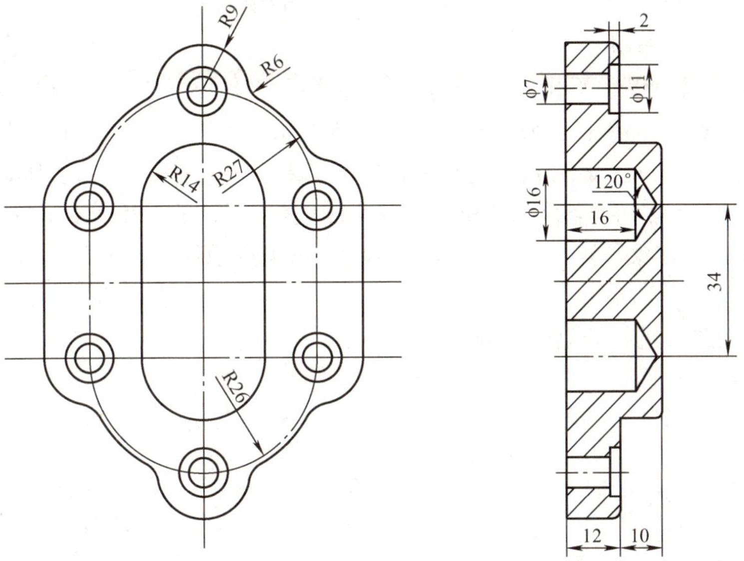

图 5-5 泵盖剖视图

任务分析

剖视图主要用于表达机件内部的结构形状。假想用一剖切面（平面或曲面）剖开机件，将处在观察者和剖切面之间的部分移去，而将其余部分向投影面上投射，这样得到的图形称为剖视图。具体到本任务中，通过分析不难发现：

1）泵盖的结构较为复杂，直接绘制左视图，会出现较多的虚线，不方便绘图和读图。但它的外形较简单，所以左视图采用全剖视图。

2）由于泵盖的主视图是上下对称的图形，可先绘制上半部分，然后镜像得到主视图。在绘制主视图过程中，除了用到直线、圆等绘图工具，还要用到阵列、圆角、修剪和镜像等修改工具。在绘制左全剖视图时，先绘制左视图上半部分左边的垂直轮廓线，通过工具得到其他几条垂直轮廓线。根据“高平齐”的原理，过主视图上相应的点绘制水平线来确定剖视图上水平轮廓线的位置。然后，修剪剖视图的上半部分，镜像后得到剖视图的轮廓。最后，对剖视图进行填充，完成剖视图的绘制。

通过本任务的学习，要达到如下目标：

1. 掌握剖视图的绘制方法。
2. 掌握盖类零件视图的绘制方法与技巧。

任务实施

1. 设置绘图环境

过程同前。

2. 绘制中心线

设置图层、线型、颜色、线宽，以及绘制相应的中心线。

3. 绘制主视图上半部分

如图 5-6a 所示，以水平中心线与垂直中心线的交点为圆心，绘制 R27mm 和 R14mm 的圆。以中心线圆的右象限点为圆心分别绘制 R9mm、ϕ7mm 和 ϕ11mm 的圆。以 180° 为阵列角度，阵列 R9mm、ϕ7mm 和 ϕ11mm 的圆，得到左边和上边两组圆。对 R9mm 与 R27mm 的圆进行圆角（圆半径为 6mm），得到四段过渡圆弧。用直线工具从 R14mm 和左右 R9mm 的圆的左右象限点向下面的水平中心线作四条垂线。

4. 修剪主视图上半部分

对所绘制的图形进行修剪，如图 5-6b 所示。

5. 镜像得到主视图

对步骤 4 的图形进行镜像，获得主视图，如图 5-6c 所示。

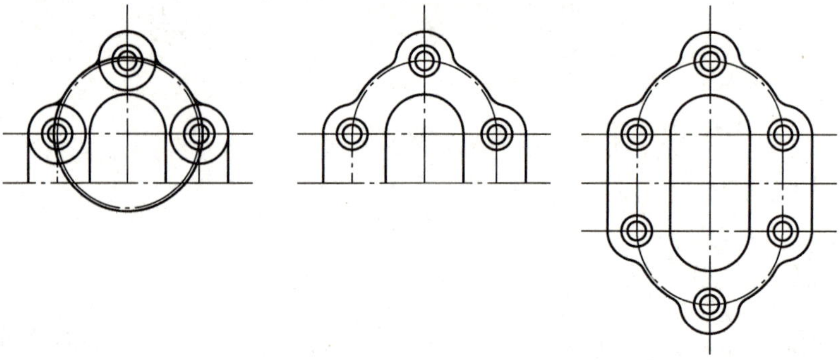

a) b) c)

图 5-6 绘制主视图

6. 绘制剖视图的上半部分

如图 5-7a 所示，过主视图的上半部分相应点绘制水平线，以确定剖视图轮廓线中水平轮廓线的位置。先启用极轴追踪和对象追踪功能，采取追踪的方法并结合图 5-5 所示尺寸在主视图右边合适位置绘制左视图的上半部分。

7. 修剪、圆角、镜像和填充

使用圆角命令 FILLET，对剖视图右边轮廓进行圆角（圆角半径为 2mm）操作。使用镜像命令 MIRROR，对剖视图上半部分关于水平中心线镜像。使用图案填充命令 BHATCH，为剖视图填充图案。完成图形如图 5-7b 所示。

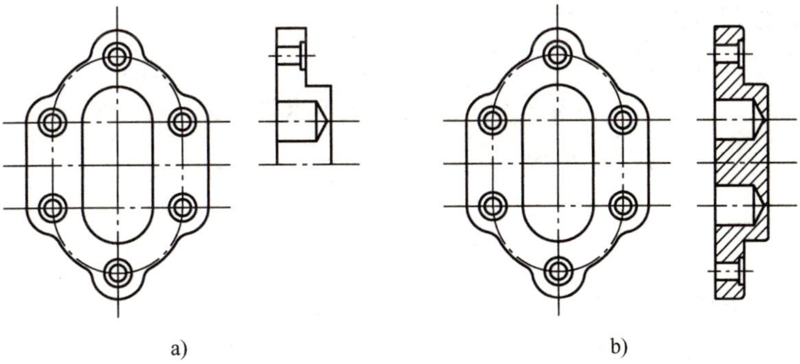

图 5-7 绘制剖视图

操作技巧

➢ 剖视图是一种常见的机件表达方法。绘制剖视图最重要的步骤之一就是填充剖面符号。在 AutoCAD 中，填充剖面符号的区域应是封闭的图形，这就要求在绘制图形时保证图形精确，尽量采用目标捕捉方式来绘制图形。

➢ 如果填充区域有部分超出了绘图窗口，那么，在用拾取点选择填充边界时，就可能会出现开放边界提示。此时，可用实时平移命令将整个填充区域平移到绘图窗内，再用拾取点选择填充边界。

知识链接

一、剖视图

当机件的内部结构比较复杂时，视图中的虚线较多，虚线与虚线、虚线与实线之间往往重叠交错，大大影响了图形的清晰度，既不便于绘图、读图，也不便于标注尺寸。为此，国家标准规定了剖视图的基本表示法。

1. 剖视图的定义

假想用剖切面剖开物体，将处在观察者与剖切面之间的物体移开，而将其余部分向投影面投射所得的图形称为剖视图，简称剖视。

2. 剖视图的种类

剖视图可分为全剖视图、半剖视图和局部剖视图。

全剖视图：用剖切面完全地剖开物体所得的剖视图。

半剖视图：当物体具有对称平面时，向垂直于对称平面的投影面上投射所得的图形，可以对称中心线为界，一半绘成剖视图，另一半绘成视图，剖视与视图之间用细点画线作为分界。

局部剖视图：用剖切面局部地剖开物体所得的剖视图。

3. 剖视图的标注

标注内容包括：剖切符号、剖切线及字母。

4. 剖面线的绘制方法

不需要在剖面区域中表示材料类别时，可采用通用剖面线表示。通用剖面线应以适当角度的细实线绘制，最好与主要轮廓线或剖面区域的对称线呈 45° 角。

二、绘制剖视图常用的命令

1）剖面符号使用图案填充功能（即可以在指定的区域内填满某一预定的图案）命令 BHATCH 来绘制。

2）表示剖切面起、止和转折位置的箭头可用多段线命令 PLINE 单独绘制。

3）用样条曲线命令 SPLINE 可绘制局部剖视图中的断裂线。

4）对已有图案填充对象进行修改可用图案填充命令 HATCHEDIT。单击该命令弹出的对话框与单击 BHATCH 命令弹出的对话框一样，操作方法也基本相同。

任务考核

一、操作训练

绘制图 5-8 所示图形，并标注尺寸。

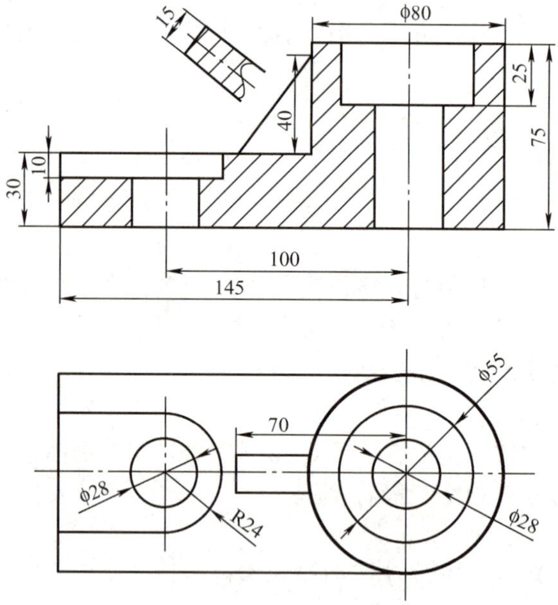

图 5-8 练习

二、思考练习

1. 绘制剖视图有哪些常用的命令？

2. 填充剖视图时，有哪些需要特别注意的地方？

任务三　阶梯轴零件图的绘制

5-3 阶梯轴零件图的绘制

任务描述

利用平面绘图和标注知识绘制图 5-9 所示阶梯轴零件图。

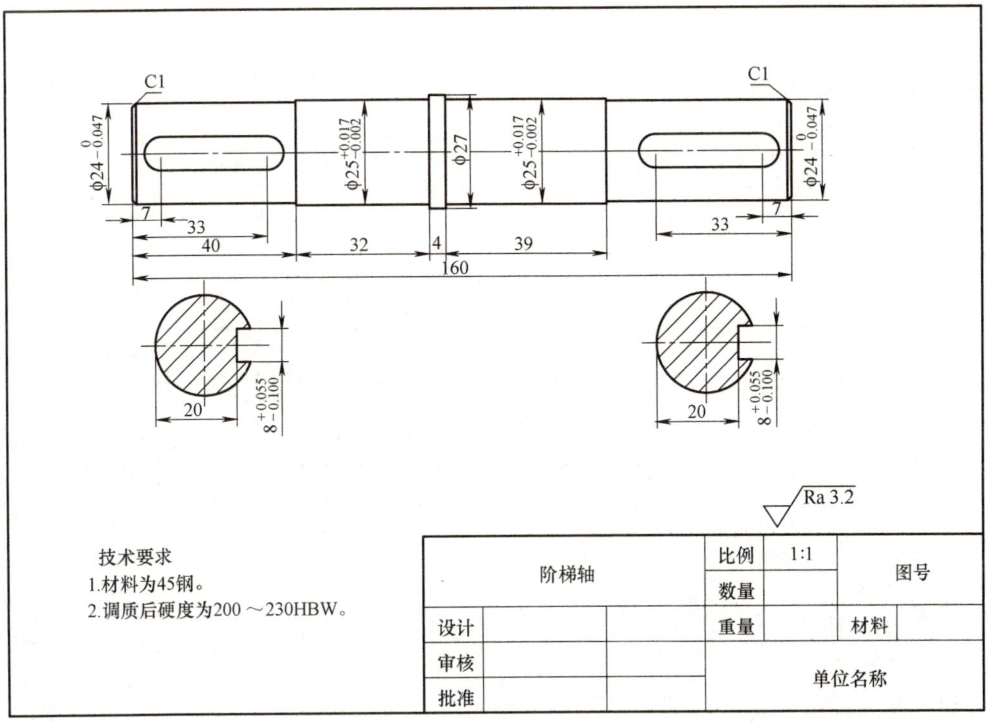

图 5-9　阶梯轴零件图

任务分析

阶梯轴是一种典型的零件，也是比较规则的零件，其主视图轮廓多为直线，且关于中心线轴对称，所以可以通过偏移和镜像的方法来绘制阶梯轴的主视图。对于开有键槽的部分，可通过断面图来表达键槽的宽度和深度。

通过本任务的学习，要达到如下目标：

1. 掌握使用镜像命令绘制轴对称图形的方法。
2. 掌握轴类零件的绘图方法与技巧。
3. 掌握绘制断面图的方法。

任务实施

1. 绘制 A4 横装图框和标题栏

按国家标准，绘制 A4 横装图框和标题栏，在标题栏中添加文字，如图 5-10 所示。若已创建相关块，也可插入 A4 横装图框块和标题栏块。

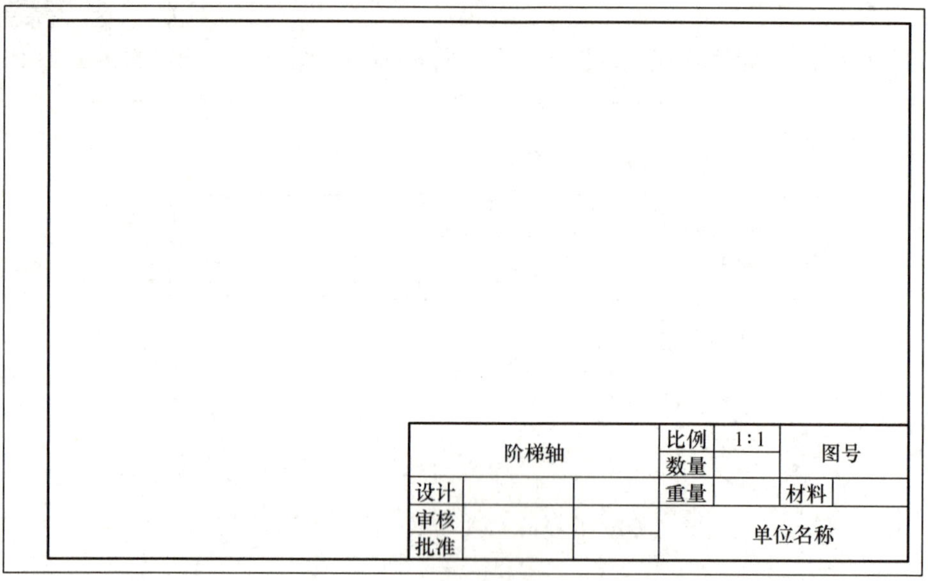

图 5-10 标题栏

2. 设置绘图环境

选择有关的对象，并打开极轴追踪、对象捕捉追踪等功能。

3. 绘制中心线

设置绘制所需要的图层、线型、颜色、线宽，绘制相应的中心线（长 170mm）。

4. 确定阶梯轴上半部分的轮廓位置

如图 5-11 所示，利用直线命令从中心线左端点向右追踪 5 个单位（单位为 mm），单击一点作为起点依次向上 12mm、向右 40mm、向上 0.5mm、向右 32mm、向上 1mm、向右 4mm、向下 1mm、向右 39mm、向下 0.5mm、向右 45mm 和向下 12mm 绘制直线。

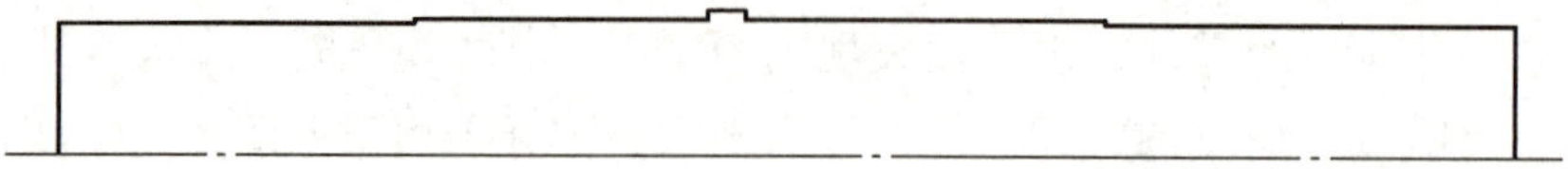

图 5-11 绘制阶梯轴上半部分

5. 修改外轮廓

先进行延伸、倒角操作，再利用直线命令添加直线，得到阶梯轴外轮廓上半部分，如图 5-12 所示。

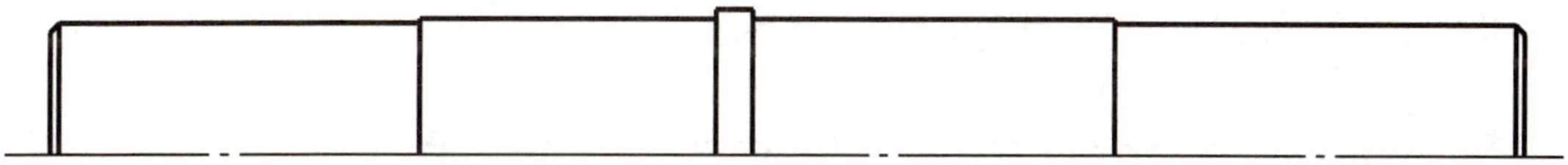

图 5-12 修改外轮廓

6. 绘制完整的阶梯轴的主视图

如图 5-13 所示，将图形沿水平中心线镜像，得到完整的阶梯轴的外轮廓。

绘制键槽：分别在水平中心线上绘制四个直径为 8mm 的圆（圆心采用对象捕捉追踪的方法定位），再分别用直线连接左边和右边两个圆的上象限点和下象限点，最后修剪多余的圆弧。

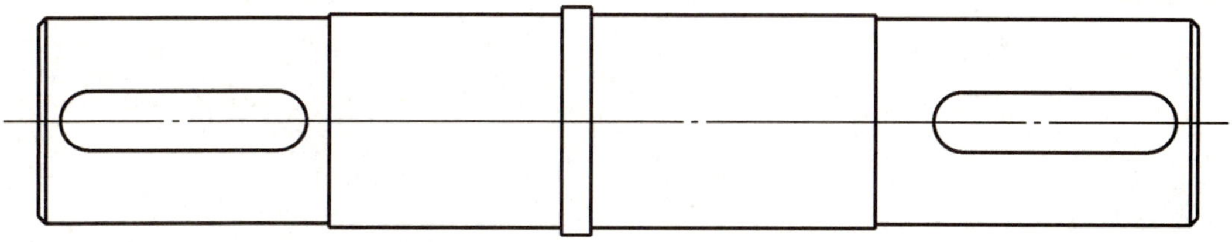

图 5-13 绘制完成的阶梯轴

7. 绘制键槽轴段的断面图

如图 5-14 所示，在对应位置分别绘制一个直径为 24mm 的圆及中心线。从圆形最左象限点向右追踪 20mm 单击一点，再调整光标向上绘制 4mm，向右找到交点单击。将绘制的短线镜像到下边，然后修剪掉多余的线条，再进行图案填充。最后把绘制的断面图复制一个到右边合适位置，并调整中心线的长度和比例。

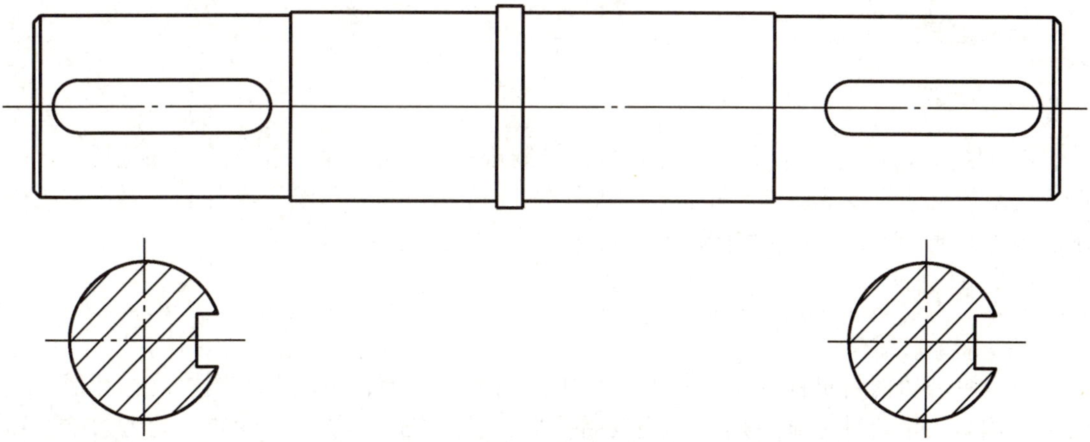

图 5-14 绘制键槽轴段的断面图

8. 尺寸标注

如图 5-15 所示，建立合适的标注样式，在主视图和断面图上标注轴的尺寸。

9. 标注表面粗糙度、编写技术要求（图 5-9）

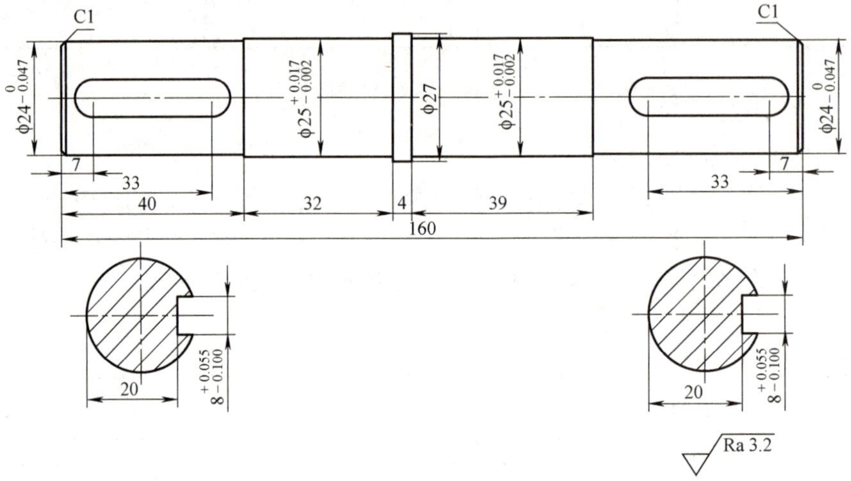

图 5-15　标注尺寸

操作技巧

➢ 轴类零件大多是轴对称图形，主要绘制主视图和辅助视图，通常采用先绘制对称图形中的一半，然后镜像得到完整图形的方法绘制。

➢ 对于在轴上开有键槽等特殊结构的轴段，要绘制断面图来表达其特殊结构。另外，巧妙运用倒角、镜像、修剪命令可降低图形的绘制难度，是提高编辑图形细节能力的关键。

知识链接

一、零件图

零件图是表达零件的图样，是生产中指导制造和检验零件的依据。零件图包括一组图形、完整的尺寸、技术要求和标题栏四大部分。使用 AutoCAD 绘制零件图，要遵守机械制图国家标准，同时充分利用图块、图层等功能，提高绘制效率。

二、断面图

1. 断面图的定义

假想用剖切面将机件的某处切断，仅画出断面的图形，称为断面图，简称断面。断面图常用来表示机件上某一局部结构的断面形状，如机件的肋板、轮辐、轴上的键槽和孔等。

2. 断面图的分类

根据断面图在绘制时所配置的位置不同，断面图可分为移出断面图和重合断面图。

3. 断面图的绘制方法

绘制断面图时，应将剖切的断面绕剖切符号旋转 90° 重合在图面上，并在剖切的断面上绘制出剖面线。另外，应特别注意断面图与剖视图的区别。断面图仅绘制出机件被切断处的断面形状，而剖视图除了绘制出断面形状外，还必须绘制出断面后的可见轮廓线。

三、零件图的快速打印

下面以打印阶梯轴零件图为例，介绍在模型空间内打印零件图的简要操作步骤。

1）打开阶梯轴图形文件。

2）选择【文件】→【绘图仪管理器】命令，双击 DWF6 ePlot 图标，打开【绘图仪配置编辑器】对话框，如图 5-16 所示。在对话框中进行图纸尺寸定义等操作。

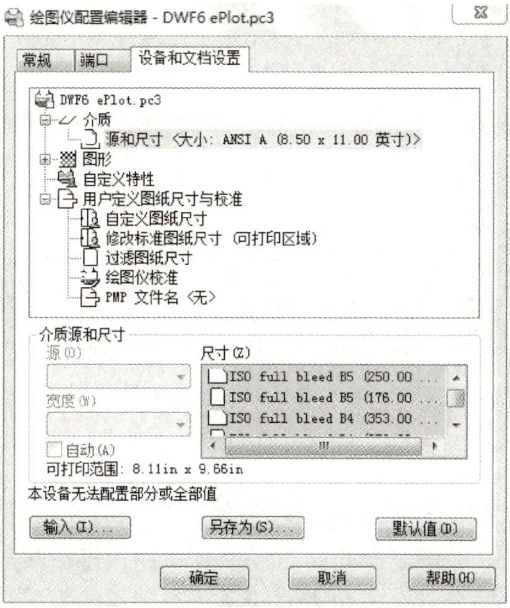

图 5-16 【绘图仪配置编辑器】对话框

3）选择【文件】→【页面设置管理器】命令，弹出【页面设置管理器】对话框，如图 5-17 所示。单击【新建】按钮，在弹出的对话框中输入新页面设置名，单击【确定】按钮，弹出【页面设置－模型】对话框，如图 5-18 所示。设置打印机名称、图纸尺寸、打印偏移、打印比例、图形方向和打印范围等参数。

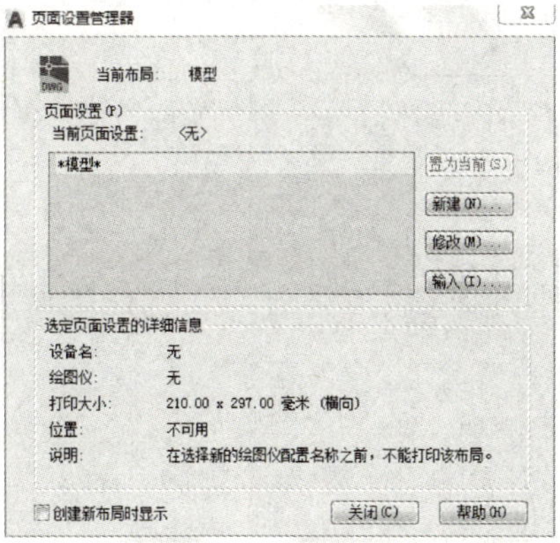

图 5-17 【页面设置管理器】对话框

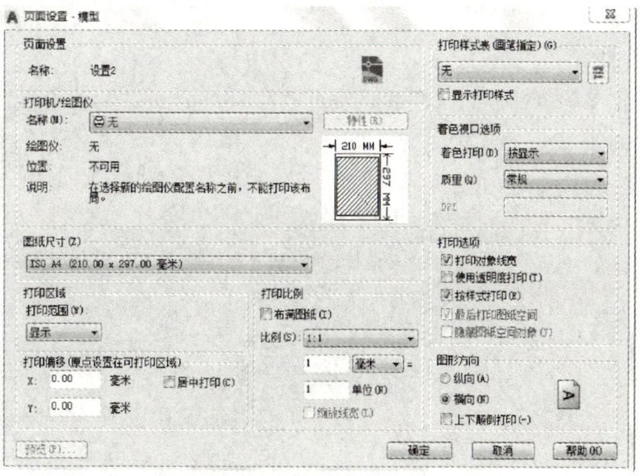

图 5-18 【页面设置－模型】对话框

4）选择【文件】→【打印预览】命令，对当前图形进行打印预览。单击鼠标右键，在弹出的快捷菜单中单击【打印】选项，弹出【浏览打印文件】对话框，如图 5-19 所示。在此对话框中设置打印文件的保存路径及文件名，最后单击【保存】按钮，系统会弹出【打印作业进度】对话框，待此对话框关闭后，打印过程即可结束。

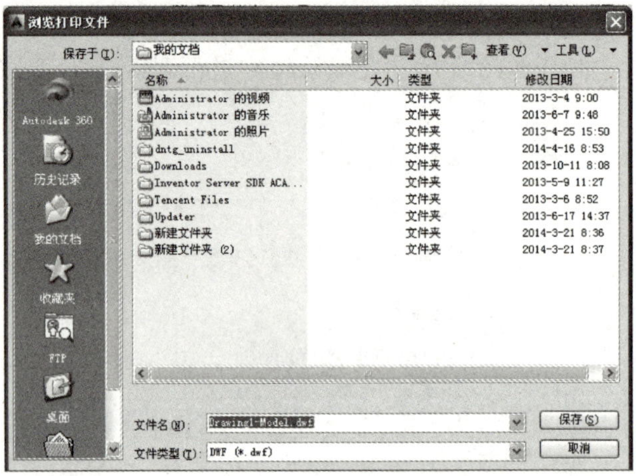

图 5-19 【浏览打印文件】对话框

四、零件图的布局打印

由于模型空间出图的种种不便，AutoCAD 提供了一种打印出图更为方便的工作空间，即布局，也称为图纸空间。在图纸空间的布局中可布局和打印输出在模型空间中各个不同视角下产生的视图，或将两个以上不同比例的视图安排在一张图纸上。

1. 布局的打印页面设置

用户在模型空间完成图形的绘制后，单击【布局 1】按钮，再选择【文件】→【页面设置管理器】命令，系统将自动弹出【设置管理器】对话框。单击【新建】按钮，在弹出的对话框中输入新页面设置名，单击【确定】按钮，弹出【页面设置 – 布局 1】对话框，如图 5-20 所示。在该对话框中即可对打印页面进行设置。

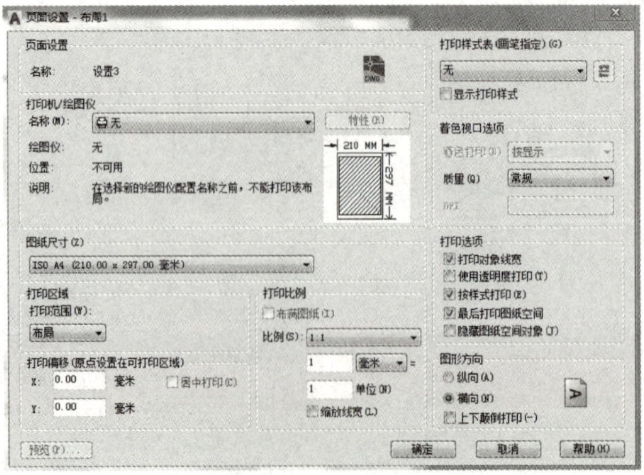

图 5-20 【页面设置 – 布局 1】对话框

2. 从布局中直接打印输出图形

完成打印页面的设置后，即可对图形进行打印输出。选择【文件】→【打印】命令，弹出【打印 – 布局 1】对话框，如图 5-21 所示，进行相关的打印设置。

单击【预览】按钮，可对图形进行打印预览。

另外，打印及保存打印设置的操作与快速打印相同。

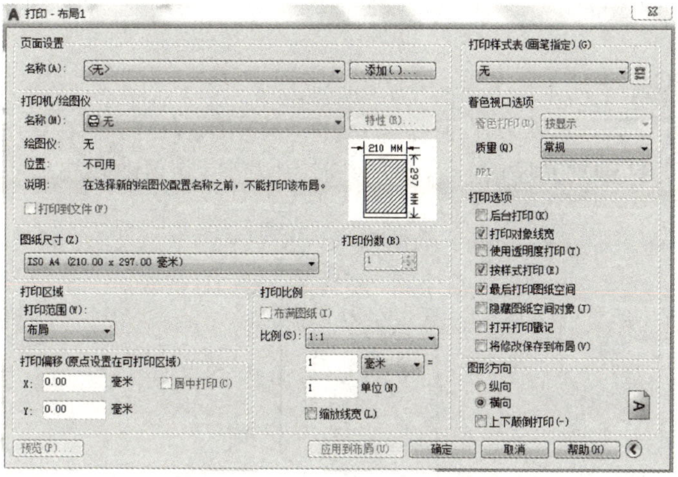

图 5-21 【打印 – 布局 1】对话框

任务考核

一、操作训练

绘制图 5-22 所示带轮零件图，并标注尺寸。

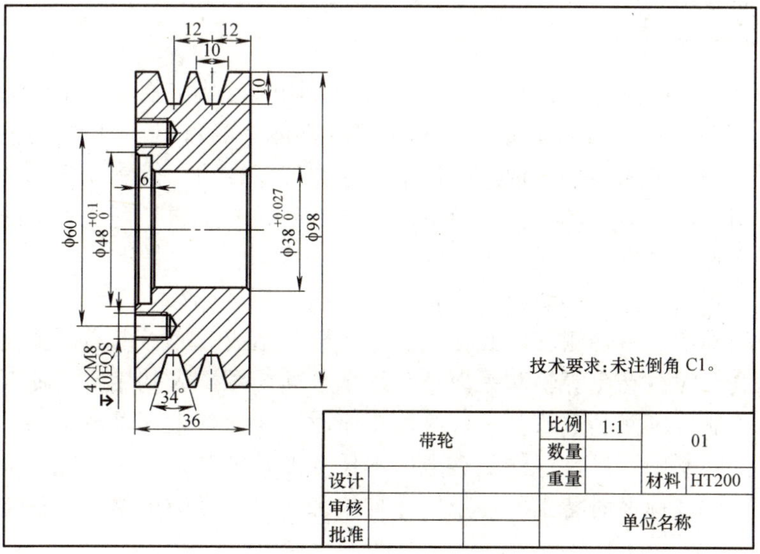

图 5-22　带轮零件图

二、思考练习

1. 试着利用矩形命令，快速绘制图 5-9 所示阶梯轴的主视图轮廓。
2. 什么是断面图？它可以表达机件哪些要素信息？

任务四　支座轴测图的绘制

任务描述

5-4 支座轴测图的绘制

图 5-23 所示为某轴承支座的轴测图，要求绘制图形并正确标注尺寸。

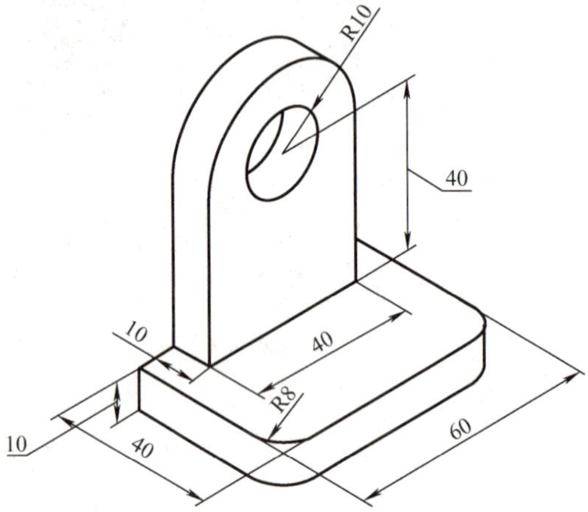

图 5-23　轴承支座轴测图

任务分析

轴测图是一种单面投影图，在一个投影面上能同时反映出物体三个坐标面的形状，并接近于人们的视觉习惯，具有形象、逼真、富有立体感的特点。轴测图通过沿 X、Y、Z 三个主轴对齐，用二维线条来表现三维效果。这类“三维图”虽然就立体效果而言，不能与真正的三维图相比，但是具有操作简单、易于绘制、线条清晰等优点。因此，在工程上常把轴测图作为辅助图样，来说明机器的结构、安装、使用等情况，在设计中，也常用轴测图帮助构思、想象物体的形状，以弥补正投影图的不足。

本任务中的轴承支座轴测图由底板和支座两部分组成。底板上有圆弧倒角，支座上开有通孔。绘制底板时，在【等轴测平面　俯视】平面绘图，先利用直线命令绘制底板，再利用椭圆命令绘制等轴测圆进行圆角；绘制支座时，切换到【等轴测平面　右视】绘制。

在轴测图的绘制中，尺寸标注是难点。本任务涉及轴测图中长、宽、高的标注以及圆的半径、直径标注。标注时特别要注意尺寸界线和文字角度的调整，确保符合机械制图国家标准规定。

通过本任务的学习，要达到如下目标：

1. 掌握轴测图的绘图环境设置方法。
2. 掌握使用直线、椭圆、复制等命令绘制轴测图的方法。
3. 掌握利用对齐线性标注为轴测图标注尺寸的方法。

任务实施

1. 设置轴测图的绘图环境

选择【工具】→【绘图设置】→【草图设置】→【捕捉和栅格】命令，选中【栅格捕捉】→【等轴测捕捉】选项卡。同时，在状态栏中打开【正交】选项卡。

2. 绘制底板

1）按〈F5〉键，切换到【等轴测平面 俯视】平面。

2）绘制 60mm × 40mm 矩形。利用直线命令，绘制 60mm、40mm、60mm、40mm 四条直线，如图 5-24 所示。

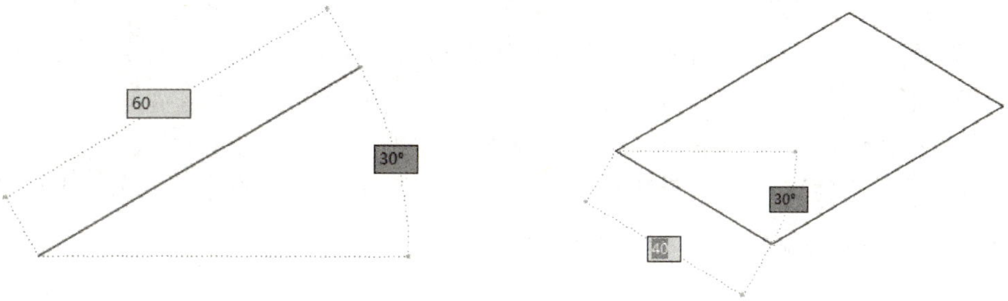

图 5-24 绘制矩形框

3）绘制 R8mm 圆弧角。

① 构建圆心。向内复制边框，移动距离为 8mm，得到的两个交点即为圆角的圆心，如图 5-25 所示。

② 绘圆。

命令：_ELLIPSE

指定椭圆轴的端点或［圆弧（A）中心点（C）等轴测圆（I）］：I

指定等轴测圆的圆心： （选择构建的圆心）

指定等轴测圆的半径或直径［直径（D）］：8 （输入圆角半径值）

图 5-26 所示为绘制的圆，再修剪掉多余线条，即完成圆角。

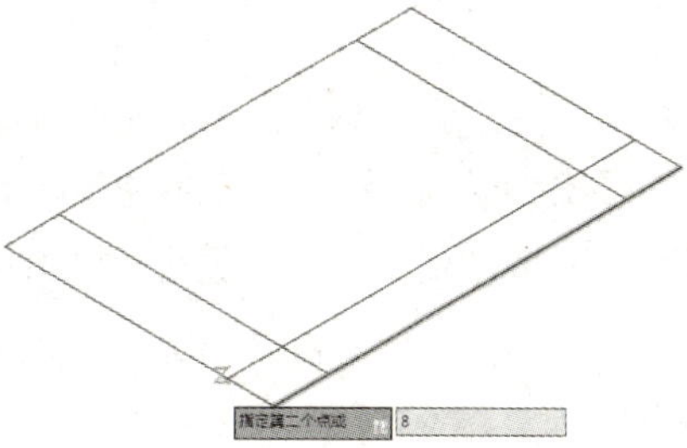

图 5-25 构建圆心

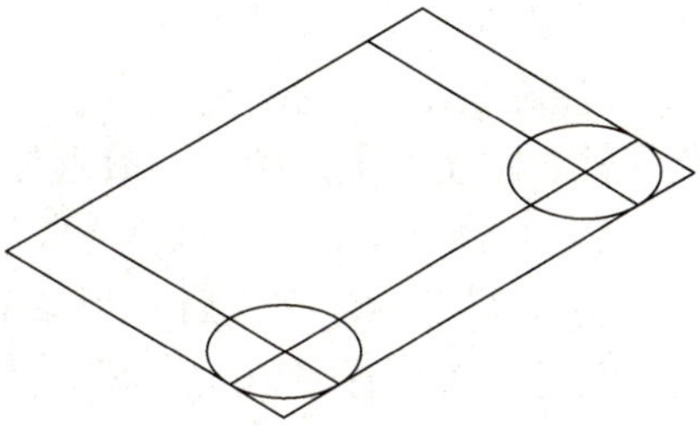

图 5-26 绘制等轴测圆

4）生成底板厚度。先按〈F5〉键，将绘图平面切换为【等轴测平面　右视】。选中绘制好的图形，向下复制，移动距离为 10mm，如图 5-27 所示。

5）连接可见线条，修剪删除不可见线条，即得到底板轴测图，如图 5-28 所示。

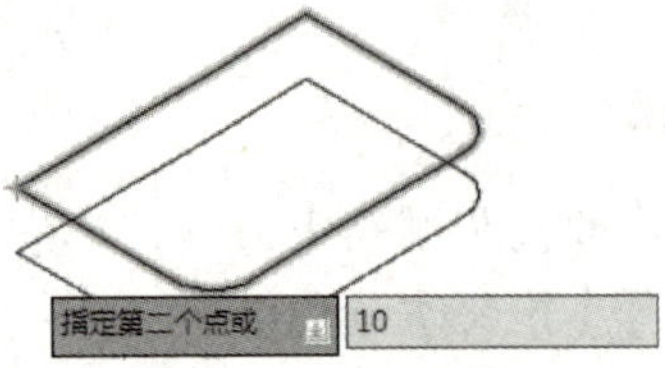

图 5-27　复制平面

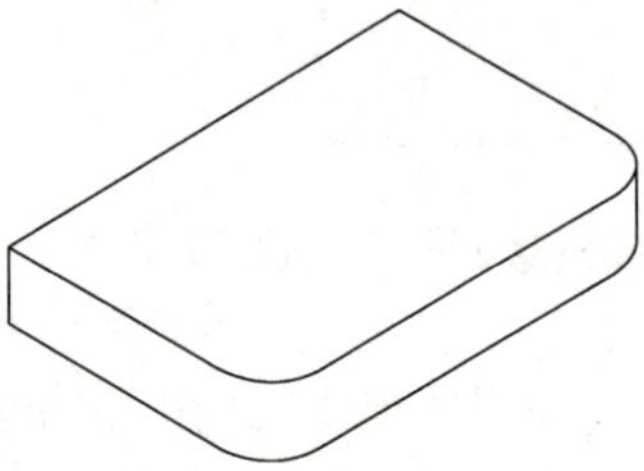

图 5-28　底板轴测图

3. 绘制支座

按〈F5〉键，切换为【等轴测平面　右视】，绘图方法和绘制底板相同。

4. 标注尺寸

以底板的尺寸标注为例，说明轴测图直线、圆弧尺寸标注方法。

1）标注长度尺寸。

① 利用对齐线性尺寸标注底板长度，如图 5-29 所示。

② 将尺寸界线旋转 –30°。选中 60mm 尺寸，选择菜单栏中的【标注】→【倾斜】，输入“–30°”，即可将尺寸界线调整到俯视图平面，如图 5-30 所示。

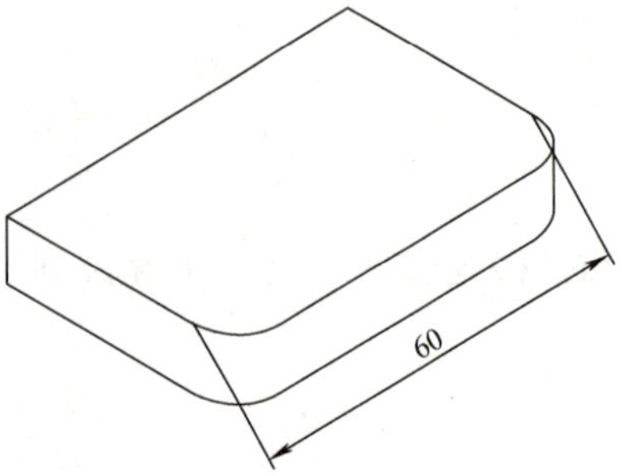

图 5-29 【对齐】标注长度

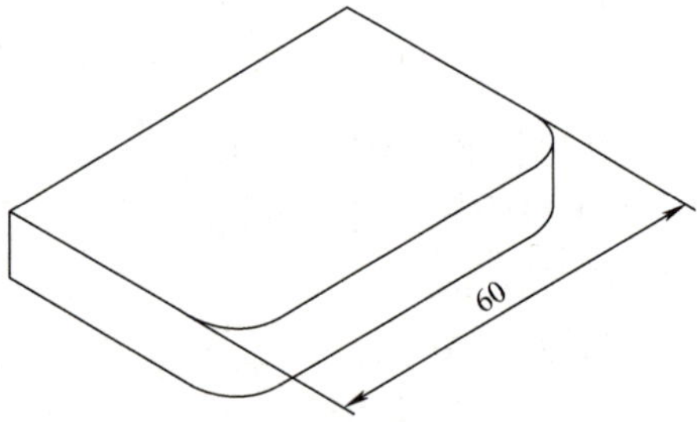

图 5-30 【倾斜】调整尺寸界线角度

③ 调整文字，使其水平。在图 5-30 中，尽管尺寸界线和俯视图平面平行，但尺寸数值“60”仍不与坐标平面平行。此时，还应将尺寸数字再倾斜 –30°。其步骤为：双击该尺寸，弹出【文字样式】对话框，将其中【倾斜角度】修改为“ –30”，即可将文字调整为平行俯视图平面，如图 5-31 所示。

2）标注圆角半径 R8mm。

圆的轴测图实际上是椭圆，故不能利用半径或直径命令直接标注。实践中，可以利用圆命令在圆角处绘制辅助圆，通过标注并修改圆的半径或直径值，间接标注圆角值，如图 5-32 所示。尺寸标注完成后，删除辅助圆。

底板其他的尺寸标注以及支座的标注方法与此相同。

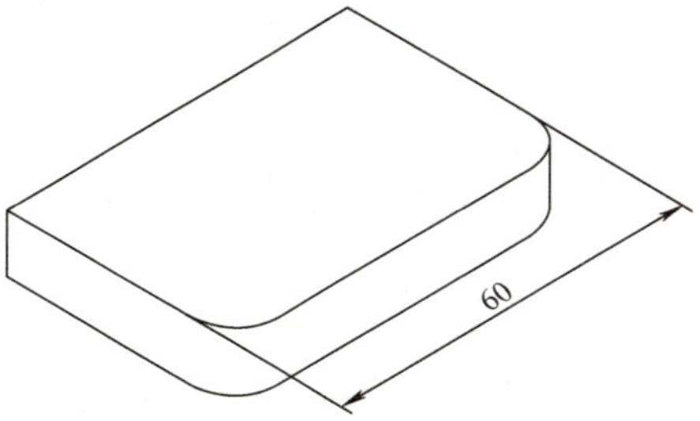

图 5-31　调整尺寸数字角度

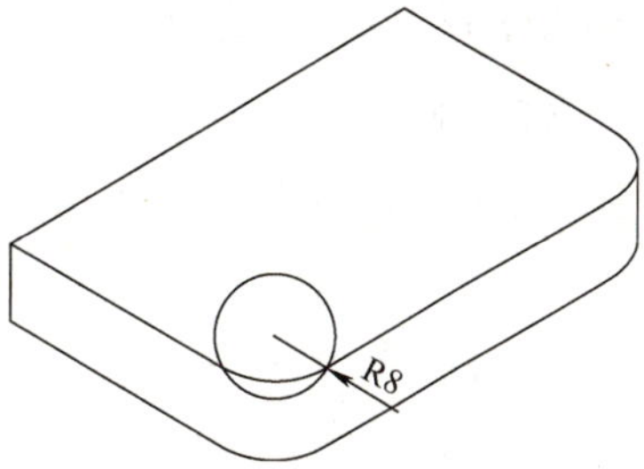

图 5-32　标注圆半径

操作技巧

➢ 在绘制前，应先建立轴测图的绘图环境，设置合适的文字、标注样式。

➢ 需要指出的是，轴测图实际是利用平面图虚拟出的“立体”效果，不少绘图、修改命令，例如圆弧、矩形、偏移、镜像等命令在绘制轴测图时不能使用，否则尺寸值会出现错误。

➢ 在轴测图绘制中，可以利用直线、椭圆、复制、移动等命令，而矩形、偏移、圆等命令不可用。

知识链接

一、等轴测捕捉 / 栅格

等轴测捕捉 / 栅格用于创建表现三维对象的二维轴测图。这时，绘图光标将与三个轴测轴中的两个对齐，按〈F5〉键可以切换绘图平面。在轴测图平面中，有【等轴测平面　俯视】、【等轴测平面　右视】和【等轴测平面　左视】三个绘图平面。

1. 操作方法

（1）菜单栏　选择【工具】→【绘图设置】命令，弹出【草图设置】对话框，打开【捕捉和栅格】选项卡，选择【栅格捕捉】→【等轴测捕捉】单选项。

（2）状态栏　右击【显示图形栅格】、【捕捉模式】、【对象捕捉】或【显示捕捉参照线】中任意一按钮，弹出【草图设置】对话框，打开【捕捉和栅格】选项卡，选择【栅格捕捉】→【等轴测捕捉】单选项。

2. 操作步骤

在菜单栏中选择【工具】→【绘图设置】命令，弹出【草图设置】对话框，如图 5-33 所示。选中【捕捉和栅格】选项卡，在【捕捉类型】选项组中，选中【栅格捕捉】→

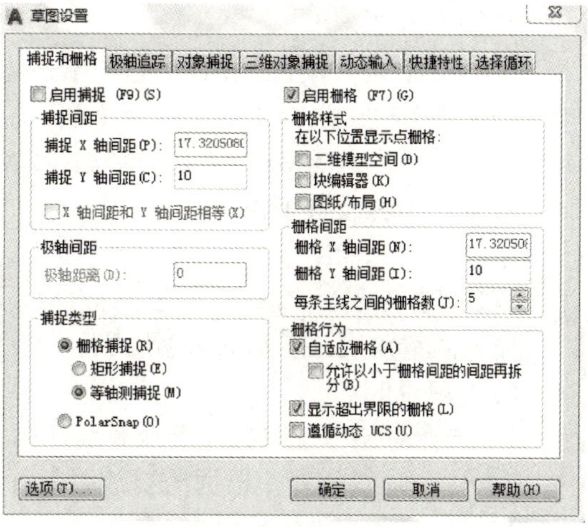

图 5-33【草图设置】对话框

【等轴测捕捉】单选项，再单击【确定】按钮，即完成轴测图绘图环境设置。

二、椭圆弧命令

在轴测图的绘制中，圆命令不可用。在需要绘制圆时，需利用椭圆弧命令绘制等轴测圆。

1. 操作方法

（1）功能区 单击【默认】选项卡→【绘图】功能区中的【椭圆】→【轴，端点】按钮 。

（2）菜单栏 选择【绘图】→【椭圆】→【轴、端点】→【等轴测圆】命令。

（3）命令行 ELLIPSE（或缩写：ELL）。

2. 操作步骤

命令：_ellipse

指定椭圆轴的端点或［圆弧（A）中心点（C）等轴测圆（I）］：I

指定等轴测圆的圆心：

指定等轴测圆的半径或［直接（D）］：

3. 选项说明

1）等轴测圆（I）：输入“I”，即可利用椭圆命令绘制等轴测圆。

2）指定等轴测圆的半径或［直接（D）］：输入等轴测圆的半径或直径值。默认为输入半径。

三、线性对齐尺寸标注命令

在轴测图尺寸标注中，可以利用对齐线性尺寸标注命令标注平行于坐标轴的几何要素尺寸。其操作方法和步骤在项目四中已进行了介绍，此处不再赘述。

四、倾斜标注命令

在标注几何要素尺寸后，尺寸界线并不在坐标平面内，而是与坐标平面呈某一角度，这不符合尺寸标注的国标要求。此时，就需要利用倾斜标注命令调整标注的尺寸界线，使尺寸界线平行于坐标平面。

1. 操作方法

（1）功能区 单击【注释】选项卡→【标注】功能区中的【倾斜】按钮 。

（2）菜单栏 选择【标注】→【倾斜】命令。

（3）命令行 DIMEDIT（或缩写：DIMED）。

2. 操作步骤及选项说明

命令：_dimedit

〈选择对象〉：

输入倾斜角度（按 Enter 表示无）：

3. 选项说明

1）选择对象：选取标注的对齐线性尺寸。

2）输入倾斜角度：根据需要放置尺寸的平面不同，输入 30° 或 –30° 或 90°，即可将尺寸界线调整到与坐标平面平行。

五、标注文字的角度设置

在尺寸界线调整为和坐标平面平行后，尺寸标注的文字仍然不平行于坐标平面。此时，还需要设置新的文字样式，调整文字角度以使文字也平行于坐标平面，最终达到标注符合机械制图规范的要求。

1. 操作方法

和项目四中文字样式命令设置相同。

2. 操作步骤

新建名为“30”和“-30”的两个文字样式，将【倾斜角度】分别设置为30°和-30°，如图5-34所示。

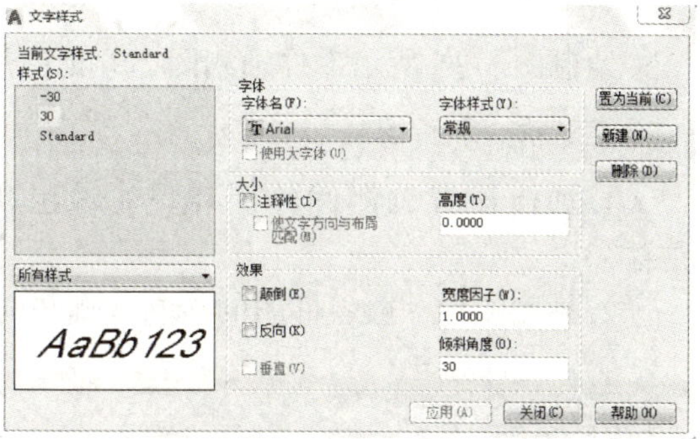

图5-34　设置【倾斜角度】

六、轴测图尺寸标注规则

轴测图中尺寸的正确标注是本任务的难点。表5-1列出了长、宽、高三个方向尺寸标注中文字倾斜角度和尺寸线倾斜角度的设置方法。

表5-1　轴测图标注图示

尺寸标注	文字倾斜角度	尺寸线倾斜角度	效果
长度	-30°	-30°	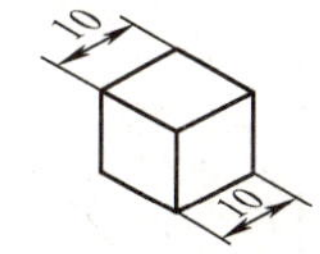
	30°	90°	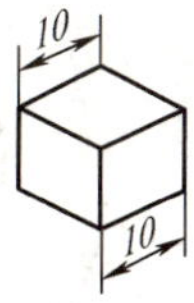
宽度	-30°	90°	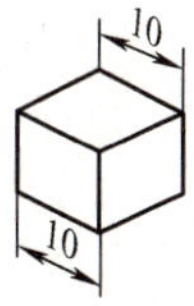
	30°	30°	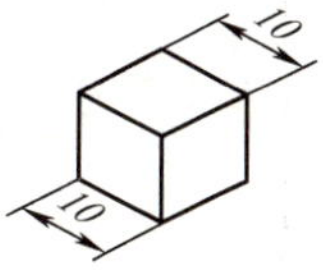
高度	30°	-30°	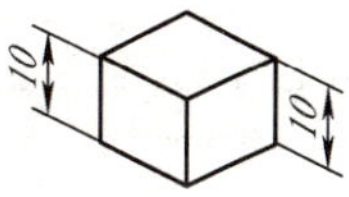
	-30°	30°	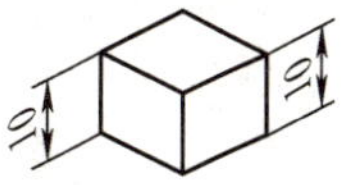

任务考核

一、操作训练

绘制图 5-35 所示零件轴测图，并标注尺寸。

二、思考练习

1. 如何设置轴测图绘图环境？说出常见的设置方法。

2. 轴测图和一般零件图的绘制有哪些区别？

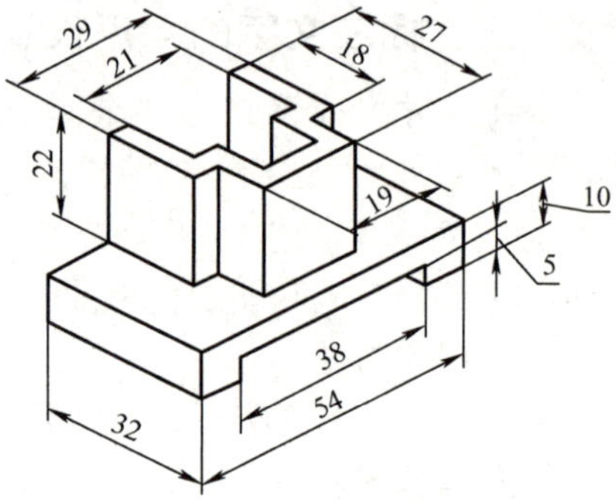

图 5-35　零件轴测图

任务五　齿轮啮合装配图的绘制

5-5 齿轮啮合装配图的绘制

任务描述

绘制图 5-36 所示齿轮啮合装配图。

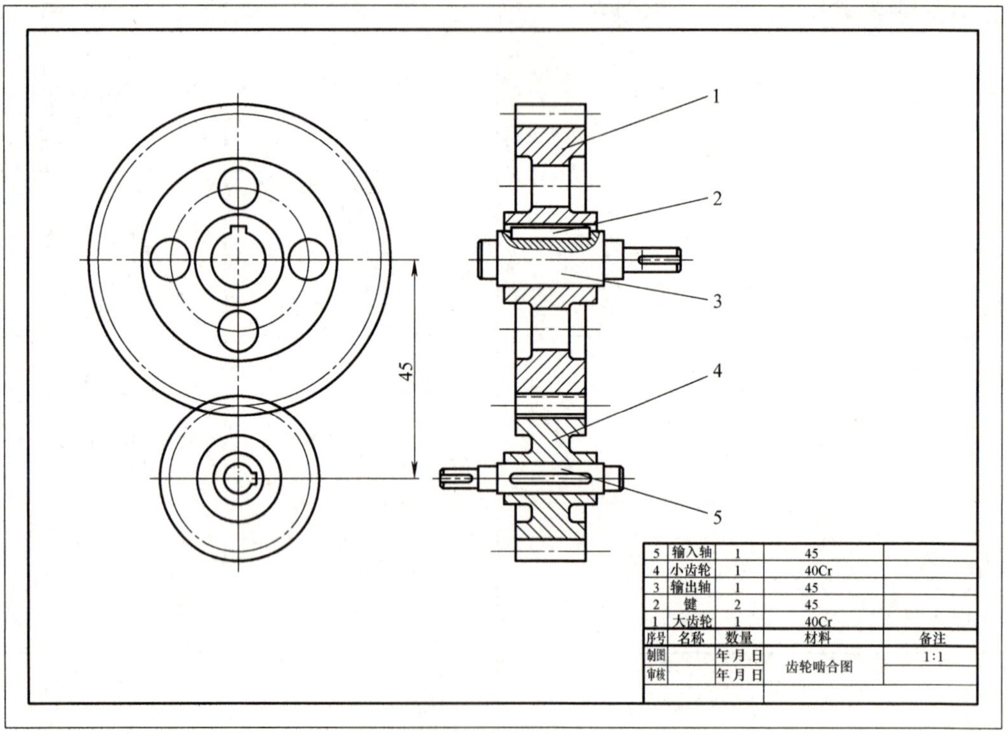

图 5-36　齿轮啮合装配图

任务分析

本任务中组成齿轮啮合装配图的零件有 5 个，一般先单独绘制出装配图中的各个零件的零件图，然后创建成块或块文件，通过块的插入或外部的引用的方式导入零件图，再根据装配图的要求编辑修改零件图，最后，标注尺寸、注写技术说明、绘制标题栏及明细栏等，从而完成装配图。

通过本任务的学习，要达到如下目标：

1. 掌握装配图的内容及表达方法。
2. 掌握由零件图拼接组装成装配图的方法。
3. 掌握多个图形文件的操作。

任务实施

1. 确定表达方案

根据齿轮啮合的工作原理和装配关系确定表达方法、比例和图幅。

2. 绘制图框

绘制 A3 图框，或直接打开已存在的 A3 图框文件。

3. 装配

按装配关系分别将已绘制的齿轮啮合的各零件的零件图插入到 A3 图框文件中。

1）先插入大齿轮到合适位置，删除已标注的尺寸，再将其两个视图旋转 –90°。

2）插入小齿轮，删除已标注的尺寸，根据齿轮啮合的视图表达方法，选好基点，使用移动命令分别对齐主视图、剖视图。

3）按同样的方法分别插入输入轴、输出轴进行装配。

4）对零件相互装配部位的图形按要求进行编辑修改。

需要注意的是，每插入一个零件后，都要做适当的编辑和修改，不要把所有的零件均插入后再修改，否则，由于图线太多，修改将变得困难。当零件图不全时，也可采用插、画结合的方法绘制装配图。

4. 标注尺寸

按装配要求标注必要的尺寸。如与装配体的性能、装配、安装、运输等有关的尺寸，一般包括特性尺寸、装配尺寸、安装尺寸、外形尺寸以及零件的主要结构尺寸等。

5. 绘制明细栏

根据零件的数量，在标题栏上方按要求绘制零件明细栏。

6. 绘制零件序号

利用快速引线命令 LEADER 绘制零件序号。

7. 填写技术要求、明细栏及标题栏

使用多行文字编辑器填写技术要求、明细栏及标题栏。

8. 检查、修改，并保存装配图

操作技巧

➢ 利用 AutoCAD 绘制装配图是一件非常复杂的工作，对于经常绘制装配图的人员或部门，最好能将常用的零部件、标准件以及一些专业符号等做成图库。例如，将轴承、弹簧、螺钉、螺栓等制作成公用图块库，在绘制装配图时，可采用块插入的方法插入到装配图中，以提高绘制装配图的速度。

➢ 当机器（或部件）的大部分零件图已由 AutoCAD 绘出时，就可以采用 AutoCAD 插入图形文件的方法拼画装配图。

知识链接

一、装配图

表达机器或部件的图样称为装配图。装配图是机械设计阶段中最重要的技术文件之一。装配图的内容包括五大部分：图形、必要的尺寸、技术要求、零部件序号、明细栏和标题栏。

由于装配图本质上仍是为了将空间的三维形体用二维图形表达出来，所以，机件的常用表达方法仍适用于装配图；而由于装配图侧重于表达多个零件的装配关系，故国家标准对其又增加了规定画法和特殊画法。具体使用哪些表达方法，要根据具体的装配体进行分析，即使是同一装配体，每个人选择的表达方法也不完全一样。

二、基点命令

指定当前图形的基点。

1. 操作方法

（1）功能区　单击【默认】选项卡→【块】功能区中的【基点】按钮。

（2）菜单栏　选择【绘图】→【块】→【基点】命令。

（3）命令行　BASE。

2. 操作步骤

命令：_base

输入基点〈0.0000，0.0000，0.0000〉：

3. 选项说明

输入基点：指定当前图形新的插入点。

三、移动命令

移动命令用于将选中的对象移到指定的位置。

1. 操作方法

（1）功能区　单击【默认】选项卡→【修改】功能区中的【移动】按钮。

（2）菜单栏　选择【修改】→【移动】命令。

（3）命令行　MOVE（或缩写：M）。

2. 操作步骤

命令：_move

选择对象：

指定基点或［位移（D）］〈位移〉：

指定第二个点或〈使用第一个点作为位移〉：

3. 选项说明

1）选择对象：选择欲移动的对象。

2）指定基点或［位移（D）］〈位移〉：指定移动时的参考点或直接输入位移。

3）指定第二个点或〈使用第一个点作为位移〉：输入第二点，系统根据这两个点定义一个位移矢量。如果直接按〈Enter〉键，第一点坐标值将被认为是移动所需的位移。

四、零件图插入的常见方法

1. 图块插入法

将装配图上的各个零件图形创建为图块，然后插入所需要的图块。如：在零件图中使用 BLOCK 命令创建的内部图块，可通过“设计中心”引用这些内部图块；或在零件图中使用 WBLOCK 命令创建的外部图块，绘制装配图时，可直接使用 INSERT 命令插入到当前装配图中。

2. 零件图形文件插入法

可使用 INSERT 命令将零件的整个图形文件直接插入到当前装配图中，也可通过“设计中心”将多个零件图形文件插入到当前装配图中。插入的基点为零件图形文件的坐标原点（0,0）。为了便于定位，经常使用 BASE 基点来重新定义零件图形文件的插入基点位置。

3. 剪贴板插入法

利用 AutoCAD 的【复制】按钮 ，将零件图中所需要的图形复制到剪贴板上，然后单击【粘贴】按钮 ，将剪贴板上的图形粘贴到装配图所需要的位置上。

任务考核

操作训练

根据图 5-37b、c 所示的轴系零件图，绘制出图 5-37a 所示的轴系装配图。

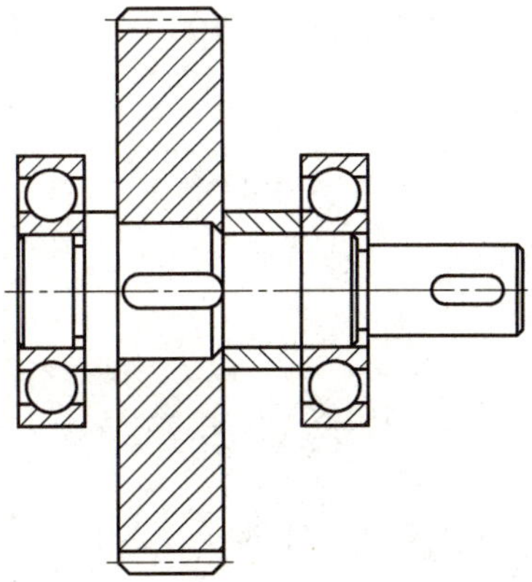

a) 轴系装配图

图 5-37　绘制轴系零件图

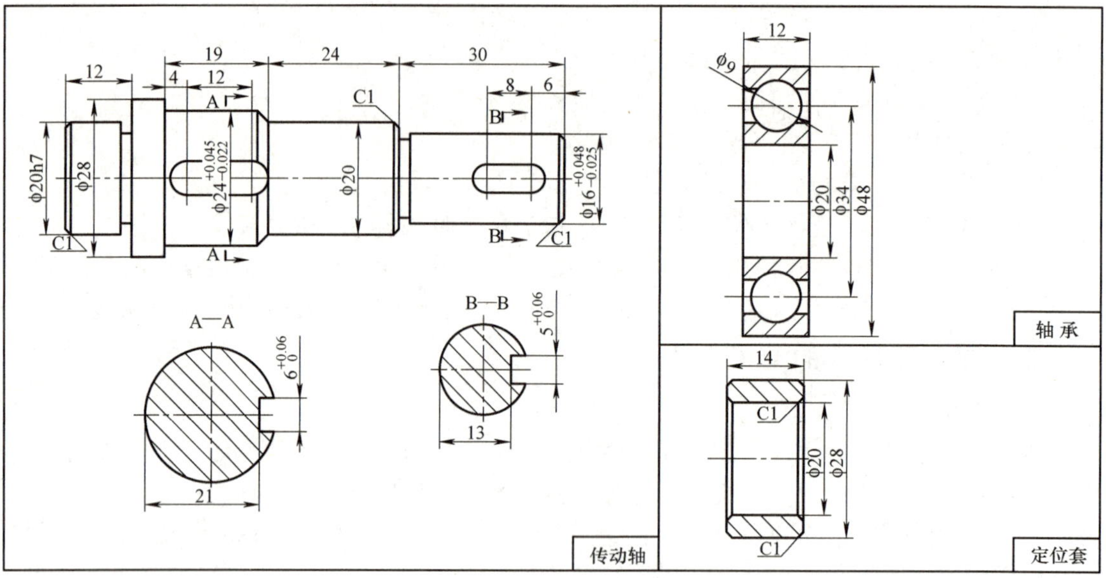

b) 轴系零件图一

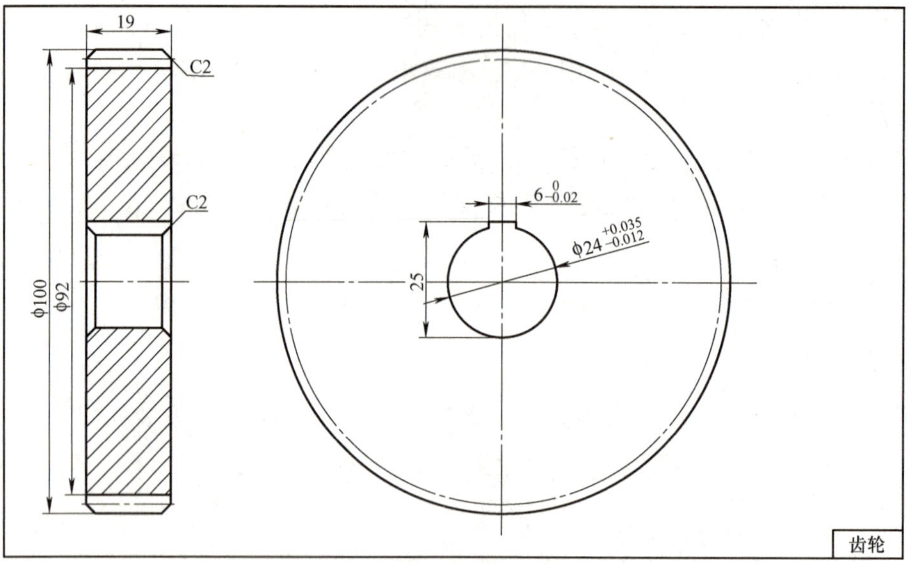

c) 轴系零件图二

图 5-37　绘制轴系零件图（续）

综合训练五

1. 如图 5-38 所示，抄画主、俯视图，补画左视图。

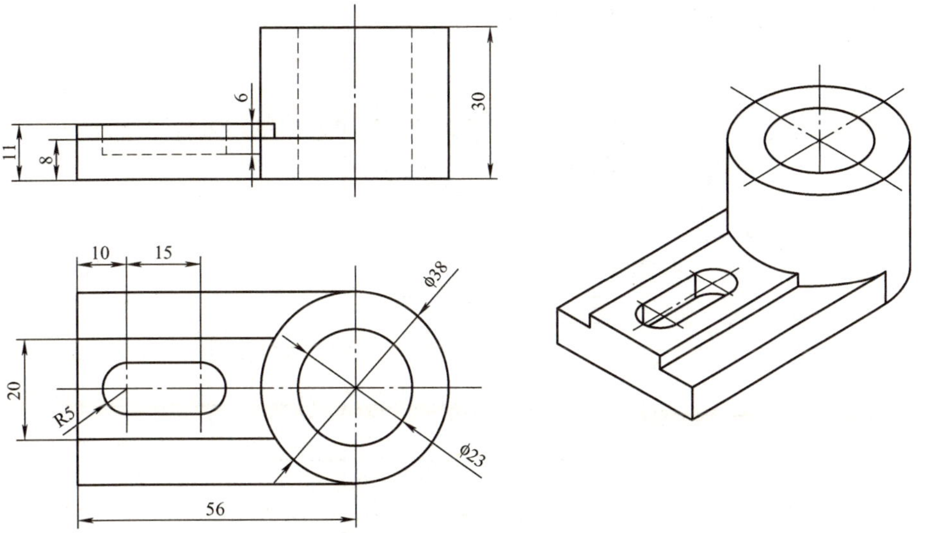

图 5-38　综合训练 1

2. 如图 5-39 所示，按标注尺寸 1 : 1 抄画主、左视图，补画俯视图。

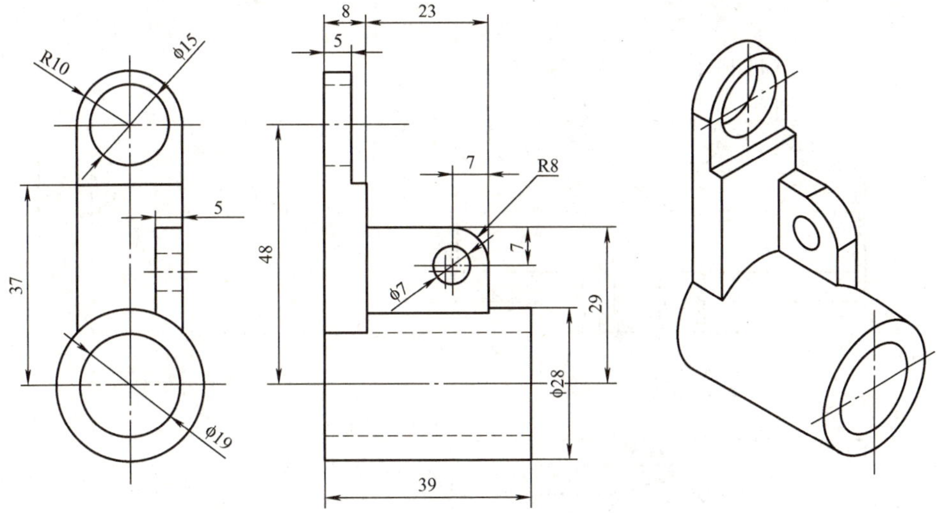

图 5-39　综合训练 2

3. 图 5-40 所示为模具顶尖的主、左视图。按尺寸 1 : 1 抄画主、左视图，求作俯视图。

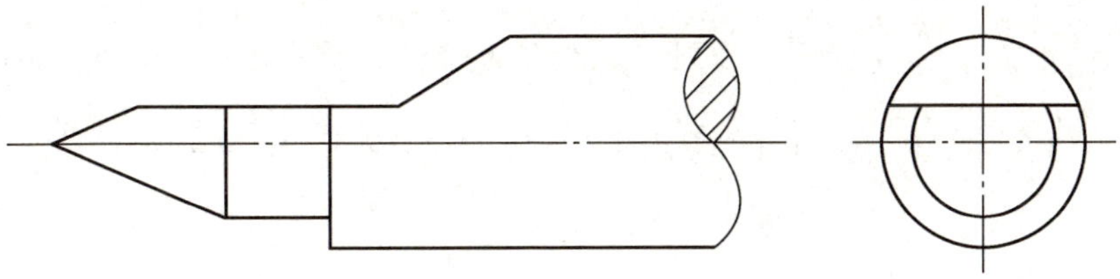

图 5-40　综合训练 3

4. 如图 5-41 所示，按标注尺寸绘制移动压板的主、俯视图。

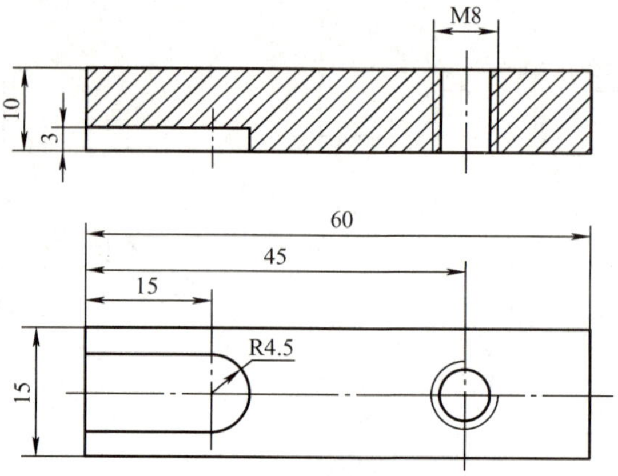

图 5-41 综合训练 4

5. 如图 5-42 所示，按标注尺寸 1：1 抄画零件图，选用合适的图纸，画上图框和标题栏，并标全尺寸和表面粗糙度。

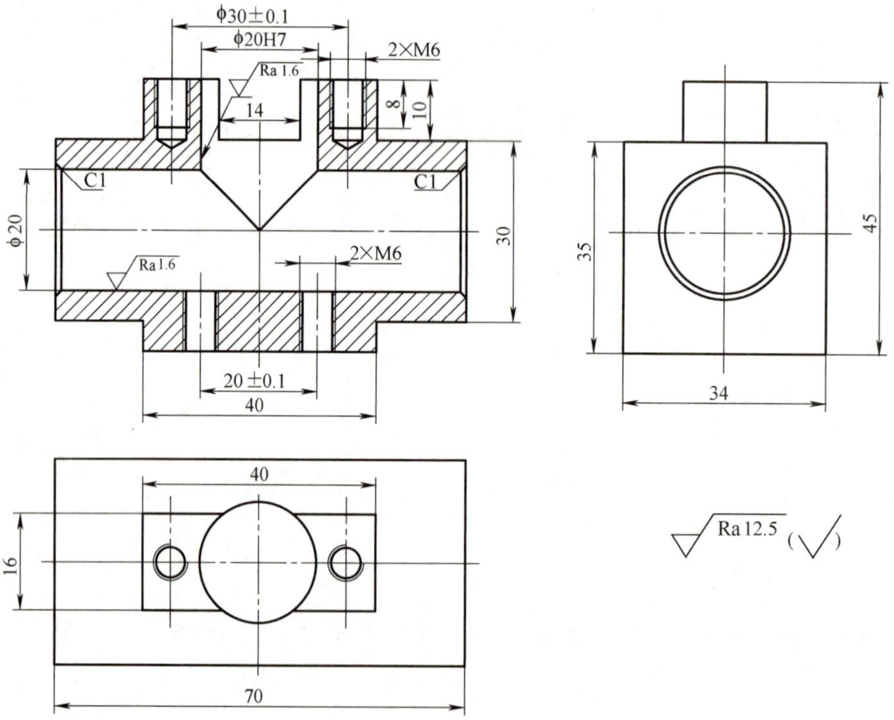

图 5-42 综合训练 5

6. 如图 5-43 所示，绘制螺栓的装配图，并标注尺寸和引出注释。

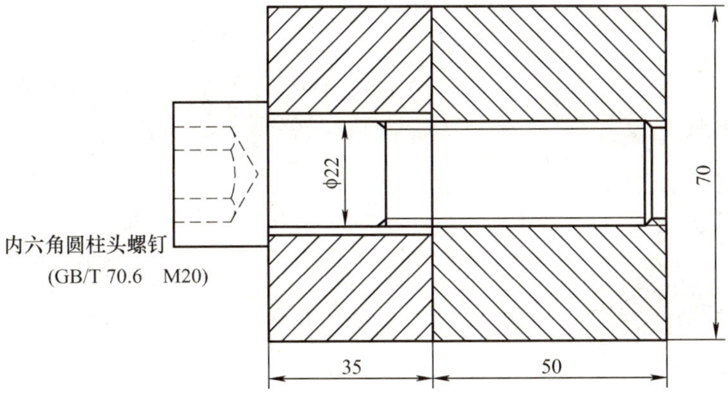

图 5-43　综合训练 6

7. 如图 5-44 所示，画出轴类零件图和断面图，并标注尺寸。

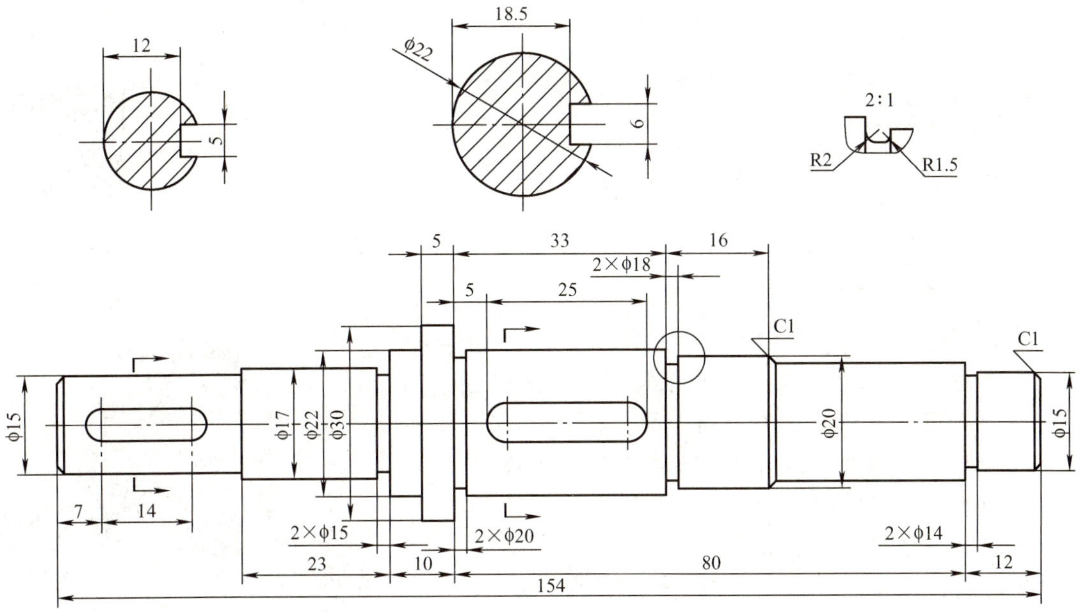

图 5-44　综合训练 7

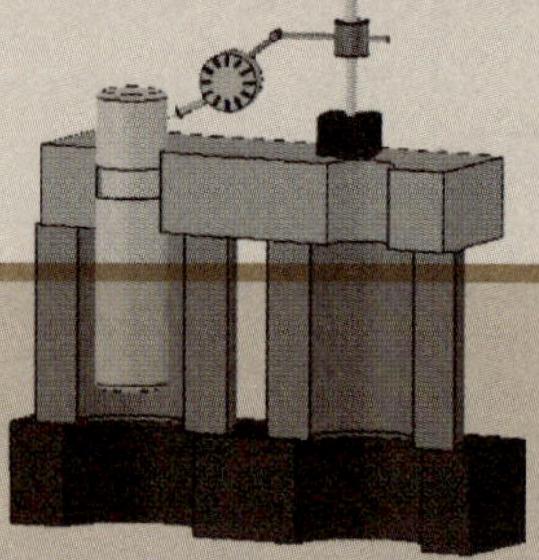

项目六

三维建模

任务一 简单组合体的绘制

任务描述

利用建模功能，绘制图 6-1 所示简单组合体。

6-1 简单组合体的绘制

任务分析

本任务的简单组合体由一圆柱体和长方体组合而成。在绘图过程中要用到三维坐标来定位，用视点、视图来查看图形。本任务是在三维基础空间用长方体和圆柱体命令绘制基本实体，再将基本实体组合起来。

通过本任务的学习，要达到如下目标：

1. 掌握三维坐标系的应用。
2. 掌握三维视点、视图、视觉样式的应用。
3. 掌握通过长方体、圆柱体等命令创建三维实体的方法。
4. 了解三维基础和三维建模工作空间。

图 6-1　简单组合体

任务实施

单击【草图与注释】工作空间中的【三维工具】选项卡→【建模】面板。也可以单击状态栏中的【切换工作空间】按钮右边的小三角，在打开的菜单中单击【三维基础】或者单击【三维建模】转换工作空间。本例转换到【三维基础】工作空间。

1. 绘制长 60mm、宽 40mm、高 8mm 的长方体

单击【默认】选项卡→【创建】面板中的【长方体】按钮，命令行提示如下：

命令：_box
指定第一个角点或［中心（C）］：0，0，0　　　　　（输入坐标）
指定其他角点或［立方体（C）/ 长度（L）］：60，40，8
按〈Enter〉键后单击绘图区左上角的【视图控件】按钮［俯视］，打开菜单，单击【西南等轴测】。

2. 圆角

单击【默认】选项卡→【编辑】面板中的【圆角边】按钮，命令行提示如下：
命令：_filletedge
半径 =1.0000
选择边或［链（C）/ 环（L）/ 半径（R）］：　　　　（单击高度为 8mm 的四条边）
选择边或［链（C）/ 环（L）/ 半径（R）］：　　　　（单击第一条边）
选择边或［链（C）/ 环（L）/ 半径（R）］：　　　　（单击第二条边）
选择边或［链（C）/ 环（L）/ 半径（R）］：　　　　（单击第三条边）
选择边或［链（C）/ 环（L）/ 半径（R）］：r　　　　（单击第四条边后输入“r”）
输入圆角半径或［表达式（E）］〈1.0000〉：10
选择边或［链（C）/ 环（L）/ 半径（R）］：
已选定四条边用于圆角。
按 Enter 键接受圆角或［半径（R）］：
也可以先输入“r”，输入半径“10”，再单击四条边。

3. 绘制圆柱体

单击【默认】选项卡→【创建】面板中的【长方体】按钮下面的小三角，打开菜单单击【圆柱体】按钮。命令行提示如下：
命令：_cylinder
指定底面的中心点或［三点（3P）/ 两点（2P）/ 切点、切点、半径（T）/ 椭圆（E）］：30，20，8（输入坐标）
指定底面半径或［直径（D）］〈0.0000〉：15
指定高度或［两点（2P）/ 轴端点（A）］〈0.0000〉：30（方向与 Z 轴正方向相同取正值）

4. 并集运算

单击【默认】选项卡→【编辑】面板中的【并集】按钮，命令行提示如下：
命令：_union
选择对象：　　　　（选择绘制好的长方体和圆柱体，按〈Enter〉键完成两实体组合）

5. 绘制圆孔

本组合体有 5 个圆孔，其中底面平板有 4 个圆孔，圆柱体有 1 个圆孔，皆为通孔。其绘制步骤如下：

1）利用圆柱体命令分别绘制 5 个圆柱体；大圆柱体半径为 10mm，小圆柱体半径为 3mm。

2）将绘制好的圆柱体移动到底面 4 个圆心和圆柱体顶面的圆心处（开启对象捕捉功能，捕捉圆心），也可以捕捉圆心直接在原位置上绘制。

6. 差集运算

将这 5 个圆柱体减去，完成操作。单击【默认】选项卡→【编辑】面板中的【差集】按钮。

命令：_subtract
选择要从中减去的实体、曲面和面域 ...
选择对象：找到 1 个　　（选择并集的实体）
选择对象：
选择要减去的实体、曲面和面域 ...
选择对象：找到 1 个　　（单击第一个小圆柱）
选择对象：找到 1 个，总计 2 个　　（单击第二个小圆柱）
选择对象：找到 1 个，总计 3 个　　（单击第三个小圆柱）
选择对象：找到 1 个，总计 4 个　　（单击第四个小圆柱）
选择对象：找到 1 个，总计 5 个　　（单击大圆柱中的小圆柱，按〈Enter〉键）
选择对象：

操作技巧

➢ 长方体的各边应与当前 UCS 的 X、Y 和 Z 轴方向平行，正方向为正值，负值则表示沿坐标轴的负方向创建长方体。

➢ 圆柱体的底面应与 XY 面平行，高与 Z 轴平行，高为负值表示与 Z 轴正方向相反。

➢ 绘制底孔圆柱时可以只绘制一个圆柱，其他的圆柱采用复制的方法绘制。

➢ 在对实体进行布尔运算时，一般应先做并集运算，再做差集运算。

➢ 单击【工具】菜单→【选项板】→【工具选项板】→【建模】选项卡，可以创建椭圆柱体、平截面圆锥体、平截头棱锥体等。

知识链接

一、设置三维绘图环境

1. 三维坐标系

（1）世界坐标系　它也被称作绝对坐标系，它的原点和方向始终保持不变。三维世界坐标系是在二维世界坐标系的基础上增加 Z 轴而形成的。调用三维坐标系，可单击【草图与注释】工作空间中的【三维工具】选项卡→【坐标】面板中的【UCS，世界】按钮，或者单击【三维建模】工作空间中的【常用】选项卡→【坐标】面板中的【UCS，世界】按钮，或者单击【三维基础】工作空间中的【默认】选项卡→【坐标】面板中的【UCS，世界】按钮，再或者直接在命令行中输入 UCS 后按〈Enter〉键。

（2）用户坐标系　它是一种可变的坐标系，定义一个用户坐标系即可改变原点的位置，以及 XY 平面和 Z 轴的方向。可以单击【三维基础】工作空间中的【可视化】选项卡→【坐标】面板中的【原点】按钮，或者单击【三维建模】工作空间中的【常用】

选项卡→【坐标】面板中的【原点】按钮，或者单击【草图与注释】工作空间中的【可视化】选项卡→【坐标】面板中的【原点】按钮，或者在命令行中输入 UCS 后按〈Enter〉键，还可以选择【工具】菜单→【新建 UCS】→【原点】命令。

2. 三维视点和视图

（1）视点　视点可用于在三维模型空间中观察模型的方向。对于三维模型，可以从任何方向进行观察，通过设置不同的三维观察视点，可以观察模型的不同侧面效果。在视点空间中，包含十字光标、指南针和三轴架三个要素。找出视点，可选择【视图】菜单→【三维视图】→【视点】命令，或者在命令行中输入 VPOINT 后按〈Enter〉键。

（2）视点预设　在三维视图中，要从各个方向查看图形，就需要不断变化视点，用户可以通过视点预设命令来设置视点。找出视点预设，可选择【视图】菜单→【三维视图】→【视点预设】命令，或者在命令行中输入 DDVPOINT 后按〈Enter〉键。

（3）三维动态观察器　用户利用三维动态观察器可以实时地控制和改变当前视口中创建的三维视图，以得到期望的效果。动态观察分为三类：受约束的动态观察、自由动态观察、连续动态观察。找出三维动态观察器，可选择【视图】菜单→【动态观察】→【受约束的动态观察】命令，或者单击【草图与注释】工作空间中的【视图】选项卡→【导航】面板中的【动态观察】按钮动态观察，或者单击【三维基础】工作空间中的【视图】选项卡→【导航】面板中的【动态观察】按钮动态观察，或者单击【三维建模】工作空间中的【视图】选项卡→【导航】面板中的【动态观察】按钮动态观察，也可以选择【工具】菜单→【工具栏】→【AutoCAD】→【动态观察】命令。

（4）三维标准视图　用户可以按照标准设置的三维视图观察模型。可以选择【视图】→【三维视图】命令，还可以单击【草图与注释】工作空间中的【视图控件】按钮。

3. 视觉样式显示

视觉样式用来控制视口中模型的显示效果，相关联的视口会自动更新，【视觉样式管理器】能显示图形中可用的所有视觉样式。找出视觉样式显示，可选择【视图】菜单→【视觉样式】命令，或者单击【视图】菜单→【视觉样式】→【视觉样式管理器】命令打开管理器对话框进行设置，或者选择【草图与注释】工作空间中的【视图】选项卡→【视觉样式】面板→【二维线框】→【视觉样式管理器】命令。在【三维基础】工作空间单击【默认】选项卡→【图层和视图】面板→【视觉样式】→【二维线框】→【视觉样式管理器】命令，在【可视化】选项卡中也有【视觉样式】面板。在【三维建模】工作空间中单击【常用】选项卡→【视图】面板→【二维线框】右边小三角，打开菜单选择【视觉样式管理器】命令。

二、创建长方体

1. 操作方法

（1）菜单栏　选择【绘图】→【建模】→【长方体】命令。

（2）功能区　单击【三维基础】工作空间中的【默认】选项卡→【创建】面板中的【长方体】按钮，或者单击【三维建模】工作空间中的【常用】选项卡→【建模】面板中的【长方体】按钮（或者【实体】选项卡→【图元】面板），还可以单击【草图与注释】工作空间中的【三维工具】选项卡→【建模】面板中的【长方体】按钮。

（3）命令行　BOX。

2. 操作步骤

命令：_box

指定第一个角点或［中心（C）]：

指定其他角点或［立方体（C）/ 长度（L）]：

指定高度或［两点（2P）]：

3. 选项说明

1）立方体（C）：用于创建长、宽、高相等的长方体（立方体）。

2）长度（L）：按要求输入长、宽、高的值。

3）中心点（C）：利用指定的中心点创建长方体。

4）两点（2P）：两点之间的距离为高度。

三、创建圆柱体

1. 操作方法

（1）菜单栏　选择【绘图】→【建模】→【圆柱体】命令。

（2）功能区　单击【三维基础】工作空间中的【默认】选项卡→【创建】面板中的【长方体】按钮小三角→单击【圆柱体】按钮，或者单击【三维建模】工作空间中的【常用】选项卡→【建模】面板中的【长方体】按钮小三角→单击【圆柱体】按钮（或者【实体】选项卡→【图元】面板），还可以单击【草图与注释】工作空间中的【三维工具】选项卡→【建模】面板中的【长方体】按钮小三角→单击【圆柱体】按钮。

（3）命令行　CYLINDER。

2. 操作步骤

命令：_cylinder

指定底面的中心点或［三点（3P）/ 两点（2P）/ 切点、切点、半径（T）/ 椭圆（E）]：

指定底面半径或［直径（D）]：

指定高度或［两点（2P）/ 轴端点（A）]：

3. 选项说明

1）椭圆（E）：创建椭圆柱体。

2）轴端点（A）：轴线上另一个端点位置。

其他基本实体的创建方法和步骤与创建长方体类似，用户在操作练习中会逐步学习。

四、圆角

为实体对象的边制作圆角。

1. 操作方法

（1）菜单栏　选择【修改】→【实体编辑】→【圆角边】命令。

（2）功能区　单击【草图与注释】工作空间中的【三维工具】选项卡→【实体编辑】面板中的【圆角边】按钮，或者单击【三维基础】工作空间中的【默认】选项卡→【编辑】面板中的【圆角边】按钮，或者单击【三维建模】工作空间中的【实体】选项卡→【实体编辑】面板中的【圆角边】按钮（或者【实体】选项卡→【图元】面板）。

（3）命令行　FILLETEDGE。

2. 操作步骤

命令：_filletedge

选择边或［链（C）/ 环（L）/ 半径（R）]:（单击要圆角的边）

按 Enter 键接受圆角或［半径（R）]：r

指定半径或［表达式（E）]〈1.0000〉:（输入圆角半径）

3. 选项说明

1）选择边：选择需要圆角的实体的边。

2）链（C）：可选择相互连接的一系列边同时圆角。

3）环（L）：可选择同一平面的封闭边组成一个环，同时圆角。

五、布尔运算

布尔运算可把多个基本实体组合生成一个新的实体，它包括并集、差集、交集三种运算方式。并集可将多个实体集合在一起，差集可从某个实体中减去一个或多个实体，交集是运算实体之间的重叠部分。

（一）并集运算

1. 操作方法

并集运算是将两个或两个以上的实体组合成一个实体。

（1）菜单栏　选择【修改】→【实体编辑】→【并集】命令。

（2）功能区　单击【草图与注释】工作空间中的【三维工具】选项卡→【实体编辑】面板中的【并集】按钮，或者单击【三维基础】工作空间中的【默认】选项卡→【编辑】面板中的【并集】按钮，或者单击【三维建模】工作空间中的【实体】选项卡→【布尔值】面板中的【并集】按钮。

（3）命令行　UNION。

2. 操作步骤

命令：_union

选择对象：

3. 选项说明

选择两个或两个以上待组合的实体，单击鼠标右键确认或按〈Enter〉键可以进行实体组合，如图 6-2 所示。

图 6-2　并集运算

（二）差集运算

差集运算是从一个实体中减去另一个实体，从而得到一个新的实体。

1. 操作方法

（1）菜单栏　选择【修改】→【实体编辑】→【差集】命令。

（2）功能区　单击【草图与注释】工作空间中的【三维工具】选项卡→【实体编辑】面板中的【差集】按钮，或者单击【三维基础】工作空间中的【默认】选项卡→【编辑】

面板中的【差集】按钮，或者单击【三维建模】工作空间中的【实体】选项卡→【布尔值】面板中的【差集】按钮。

（3）命令行　SUBTRACT。

2. 操作步骤

命令：_subtract

选择对象：

选择对象：

3. 选项说明

首先选择被减去的实体，单击鼠标右键确认或按〈Enter〉键完成选择，再选择要减去的实体，单击鼠标右键或按〈Enter〉键完成选择，如图 6-3 所示。

图 6-3　差集运算

（三）交集运算

1. 操作方法

交集运算可获取两相交实体的公共部分。

（1）菜单栏　选择【修改】→【实体编辑】→【交集】命令。

（2）功能区　单击【草图与注释】工作空间中的【三维工具】选项卡→【实体编辑】面板中的【交集】按钮，或者单击【三维基础】工作空间中的【默认】选项卡→【编辑】面板中的【交集】按钮，或者单击【三维建模】工作空间中的【实体】选项卡→【布尔值】面板中的【交集】按钮。

（3）命令行　INTERSECT。

2. 操作步骤

命令：_intersect

选择对象：

3. 选项说明

选择两个或两个以上相交的实体，单击鼠标右键确认或按〈Enter〉键完成选择可以求以上实体的交集，如图 6-4 所示。

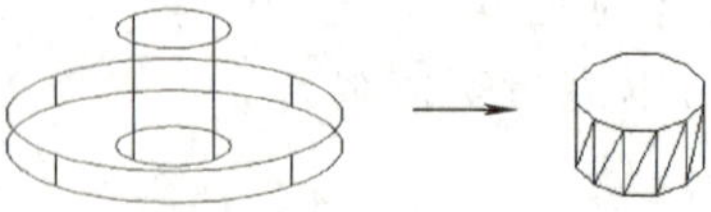

图 6-4　交集运算

六、创建圆锥体

以圆或者椭圆为底面，以对称方式构建三维实心圆锥体。

1. 操作方法

（1）菜单栏　选择【绘图】→【建模】→【圆锥体】命令。

（2）功能区　单击【草图与注释】工作空间中的【三维工具】选项卡→【建模】面

板中的【长方体】按钮小三角→【圆锥体】按钮，或者单击【三维基础】工作空间中的【默认】选项卡→【创建】面板中的【长方体】按钮小三角→【圆锥体】按钮，或者单击【三维建模】工作空间中的【常用】选项卡→【建模】面板中的【长方体】按钮小三角→【圆锥体】按钮（或者【实体】选项卡→【图元】面板）。

（3）命令行　CONE。

2. 操作步骤

命令：_cone

指定底面的中心点或［三点（3P）/两点（2P）/切点、切点、半径（T）/椭圆（E）］：（输入中心点坐标或者捕捉某个点）

指定底面半径或［直径（D）］：　（输入底面半径）

指定高度或［两点（2P）/轴端点（A）/顶面半径（T）］：（输入圆锥体的高度）

3. 选项说明：

1）椭圆（E）：创建椭圆锥体。

2）轴端点（A）：轴线上另一个端点位置。

3）顶面半径（T）：顶面半径如果为0则创建圆锥体，如果不为0则创建圆台。

七、创建棱锥体

以选定的基点为中心，给定侧面数和底面圆半径，创建三维实心棱锥体。

1. 操作方法

（1）菜单栏　选择【绘图】→【建模】→【棱锥体】命令。

（2）功能区　单击【草图与注释】工作空间中的【三维工具】选项卡→【建模】面板中的【长方体】按钮小三角→【棱锥体】按钮，或者单击【三维基础】工作空间中的【默认】选项卡→【创建】面板中的【长方体】按钮小三角→【棱锥体】按钮，或者单击【三维建模】工作空间中的【常用】选项卡→【建模】面板中的【长方体】按钮小三角→【棱锥体】按钮（或者【实体】选项卡→【图元】面板）。

（3）命令行　PYRAMID。

2. 操作步骤

命令：_pyramid

4个侧面　外切

指定底面的中心点或［边（E）/侧面（S）］：（输入底面中心点坐标或捕捉某点）

指定底面半径或［内接（I）］：

指定高度或［两点（2P）/轴端点（A）/顶面半径（T）］：

3. 选项说明

1）侧面（S）：棱锥体的侧面数，输入“s”后可改变侧面数。

2）底面的中心点：棱锥体在底面的中心点，也是构建棱锥体的基点。

3）顶面半径（T）：设置顶面半径值，可构建棱锥台。

4）边（E）：输入或者捕捉底边两点的坐标。

5）内接（I）：内接于圆的半径。

八、创建楔体

1. 操作方法

（1）菜单栏 选择【绘图】→【建模】→【棱锥体】命令。

（2）功能区 单击【草图与注释】工作空间中的【三维工具】选项卡→【建模】面板中的【长方体】按钮小三角→【楔体】按钮，或者单击【三维基础】工作空间中的【默认】选项卡→【创建】面板中的【长方体】按钮小三角→【楔体】按钮，或者单击【三维建模】工作空间中的【常用】选项卡→【建模】面板中的【长方体】按钮小三角→【楔体】按钮（或者【实体】选项卡→【图元】面板）。

（3）命令行 WEDGE。

2. 操作步骤

命令：_wedge

指定第一个角点或［中心（C）］： （输入底面一个角点坐标或捕捉点）

指定其他角点或［立方体（C）/ 长度（L）］： （输入其他角点坐标或捕捉点）

指定高度或［两点（2P）］： （输入楔体的高度）

3. 选项说明

1）中心（C）：楔体斜面的中心点。

2）立方体（C）：楔体是 1/2 正方体，可以用正方体绘制。

3）长度（L）：底面长度。

4）两点（2P）：利用两点坐标确定高度，或捕捉两点。

九、绘制基本三维网格

1. 操作方法

（1）菜单栏 选择【绘图】→【建模】→【网格】→【图元】命令→。

（2）功能区 单击【三维基础】工作空间中的【默认】选项卡→【创建】面板中的，或者单击【三维建模】工作空间中的【常用】选项卡→【建模】面板中的，也可以单击【网格】选项卡→【图元】面板中的网格长方体按钮，或者单击【草图与注释】工作空间中的【三维工具】选项卡→【建模】面板中的。

2. 操作步骤

与创建长方体、圆柱体、圆锥体等的操作步骤类似。

任务考核

一、操作训练

用长方体、圆柱、楔体创建图 6-5a 所示实体。由球体、圆锥体、圆环体、八棱锥体通过布尔运算组合成图 6-5b 所示实体，尺寸自定。

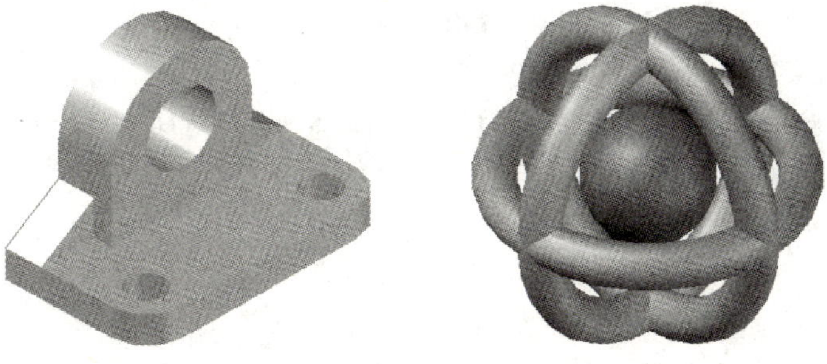

图 6-5　简单组合体

二、思考与练习

1.AutoCAD 2020 中还有哪些常见的基本形体？

2. 什么是视觉样式显示？它有哪些类别？

任务二　弹簧的绘制

任务描述

创建图 6-6 所示弹簧的实体模型。

6-2 弹簧的绘制

任务分析

弹簧是一种利用弹性来工作的机械零件，一般用弹簧钢制成，用以控制机件的运动、缓和冲击或振动。本任务是绘制弹簧，首先要用螺旋命令绘制螺旋线，再绘制扫掠对象，如圆、矩形等，螺旋线为扫掠路径。

通过本任务的学习，要达到如下目标：

1. 掌握用螺旋、扫掠命令创建弹簧的方法。
2. 掌握用放样、按住并拖动命令创建实体的方法。
3. 掌握创建三维网格模型的方法。

图 6-6　弹簧

任务实施

1. 绘制螺旋线

将视图设为西南等轴测图，单击【绘图】菜单中的【螺旋】按钮，命令行提示如下：

命令：_helix

圈数 =3.0000　扭曲 =CCW

指定底面的中心点：0，0，0

指定底面半径或［直径（D）］〈1.0000〉：40
指定顶面半径或［直径（D）］〈40.0000〉：
指定螺旋高度或［轴端点（A）/ 圈数（T）/ 圈高（H）/ 扭曲（W）］〈1.0000〉：t
输入圈数〈3.0000〉：8
指定螺旋高度或［轴端点（A）/ 圈数（T）/ 圈高（H）/ 扭曲（W）］〈1.0000〉：150

2. 绘制圆

将视图设为前视图，以螺旋端点为圆心，绘制半径为 5mm 的圆。

3. 扫掠

单击【默认】选项卡【创建】面板中的【扫掠】按钮，命令行提示如下：
命令：_sweep
当前线框密度：ISOLINES=8，闭合轮廓创建模式 = 实体
选择要扫掠的对象或［模式（MO）］：_MO
闭合轮廓创建模式［实体（SO）/ 曲面（SU）］〈实体〉：_SO
选择要扫掠的对象或［模式（MO）］：找到 1 个（选择圆）
选择要扫掠的对象或［模式（MO）］：
选择扫掠路径或［对齐（A）/ 基点（B）/ 比例（S）/ 扭曲（T）］：（选择螺旋线）

选择【视图】菜单→【三维视图】→【西南等轴测】命令，再选择【视图】菜单→【视觉样式】中合适的视图样式。或者单击导航栏中的【动态观察】按钮，用动态观察器观察。也可以在【默认】选项卡→【图层和视图】面板→【视觉样式】中选择合适的视觉样式。

操作技巧

➢ 扫掠主要用于沿指定路径以指定轮廓的形状创建实体或曲面，可以扫掠多个对象，但是这些对象必须在同一平面内。如果沿一条路径扫掠闭合的曲线，则生成实体。

➢ 若沿路径放样，则路径曲线必须与横截面的所有平面相交。

知识链接

一、螺旋

此命令用于创建螺旋线。

1. 操作方法

（1）菜单栏　选择【绘图】→【螺旋】命令。

（2）工具栏　单击【三维建模】工作空间中的【常用】选项卡→【绘图】面板中的【螺旋】按钮，或者单击【建模】面板中的【螺旋】按钮。

（3）命令行　HELIX。

除此之外，在【工具选项板】中可以创建圆柱形螺旋。

2. 操作步骤

命令：_helix
圈数 =3.0000　扭曲 =CCW

指定底面的中心点：

指定底面半径或［直径（D）］：

指定顶面半径或［直径（D）］：

指定螺旋高度或［轴端点（A）/ 圈数（T）/ 圈高（H）/ 扭曲（W）］：

3. 选项说明

1）轴端点（A）：在默认的情况下，无论光标向哪个方向移动，螺旋线只会沿着 Z 轴方向上下移动，当移动到输入轴端点（A）时，螺旋线会沿着光标指定的方向做实时移动。

2）圈数（T）和圈高（H）：圈数是指螺旋线有几圈，圈高是指最上圈和最下圈的间距。

3）扭曲（W）：可以通过扭曲选项指定螺旋线是顺时针（CW）方向旋转，还是逆时针（CCW）方向旋转。

二、扫掠

1. 操作方法

此命令可以沿开放或闭合的二维或三维路径扫掠开放或闭合的平面曲线，以创建新实体或曲面。

（1）菜单栏　选择【绘图】→【建模】→【扫掠】命令。

（2）功能区　单击【草图与注释】工作空间中的【三维工具】选项卡→【建模】面板中的【扫掠】按钮，或者单击【三维基础】工作空间中的【默认】选项卡→【创建】面板中的【扫掠】按钮，或者单击【三维建模】工作空间中的【常用】选项卡→【建模】面板中的【扫掠】按钮（或者【实体】选项卡→【实体】面板中的【扫掠】按钮）。

（3）命令行　SWEEP。

2. 操作步骤

命令：_sweep

当前线框密度：ISOLINES=4，闭合轮廓创建模式 = 实体

选择要扫掠的对象或［模式（MO）］：_MO 闭合轮廓创建模式［实体（SO）/ 曲面（SU）］〈实体〉：_SO

选择要扫掠的对象或［模式（MO）］：找到 1 个

选择要扫掠的对象或［模式（MO）］：

选择扫掠路径或［对齐（A）/ 基点（B）/ 比例（S）/ 扭曲（T）］：

3. 选项说明

1）对齐（A）：指定是否对齐轮廓，使其作为扫掠路径切向的法向。

2）基点（B）：指定要扫掠对象的基点。如果指定的点不在选定对象所在的平面上，则该点将被投影到该平面上。

3）比例（S）：指定比例因子进行扫掠操作。从扫掠路径的开始到结束，比例因子将统一应用到扫掠的对象上。

4）扭曲（T）：设置被扫掠对象的扭曲角度。扭曲角度指定沿扫掠路径全部长度的旋转量。图 6-7a 所示为绘制的正四边形和一条路径，图 6-7b 所示为将原对象沿路径扫掠时不扭曲的结果，图 6-7c 所示为扫掠时扭曲 45° 的结果。

三、放样

放样是指在数个横截面之间的空间中创建三维实体或曲面，在放样时横截面不能少于两个，如图 6-8 所示。

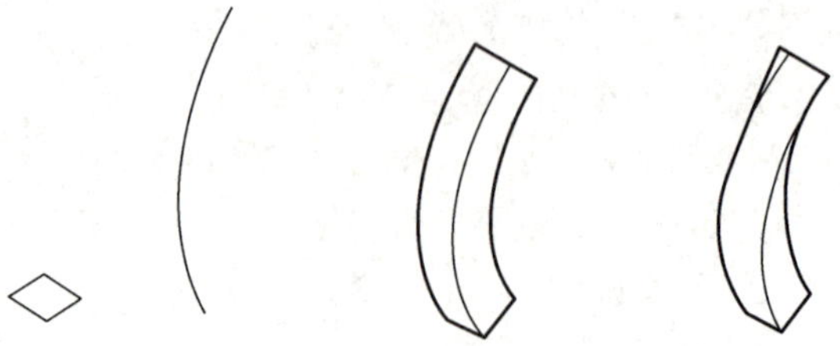

a)　　b)　　c)

图 6-7　扭曲扫掠

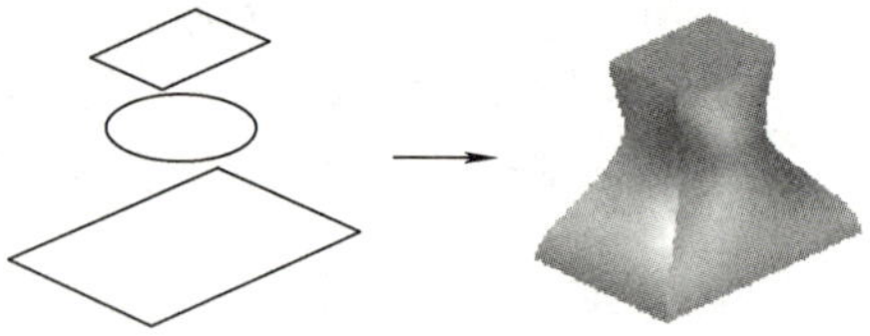

图 6-8　放样

（1）菜单栏　选择【绘图】菜单→【建模】→【放样】命令。

（2）功能区　单击【草图与注释】工作空间中的【三维工具】选项卡→【建模】面板中的【放样】按钮，或者单击【三维基础】工作空间中的【默认】选项卡→【创建】面板中的【放样】按钮，或者单击【三维建模】工作空间中的【常用】选项卡→【建模】面板中的【放样】按钮（或者【实体】选项卡→【实体】面板中的【放样】按钮）。

（3）命令行　LOFT。

四、按住并拖动

1. 操作方法

（1）功能区　单击【草图与注释】工作空间中的【三维工具】选项卡→【实体编辑】面板中的【按住并拖动】按钮 按住并拖动，或者单击【三维基础】工作空间中的【默认】选项卡→【创建】面板中的【按住并拖动】按钮，或者单击【三维建模】工作空间中的【常用】选项卡→【建模】面板中的【按住并拖动】按钮（或者单击【实体】选项卡→【实体】面板中的【按住并拖动】按钮 按住并拖动）。

（2）命令行　PRESSPULL。

2. 操作说明

选择区域后，按住鼠标左键拖动，该区域就会进行拉伸变形，如图 6-9 所示。

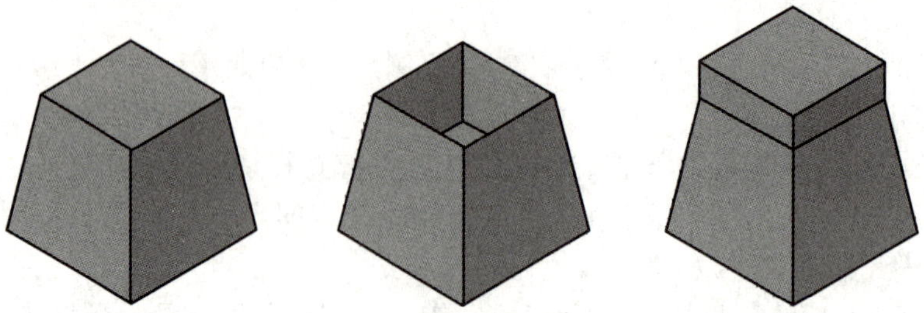

a) 原图　　b) 向下拖动　　c) 向上拖动

图 6-9　按住并拖动

五、创建三维多段体

可以创建具有固定高度和宽度的直线段和曲线段的墙。

1. 操作方法

（1）菜单栏　选择【绘图】→【建模】→【多段体】命令。

（2）功能区　单击【草图与注释】工作空间中的【三维工具】选项卡→【建模】面板中的【长方体】按钮小三角→【多段体】按钮，或者单击【三维基础】工作空间中的【默认】选项卡→【创建】面板中的【长方体】按钮小三角→【多段体】按钮，或者单击【三维建模】工作空间中的【常用】选项卡→【建模】面板中的【多段体】按钮（或者【实体】选项卡→【图元】面板中的【多段体】按钮）。

（3）命令行　POLYSOLID。

2. 操作说明

默认情况下，多段体始终带有一个矩形轮廓，可以指定轮廓的高度和宽度，还可以使用直线、二维多段线、圆弧、圆等创建多段体，如图 6-10 所示。

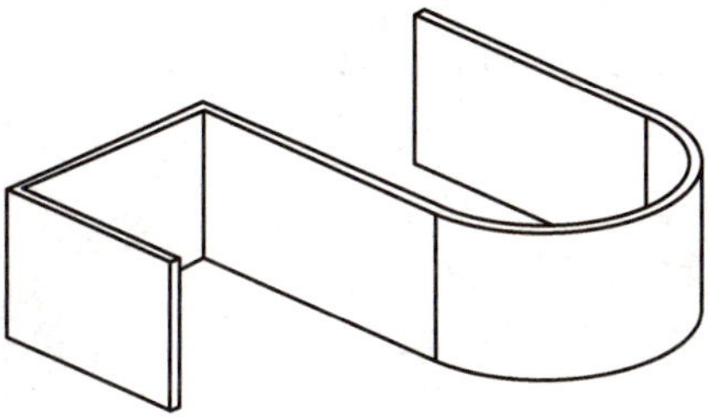

图 6-10　多段体

任务考核

一、操作训练

用圆、圆柱、螺旋线、扫掠、路径阵列等命令绘制旋转楼梯和弹簧，如图 6-11 所示。

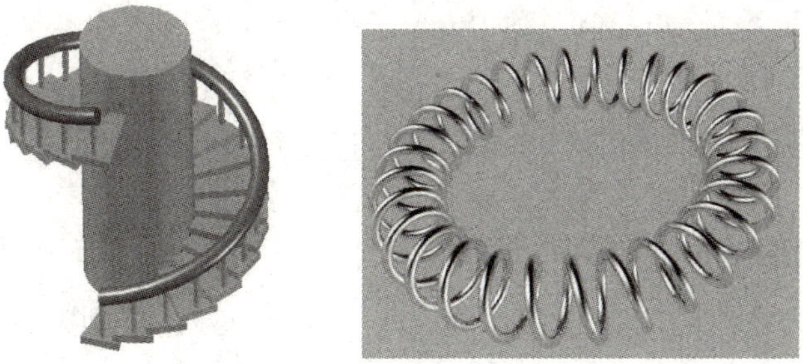

图 6-11　旋转楼梯与弹簧

二、思考与练习

1. 在 AutoCAD 2020 中，扫掠需要哪些要素？
2. 简述三维网格图形的类型及各自功能。

任务三　压轴盖的绘制

任务描述

6-3 压轴盖的绘制

绘制图 6-12 所示压轴盖三维立体图形。

任务分析

本任务主要利用三维建模、实体编辑、剖切等命令绘制压轴盖。压轴盖是由两个长方体、两个圆柱、两个半圆柱体组成的，是通过三维移动、三维镜像、剖切等命令的操作，再通过实体布尔运算构建的一个复杂实体。

通过本任务的学习，要达到如下目标：

1. 掌握三维移动、三维镜像、三维旋转、三维阵列等命令的使用。

2. 掌握剖切等命令的操作并学会三维标注。

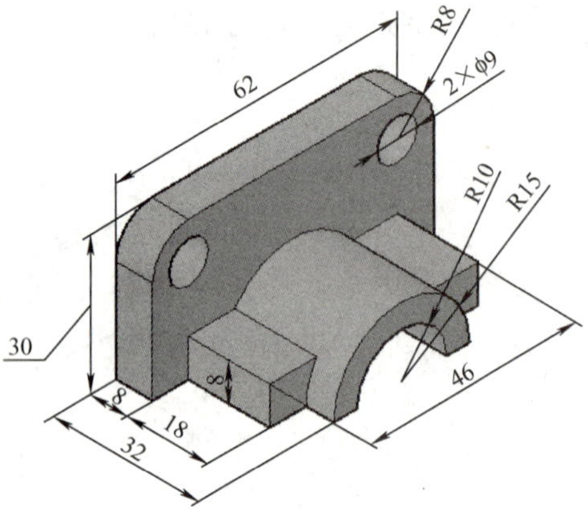

图 6-12　压轴盖

任务实施

1. 长方体的绘制

1）单击【三维建模】工作空间中的【常用】选项卡→【建模】面板中的【长方体】按钮，绘制第一个角点为（0，0，0），长 62mm、宽 8mm、高 30mm 的长方体，再绘制一个第一个角点任意，长 46mm、宽 18mm、高 8mm 的长方体。

2）单击【三维建模】工作空间中的【实体】选项卡→【实体编辑】面板中的【圆角边】按钮，将竖直长方体顶面两个宽 8mm 的直角边进行 R8mm 圆角。

2. 三维移动

单击【三维建模】工作空间中的【常用】选项卡→【修改】面板中的【三维移动】按钮，以小长方体底面左侧棱边的中点为基点，将小长方体移到大长方体的右侧中点处，如图 6-13 所示。

3. 圆柱体的绘制

1）新建用户坐标系，将 XY 面与长方体左侧面平齐。

2）单击【三维建模】工作空间中的【常用】选项卡→【建模】面板中的【圆柱体】按钮，绘制圆柱体，它的圆心坐标为（8，22，0），半径为 4.5mm，高为 8mm。同时以（31，0，0）为圆心、半径为 15mm 和 10mm、高为 32mm 绘制两个圆柱体，如图 6-14 所示。

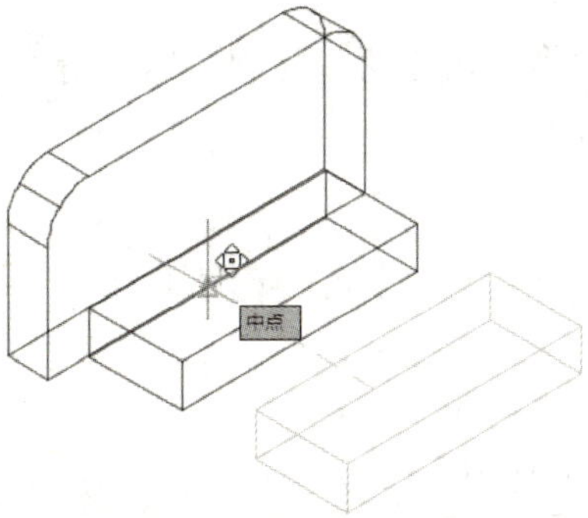

图 6-13 三维移动

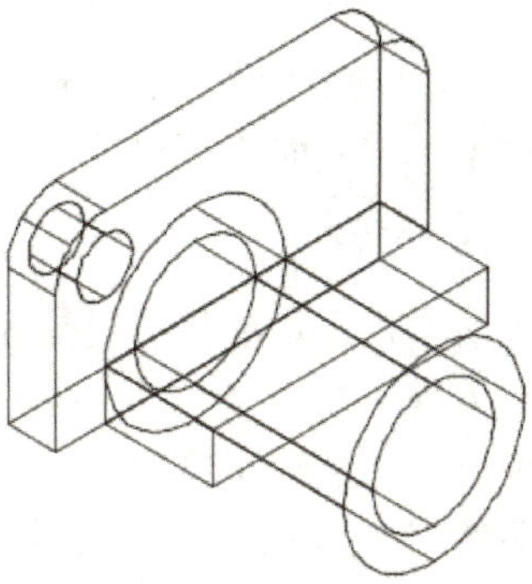

图 6-14 绘制圆柱体

4. 三维镜像

单击【三维建模】工作空间中的【常用】选项卡→【修改】面板中的【三维镜像】按钮，将半径为 4.5mm 的圆柱体镜像。

5. 布尔运算

除两个直径为 9mm 和半径为 10mm 的圆柱体外，求其他所有实体的并集，再求该实体与另三个圆柱体的差集。

6. 剖切

利用剖切命令，将前方打孔的圆柱体剖切掉下半部分。

命令：_slice

选择要剖切的对象：找到 1 个

选择要剖切的对象：

指定切面的起点或［平面对象（O）/ 曲面（S）/Z 轴（Z）/ 视图（V）/XY（XY）/YZ（YZ）/ZX（ZX）/ 三点（3）］〈三点〉：xy （要剖切的平面与 XY 面平行）

指定 XY 平面上的点〈0，0，0〉： （在要剖切的平面上指定两点）

在所需的侧面上指定点或［保留两个侧面（B）］〈保留两个侧面〉：

（在所需的一侧单击一点）

在所需的侧面上指定点或［保留两个侧面（B）］〈保留两个侧面〉：

操作技巧

➢ 新建用户坐标系，将 XY 面移到标注尺寸所在的平面才能标注。可以选择【工具】→【新建 UCS】→【三点】命令来确定 XY 面（或者是旋转 Y 轴）。用标注工具栏中的相应命令进行标注。设置主单位的长度类型为小数，精度为 0。创建标注图层，颜色改为蓝色，线型为细实线。也可以输入 UCS 命令后按〈Enter〉键。

➢ 操作过程中可以选中坐标系，并将光标放在蓝色小方块上，出现菜单，在菜单上选择相应的项来移动或旋转坐标系；也可右击坐标系，在弹出的快捷菜单中选择。

知识链接

在 AutoCAD 2020 中，二维图形编辑中的许多命令（如移动、复制、删除等）同样适用于三维对象，它同时也提供了专业的三维对象编辑工具。

一、三维移动

三维移动是将指定模型通过指定基点和移动距离对三维对象进行移动操作。

1. 操作方法

（1）菜单栏　选择【修改】→【三维操作】→【三维移动】命令。

（2）功能区　单击【三维建模】工作空间中的【常用】选项卡→【修改】面板中的【三维移动】按钮。

（3）命令行　3DMOVE。

2. 操作步骤

命令：_3dmove

选择对象：找到 1 个　　（选择要移动的对象）

选择对象：

指定基点或［位移（D）］〈位移〉：　　（指定基点）

指定第二个点或〈使用第一个点作为位移〉：正在重生成模型。　（移动到目标点）

二、三维镜像

三维镜像是通过一个镜像面来操作的，镜像面可以通过三点确定，可以是对象以及最近定义的面、Z 轴、视图、XY 面、YZ 面和 ZX 面等。

1. 操作方法

（1）菜单栏　选择【修改】→【三维操作】→【三维镜像】命令。

（2）功能区　单击【三维基础】工作空间中的【默认】选项卡→【修改】面板中的【三维镜像】按钮，或者单击【三维建模】工作空间中的【常用】选项卡→【修改】面板中的【三维镜像】按钮。

（3）命令行　MIRROR3D。

2. 操作步骤

命令：_mirror3d

选择对象：找到 1 个

选择对象：

指定镜像平面（三点）的第一个点或［对象（O）/ 最近的（L）/Z 轴（Z）/ 视图（V）/ XY 平面（XY）/YZ 平面（YZ）/ZX 平面（ZX）/ 三点（3）］〈三点〉：

在镜像平面上指定第二点：

在镜像平面上指定第三点：

是否删除源对象？［是（Y）/ 否（N）］〈否〉：

3. 选项说明

1）对象（O）：选择圆、圆弧或二维多段线线段所在的平面作为镜像面。

2）最近的（L）：相对于最后定义的镜像平面对选定的对象进行三维镜像。
3）Z 轴（Z）：利用指定的平面作为镜像平面。
4）视图（V）：指定一个平行于当前视图的平面作为镜像平面。
5）XY\YZ\ZX 平面：指定一个平行于当前坐标系的平面作为镜像平面。

三、剖切

可利用假想的平面对实物进行剖切。

1. 操作方法

（1）菜单栏　选择【修改】→【三维操作】→【剖切】。

（2）功能区　单击【三维基础】工作空间中的【默认】选项卡→【编辑】面板中的【剖切】按钮，或者单击【三维建模】工作空间中的【常用】选项卡→【实体编辑】面板中的【剖切】按钮。

（3）命令行　SLICE。

2. 操作步骤

命令：_slice
选择要剖切的对象：找到 1 个
选择要剖切的对象：
指定切面的起点或［平面对象（O）/ 曲面（S）/Z 轴（Z）/ 视图（V）/XY（XY）/YZ（YZ）/ZX（ZX）/ 三点（3）］〈三点〉：
指定平面上的第二个点：
在所需的侧面上指定点或［保留两个侧面（B）］〈保留两个侧面〉：
如果保留一侧就在该侧单击。

四、三维旋转

该命令可以自由地旋转三维对象或将旋转约束到轴。

1. 操作方法

（1）菜单栏　选择【修改】→【三维操作】→【三维旋转】。

（2）功能区　单击【三维建模】工作空间中的【常用】选项卡→【修改】面板中的【三维旋转】按钮。

（3）命令行　3DROTATE。

2. 操作步骤

命令：_3drotate
UCS 当前的正角方向：ANGDIR= 逆时针　ANGBASE=0
选择对象：找到 1 个
选择对象：（选择要旋转的对象，绘图区显示坐标系图标）
指定基点：（选择一个基准点）
拾取旋转轴：（指定要绕其旋转的轴）
指定角的起点或键入角度：
指定角的端点：正在重生成模型

五、三维阵列

三维阵列工具可以在三维空间中按矩形阵列或环形阵列方式创建三维图形。

1. 操作方法

（1）菜单栏 选择【修改】→【三维操作】→【三维阵列】。

（2）功能区 单击【三维基础】工作空间中的【默认】选项卡→【修改】面板中的【三维镜像】按钮小三角→【三维阵列】按钮，也可选择【环形阵列】按钮及【沿路径阵列】按钮。

（3）命令行 3DARRAY。

2. 操作步骤

（1）矩形阵列

命令：_3darray

选择对象：找到 1 个

选择对象：

输入阵列类型［矩形（R）/ 环形（P）］〈矩形〉：

输入列数（|||）〈1〉：

输入层数（...）〈1〉：

指定行间距（---）：

指定列间距（|||）：

指定层间距（...）：

（2）环形阵列

命令：_3darray

选择对象：找到 1 个

选择对象：

输入阵列类型［矩形（R）/ 环形（P）］〈矩形〉：P

输入阵列中的项目数目：

指定要填充的角度（+= 逆时针，-= 顺时针）〈360〉

旋转阵列对象？［是（Y）/ 否（N）］〈Y〉：

指定阵列的中心点：

指定旋转轴上的第二点：

任务考核

一、操作训练

用长方体、圆柱、剖切、三维移动、阵列、镜像、布尔运算等命令绘制图 6-15a 所示图形，并标注尺寸。建立标注层，颜色为蓝色，线型为细实线。绘制图 6-15b 所示图形，尺寸自定，不需要标注。

二、思考练习

1. 比较三维镜像命令和二维镜像命令的区别。

2. 二维倒角和三维倒角操作上有哪些不同？

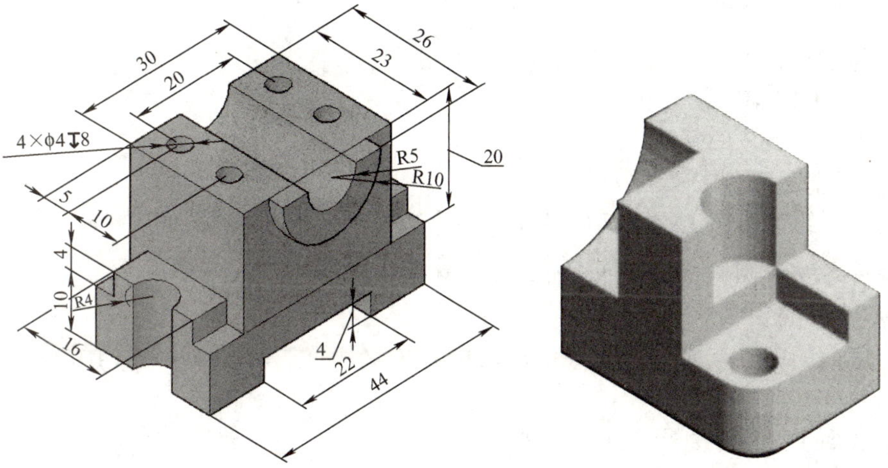

a)　　　　b)

图 6-15　机座

任务四　六角螺母的绘制

任务描述

绘制图 6-16 所示六角螺母。

6-4 六角螺母的绘制

任务分析

六角螺母与螺栓、螺钉配合使用，起连接紧固机件的作用，多用于经常需要装拆的场合及被连接机件的表面空间受限制的场合。六角螺母的绘制具有如下特征：

1）六角螺母由主体外形部分和内螺纹部分组成。

2）任务实施过程中将用到拉伸、拉伸面的知识及剖切、布尔运算等操作来绘制外形部分。

3）绘制内螺纹时还用到了扫掠、螺旋等操作。

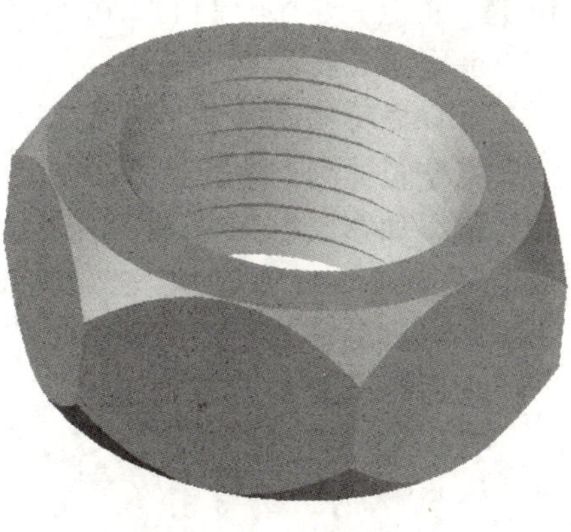

图 6-16　六角螺母

通过本任务的学习，要达到如下目标：

1. 掌握六角螺母的绘制方法。
2. 掌握拉伸和拉伸面的操作。
3. 掌握螺母中螺纹的绘制方法。
4. 掌握拉伸与拉伸面的区别。

任务实施

1. 设置线框密度

命令：ISOLINES

输入 ISOLINES 的新值〈4〉：10

2. 创建圆锥体

单击【三维建模】工作空间中的【常用】选项卡→【建模】面板中的【长方体】按钮小三角→单击【圆锥体】按钮。命令行提示如下：

命令：_cone

指定底面的中心点或［三点（3P）/ 两点（2P）/ 切点、切点、半径（T）/ 椭圆（E）］：0，0，0

指定底面半径或［直径（D）］：12

指定高度或［两点（2P）/ 轴端点（A）/ 顶面半径（T）］：20

切换视图到西南等轴测图，结果如图 6-17 所示。

3. 绘制正六边形

单击【三维建模】工作空间【常用】选项卡→【绘图】面板中的【多边形】按钮，绘制正六边形。命令行提示如下：

命令：_pol

输入侧面数〈4〉：6

指定正多边形的中心点或［边（E）］：　　　　（捕捉圆锥底面圆心）

输入选项［内接于圆（I）/ 外切于圆（C）］〈I〉：　　　　（按〈Enter〉键）

指定圆的半径：12

4. 拉伸正六边形

单击【三维建模】工作空间中的【常用】选项卡→【建模】面板中的【拉伸】按钮，将上一步中绘制的六边形拉伸。命令行提示如下：

命令：_ext

选择要拉伸的对象：(选取正六边形，然后按〈Enter〉键)

指定拉伸的高度或［方向（D）/ 路径（P）/ 倾斜角（T）/ 表达式（E）］：7

结果如图 6-18 所示。

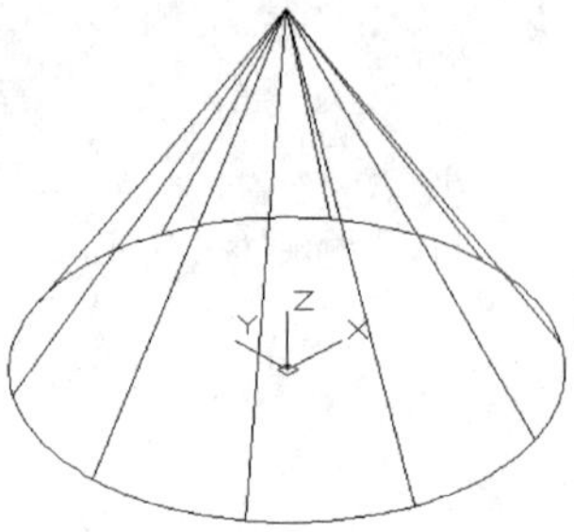

图 6-17　创建圆锥体

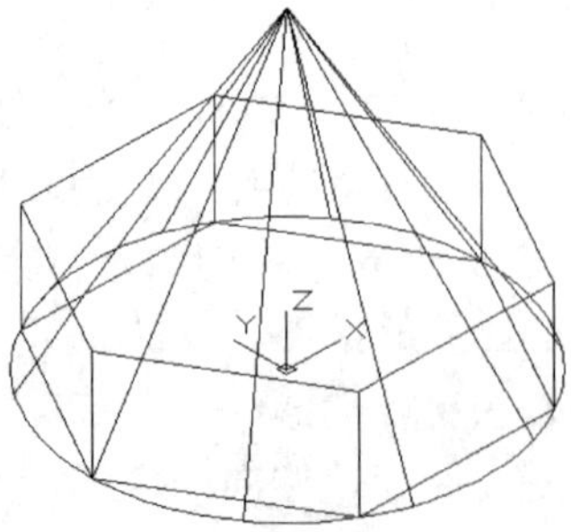

图 6-18　拉伸正六边形

5. 交集运算

单击【三维建模】工作空间中的【常用】选项卡→【实体编辑】面板中的【交集】按钮，将圆锥体和拉伸体进行交集运算。命令行提示如下：

命令：_intersect

选择对象：(分别选取圆锥体及正六棱柱，然后按〈Enter〉键)

结果如图 6-19 所示。

6. 剖切处理和剖切实体

单击【三维建模】工作空间中的【常用】选项卡→【实体编辑】面板中的【剖切】按钮，对形成的实体进行剖切。命令行提示与操作如下：

命令：_slice

选择要剖切的对象：(选取交集运算形成的实体，然后按〈Enter〉键)

指定切面的起点或［平面对象（O）/ 曲面（S）/Z 轴（Z）/ 视图（V）/XY/YZ/ZX/ 三点（3）］〈三点〉：XY　　(切面与 XY 面平行，所以选择 XY)

指定 XY 平面上的点〈0，0，0〉：　　(捕捉曲线的中点，如图 6-20 所示)

在要保留的一侧指定点或［保留两侧（B）］：　　(在中点下方点取一点，保留下部)

结果如图 6-21 所示。

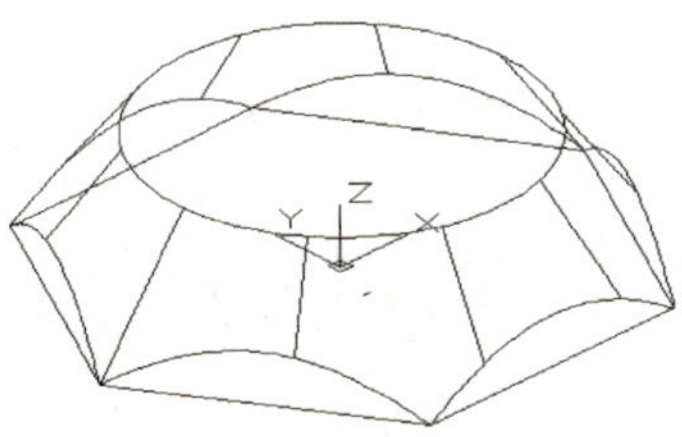

图 6-19　交集运算

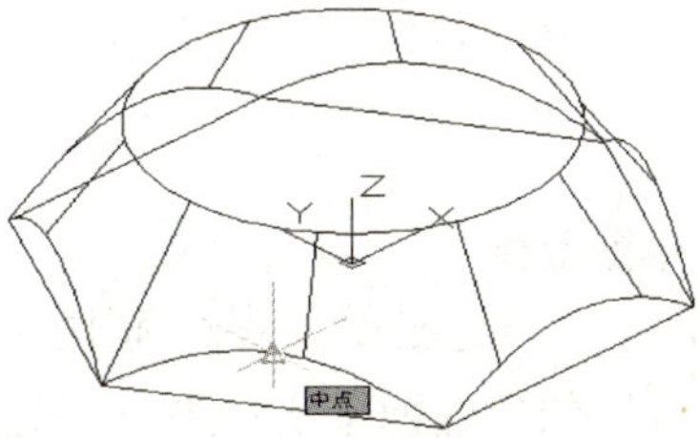

图 6-20　剖切处理

7. 拉伸实体底面

单击【三维建模】工作空间中的【常用】选项卡→【实体编辑】面板中的【拉伸面】按钮，对实体底面进行拉伸，拉伸高度为 2mm。命令行提示与操作如下：

命令：_solidedit

实体编辑自动检查：SOLIDCHECK=1

输入实体编辑选项［面（F）/ 边（E）/ 体（B）/ 放弃（U）/ 退出（X）］〈退出〉：f

输入面编辑选项［拉伸（E）/ 移动（M）/ 旋转（R）/ 偏移（O）/ 倾斜（T）/ 删除（D）/ 复制（C）/ 颜色（L）/ 材质（A）/ 放弃（U）/ 退出（X）］〈退出〉：e

选择面或［放弃（U）/ 删除（R）］：　　(如图 6-22 所示，选取实体底面蓝色发光线，不要将侧面选上)

指定拉伸高度或［路径（P）］：2

指定拉伸的倾斜角度〈0〉：　　(按〈Enter〉键)

结果如图 6-23 所示。

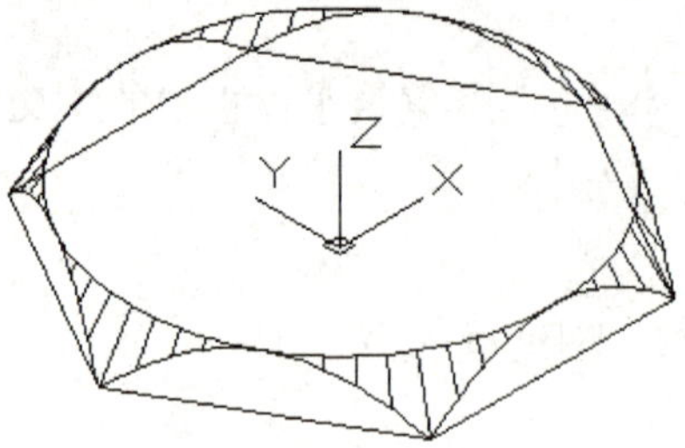

图 6-21　剖切实体

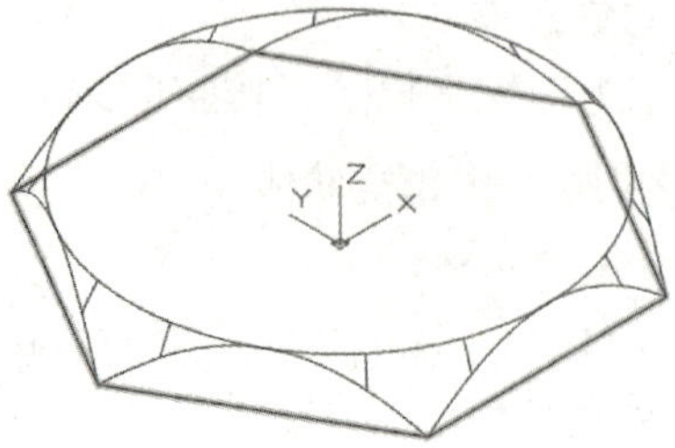

图 6-22　选取底面

8. 镜像实体

单击【三维建模】工作空间中的【常用】选项卡→【修改】面板中的【三维镜像】命令，将实体沿 XY 平面镜像，结果如图 6-24 所示。

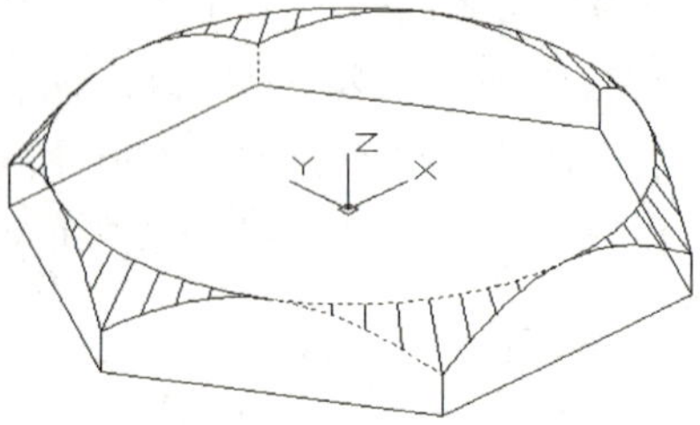

图 6-23　拉伸实体底面

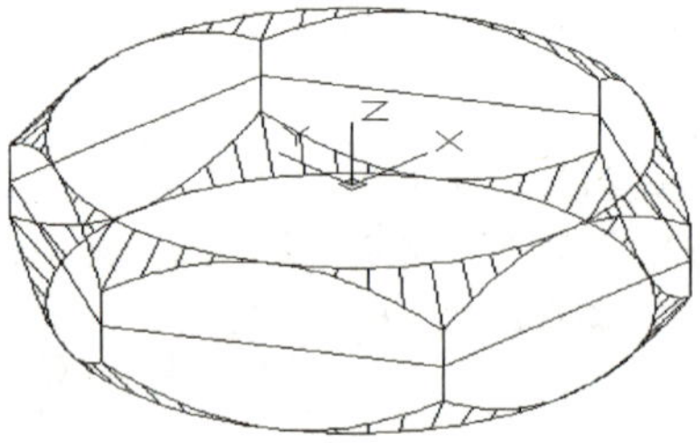

图 6-24　镜像实体

9. 并集运算

单击【三维建模】工作空间中的【常用】选项卡→【实体编辑】面板中的【并集】按钮，将镜像后的两个实体进行并集运算。

10. 创建螺纹

1）单击【三维建模】工作空间【常用】选项卡→【建模】面板中的【长方体】按钮→【圆柱体】按钮。

命令：_cylinder

指定底面的中心点或［三点（3P）/ 两点（2P）/ 切点、切点、半径（T）/ 椭圆（E）］:

（在任意一点单击）

指定底面半径或［直径（D）］：8

指定高度或［两点（2P）/ 轴端点（A）］：15

2）单击【绘图】菜单→【螺旋】按钮。

命令：_helix

圈数 =3.0000　扭曲 =CCW

指定底面的中心点：　　（捕捉圆柱底面圆心）

指定底面半径或［直径（D）］〈1.0000〉：8

指定顶面半径或［直径（D）］〈8.0000〉：　　（按〈Enter〉键）

指定螺旋高度或［轴端点（A）/ 圈数（T）/ 圈高（H）/ 扭曲（W）］〈1.0000〉：T

输入圈数〈3.0000〉：16

指定螺旋高度或［轴端点（A）/ 圈数（T）/ 圈高（H）/ 扭曲（W）］〈1.0000〉：20

在圆柱体外面画一个螺旋线。

3）新建图层 1，将圆柱体放在图层 1 中并单击【灯泡】和【锁】按钮关闭并锁定图层，只看到螺旋线。

4）新建 UCS，将原点移到螺旋线的端点上并改变方向，如图 6-25 所示。

5）用多段线或者直线绘制底边边长 AB 为 1mm 的正三角形，AB 中点为原点，C 为 X 轴上的点，并将其设为面域，如图 6-26 所示。

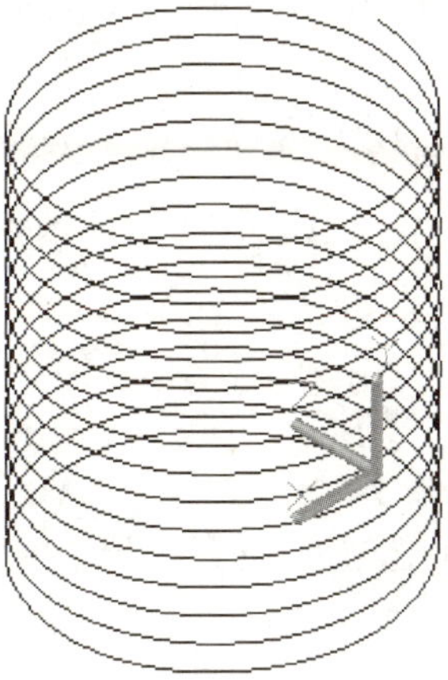

图 6-25　移动 UCS 坐标

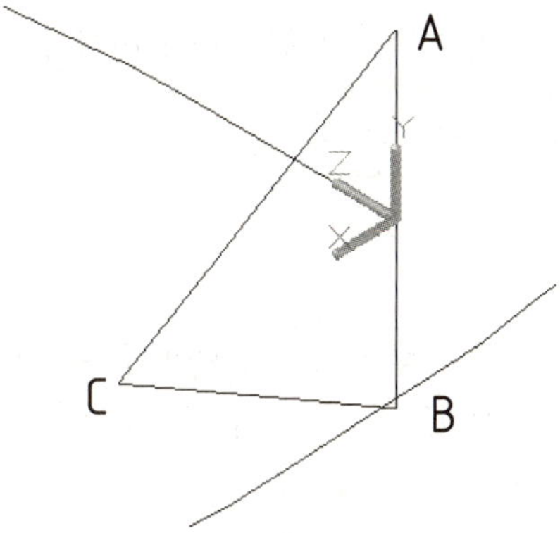

图 6-26　绘制三角形

6）新建 UCS，将其绕 X 轴旋转 90°。使 Z 轴正方向朝下。

当前 UCS 名称：

指定 UCS 的原点或［面（F）/ 命名（NA）/ 对象（OB）/ 上一个（P）/ 视图（V）/ 世界（W）/X/Y/Z/Z 轴（ZA）］〈世界〉：x

指定绕 X 轴的旋转角度〈90〉：

7）单击【三维建模】工作空间中的【常用】选项卡→【建模】面板中的【扫掠】按钮，对正三角形进行路径为螺旋线的扫掠操作，效果如图 6-27 所示，并将图层 1 隐藏的圆柱体显示出来。

8）求圆柱体和螺旋体的差集，要减去的实体为螺旋体，如图 6-28 所示。

9）将求差集后的实体移动到六角螺母中，使中心对齐，如图 6-29 所示。最后，求六角螺母与螺旋体的差集。

图 6-27　扫掠

图 6-28　差集

图 6-29　移动螺旋体

操作技巧

➢ 拉伸是将平面拉成实体，拉伸面是将实体中的面拉伸。

➢ 注意在布尔运算中进行并集、交集、差集操作时选择方式的不同。

➢ 拉伸时，图形对象必须闭合。

➢ 面域如果不能生成，应检查所画图形是否闭合。

➢ 选择面时如果选择了不需要编辑的面，可以将其从选择集中删除，方法是：在“选择面或［放弃（U）/ 删除（R）/ 全部（ALL）]:”提示下，输入 R，然后单击要删除的面或按〈Shift〉键，再单击不需要的面。

➢ 单击【绘图】菜单→【边界】命令，可以创建一个闭合区域。

知识链接

一、拉伸命令

1. 操作方法

（1）菜单栏　选择【绘图】→【建模】→【拉伸】命令。

（2）功能区　单击【三维建模】工作空间【常用】选项卡→【建模】面板中的【拉伸】按钮。

（3）命令行　EXTRUDE。

2. 操作步骤

命令：_extrude

当前线框密度：ISOLINES=4，闭合轮廓创建模式 = 实体

选择要拉伸的对象或［模式（MO)]: _MO 闭合轮廓创建模式［实体（SO)/ 曲面（SU)]〈实体〉: _SO

选择要拉伸的对象或［模式（MO)]：找到一个

选择要拉伸的对象或［模式（MO)]:

指定拉伸的高度或［方向（D）/ 路径（P）/ 倾斜角（T）/ 表达式（E)]〈〉(输入拉伸的高度）

3. 选项说明

1）拉伸高度：按指定的高度拉伸出三维实体对象，并根据实际需要指定拉伸的倾斜角度。若倾斜角为 0°，则把二维对象按指定的高度拉伸成柱体；若输入倾斜角度值，则拉伸后实体截面沿拉伸方向变化成为一个有角度的实体，如图 6-30 所示。

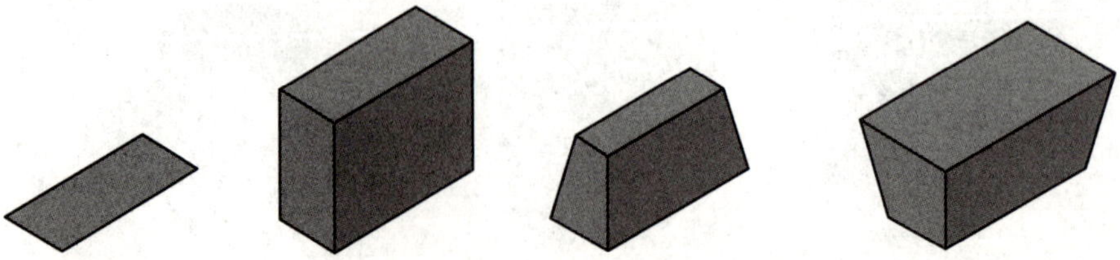

a) 拉伸前　b) 倾斜角为0°　c) 倾斜角为10°　d) 倾斜角为-10°

图 6-30　拉伸

2）路径（P）：指定曲线对象的拉伸路径。沿选定路径拉伸选定对象的剖面以创建实体。拉伸路径可以是直线、圆、圆弧、椭圆、多段线或样条曲线。路径不能与轮廓共面，也不能是具有高曲率的区域。

3）不能拉伸在块中的对象，也不能拉伸具有相交或自交线段的多段线。

二、拉伸面命令

1. 操作方法

1）菜单栏 选择【修改】→【实体编辑】→【拉伸面】命令。

2）功能区 单击【三维建模】工作空间【常用】选项卡→【实体编辑】面板中的【拉伸面】按钮。

3）命令行 SOLIDEDIT。

2. 操作步骤

命令：_solidedit

实体编辑自动检查：SOLIDCHECK=1

输入实体编辑选项［面（F）/ 边（E）/ 体（B）/ 放弃（U）/ 退出（X）］〈退出〉：_ face

输入面编辑选项［拉伸（E）/ 移动（M）/ 旋转（R）/ 偏移（O）/ 倾斜（T）/ 删除（D）/ 复制（C）/ 颜色（L）/ 材料（A）/ 放弃（U）/ 退出（X）］〈退出〉：_ extrude

选择面或［放弃（U）/ 删除（R）］： （选择要进行拉伸的面）

选择面或［放弃（U）/ 删除（R）/ 全部（ALL）］：

指定拉伸高度或［路径（P）］：

3. 选项说明

1）指定拉伸高度：按指定的高度值来拉伸面。通过指定拉伸的倾斜角度值来完成拉伸操作。如果输入一个正值，则沿正方向拉伸面（通常向外）；输入一个负值，则沿负方向拉伸面（通常向内）。

2）路径（P）：将按指定的路径曲线拉伸面。拉伸路径可以是直线、圆弧、多段线或者样条曲线。

3）删除（R）：将多选的面删除。

任务考核

一、操作训练

用拉伸和拉伸面等操作方法（也可用扫掠）绘制图 6-31 所示的弯管，尺寸自定。

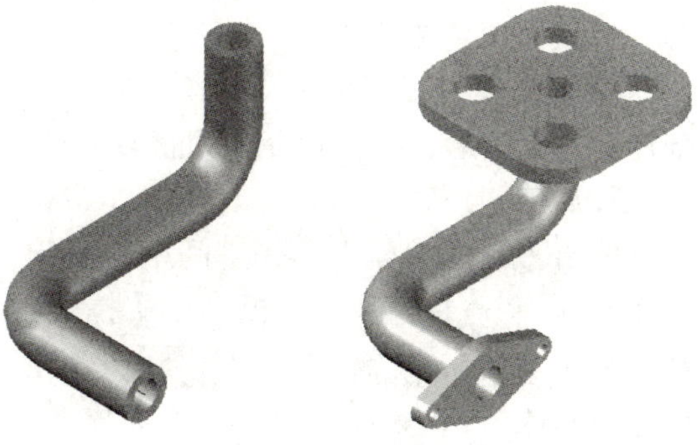

图 6-31 弯管

二、思考练习

1. 分别利用长方体命令和拉伸命令创建长方体，比较两个命令的异同。

2. 比较拉伸和拉伸面操作和含义的区别。

任务五 法兰盘的绘制

任务描述

创建图 6-32 所示法兰盘三维实体。

6-5 法兰盘的绘制

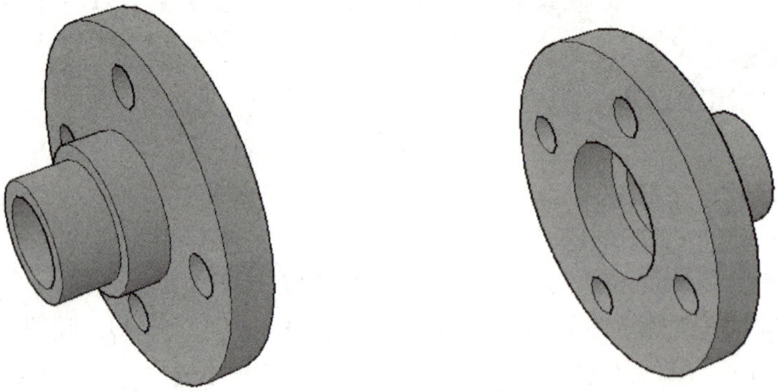

图 6-32 法兰盘

任务分析

法兰盘是一个典型的旋转体零件，也是比较规则的零件。其主视图轮廓多为直线，且关于轴对称，通过旋转二维线段可将其生成三维实体。

通过本任务的学习，要达到如下目标：

1. 掌握使用旋转命令创建实体的方法。
2. 掌握旋转面、倾斜面、移动面、偏移面等操作。

任务实施

1. 绘制法兰轮廓线

根据图 6-33 所示的尺寸，绘制法兰盘剖切面轮廓图形，并将其设置成面域。

2. 旋转

单击【三维建模】工作空间中的【常用】选项卡→【建模】面板中的【拉伸】按钮的小三角→【旋转】按钮，将其旋转成实体。

命令：_revolve

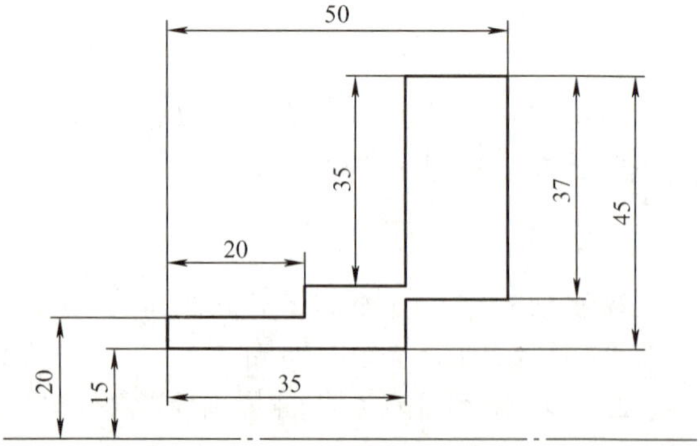

图 6-33 法兰盘尺寸

当前线框密度：ISOLINES=8，闭合轮廓创建模式 = 实体

选择要旋转的对象或［模式（MO）]：_MO 闭合轮廓创建模式［实体（SO）/ 曲面（SU）]〈实体〉：_SO

选择要旋转的对象或［模式（MO）]：找到 1 个　　（选择所有轮廓线）

选择要旋转的对象或［模式（MO）]：　　（按〈Enter〉键）

指定轴起点或根据以下选项之一定义轴［对象（O）/X/Y/Z］〈对象〉：

（在中心线左端单击）

指定轴端点：　　（在中心线右端单击）

指定旋转角度或［起点角度（ST）/ 反转（R）/ 表达式（EX）]〈360〉：

（按〈Enter〉键）

3. 删除轮廓线

删除第一步中的轮廓线，将视图设置为西南等轴测。

4. 绘制孔

1）将坐标轴绕 Y 轴旋转 90°，使 XY 面与底面平行。

命令：_ucs

当前 UCS 名称：* 世界 *

指定 UCS 的原点或［面（F）/ 命名（NA）/ 对象（OB）/ 上一个（P）/ 视图（V）/ 世界（W）/ X/Y/Z/Z 轴（ZA）]〈世界〉：_y

指定绕 Y 轴的旋转角度〈90〉：–90°　　（按〈Enter〉键）

2）将坐标原点移至半径为 60mm 的底面圆的圆心，如图 6-34 所示。

3）绘制圆柱体：单击【圆柱体】命令，圆心为（42.5，0，0），半径为 7mm，高为 15mm。

命令：_cylinder

指定底面的中心点或［三点（3P）/ 两点（2P）/ 切点、切点、半径（T）/ 椭圆（E）]：42.5，0，0

指定底面半径或［直径（D）]〈0.0000〉：7

指定高度或［两点（2P）/ 轴端点（A）]〈–0.0000〉：15　　（如图 6-35 所示）

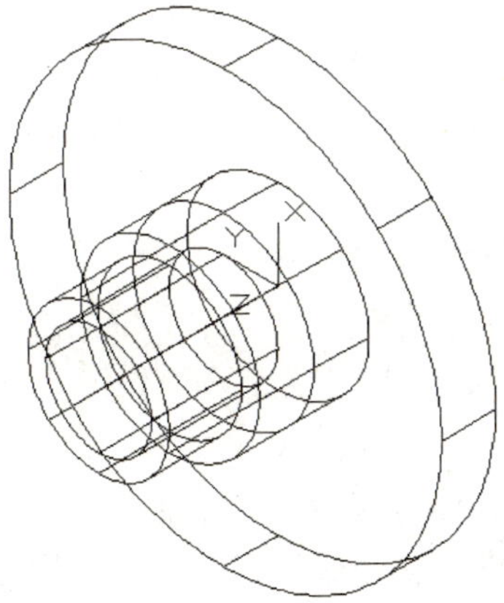

图 6-34　坐标原点

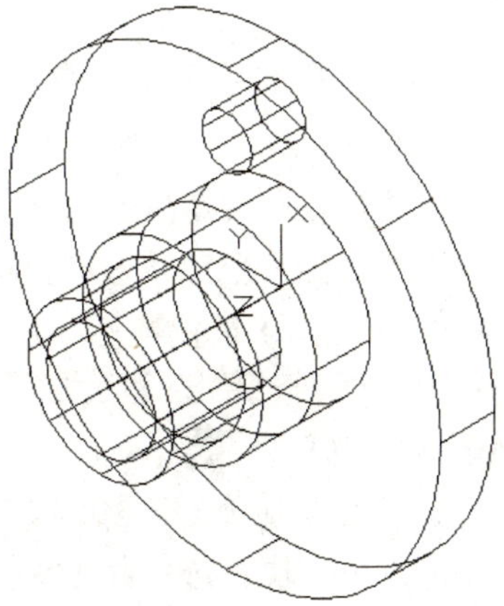

图 6-35　圆柱体

4）三维阵列：将圆柱体进行环形阵列，数目为 4，旋转轴为法兰盘的中心轴，如图 6-36 所示。

命令：_3darray

选择对象：找到 1 个

选择对象：

输入阵列类型［矩形（R）/ 环形（P）］〈矩形〉：p

输入阵列中的项目数目：4

指定要填充的角度（+= 逆时针，-= 顺时针）〈360〉：

旋转阵列对象？［是（Y）/ 否（N）］〈Y〉：

指定阵列的中心点：（单击旋转轴上一点）

指定旋转轴上的第二点：（单击旋转轴上的第二点）

5. 求差集，生成实体

对实体和孔求差集，生成法兰盘实体，如图 6-37 所示。

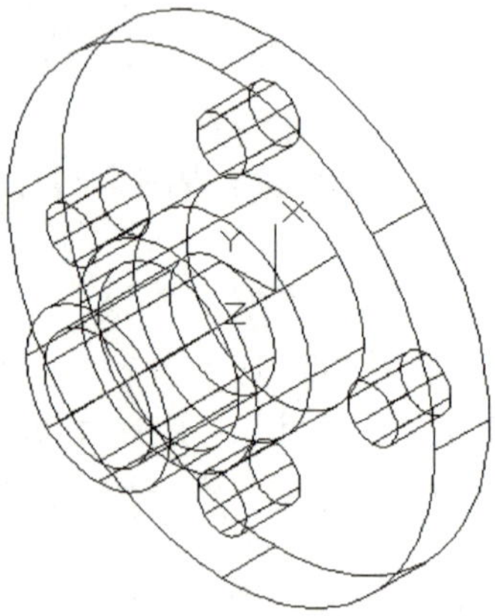

图 6-36　三维阵列

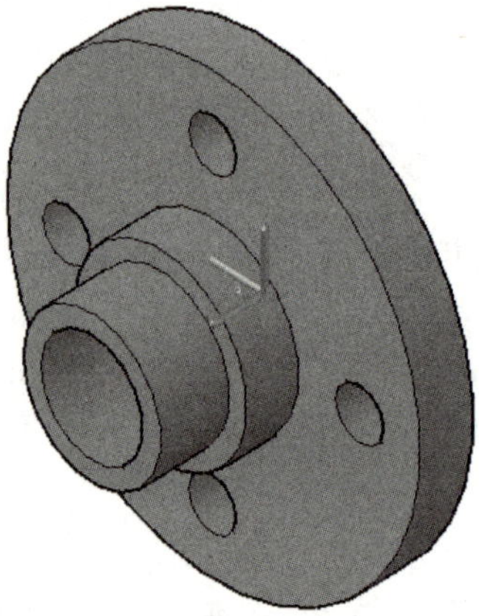

图 6-37　差集

操作技巧

➢ 旋转操作要单击【三维建模】工作空间中的【常用】选项卡→【建模】面板中的【旋转】按钮，将二维图形旋转成三维实体，而不要单击【修改】菜单→【三维操作】中的【三维旋转】按钮。

➢ 绘图时要将坐标系放在合适的位置上，以便能较好地计算坐标值。

➢ 使用【修改】菜单中的【三维阵列】命令，旋转轴为法兰盘的中心轴线。

➢ 实体阵列时单击【三维基础】工作空间中的【默认】选项卡→【修改】面板中的【三维阵列】按钮。

➢ 夹点编辑功能与二维对象夹点编辑功能相似。单击要编辑的对象，系统显示编辑夹点为蓝色小方块，选择某个夹点，按住鼠标左键，待夹点变成红色后拖动，则三维对象随之改变，红色夹点为当前编辑夹点。选择不同的夹点，可以编辑对象的不同参数。

知识链接

三维旋转实体的创建，可以通过旋转二维开放或闭合对象的方法来实现。

一、旋转

1. 操作方法

（1）菜单栏　选择【绘图】→【建模】→【旋转】命令。

（2）功能区　单击【草图与注释】工作空间中的【三维工具】选项卡→【建模】面板中的【旋转】按钮，或者单击【三维基础】工作空间中的【默认】选项卡→【创建】面板中的【旋转】按钮，或者单击【三维建模】工作空间中的【常用】选项卡→【建模】面板中的【旋转】按钮。

（3）命令行　REVOLVE。

2. 操作步骤

命令：_revolve

当前线框密度：ISOLINES=4，闭合轮廓创建模式 = 实体

选择要旋转的对象或［模式（MO）］：_MO 闭合轮廓创建模式［实体（SO）/ 曲面（SU）］〈实体〉：_SO

选择要旋转的对象或［模式（MO）］：找到 1 个

选择要旋转的对象或［模式（MO）］：

指定轴起点或根据以下选项之一定义轴［对象（O）/X/Y/Z］〈对象〉：

指定轴端点：

指定旋转角度或［起点角度（ST）/ 反转（R）/ 表达式（EX）］〈360〉：

3. 选项说明

1）对象（O）：选择已经绘制好的直线作为旋转轴。

2）X/Y/Z 轴：将二维对象绕当前坐标系的 X/Y/Z 轴旋转。

二、实体编辑

1. 旋转面

该命令可以绕指定的轴旋转实体上的面。

（1）菜单栏　选择【修改】→【实体编辑】→【旋转面】命令。

（2）功能区　单击【草图与注释】工作空间中的【三维工具】选项卡→【实体编辑】面板中的【旋转面】按钮，或者单击【三维建模】工作空间中的【常用】选项卡→【实体编辑】面板中的【拉伸面】按钮→【旋转面】按钮。

2. 移动面

该命令可以将实体上的面移动到指定的距离。

（1）菜单栏　选择【修改】→【实体编辑】→【移动面】命令。

（2）功能区　单击【草图与注释】工作空间中的【三维工具】选项卡→【实体编辑】面板中的【移动面】按钮，或者单击【三维建模】工作空间中的【常用】选项卡→【实

体编辑】面板中的【拉伸面】按钮→【移动面】按钮。

3. 偏移面

该命令可以等距离地偏移实体上指定的面。

（1）菜单栏　选择【修改】→【实体编辑】→【偏移面】命令。

（2）功能区　单击【草图与注释】工作空间中的【三维工具】选项卡→【实体编辑】面板中的【偏移面】按钮，或者单击【三维建模】工作空间中的【常用】选项卡→【实体编辑】面板中的【拉伸面】按钮小三角→【偏移面】按钮。

4. 倾斜面

该命令可以将实体上指定的面倾斜一个角度。

（1）菜单栏　选择【修改】→【实体编辑】→【倾斜面】命令。

（2）功能区　单击【草图与注释】工作空间中的【三维工具】选项卡→【实体编辑】面板中的【倾斜面】按钮，或者单击【三维建模】工作空间中的【常用】选项卡→【实体编辑】面板中的【拉伸面】按钮小三角→【倾斜面】按钮。

5. 删除面

该命令可以删除实体上指定的面，从而得到新的实体。

（1）菜单栏　选择【修改】→【实体编辑】→【删除面】命令。

（2）功能区　单击【草图与注释】工作空间中的【三维工具】选项卡→【实体编辑】面板中的【删除面】按钮，或者单击【三维建模】工作空间中的【常用】选项卡→【实体编辑】面板中的【拉伸面】按钮小三角→【删除面】按钮。

6. 复制面

该命令可以复制实体上指定的面，以便对复制出来的面继续进行编辑。

（1）菜单栏　选择【修改】→【实体编辑】→【复制面】命令。

（2）功能区　单击【草图与注释】工作空间中的【三维工具】选项卡→【实体编辑】面板中的【复制面】按钮，或者单击【三维建模】工作空间中的【常用】选项卡→【实体编辑】面板中的【拉伸面】按钮小三角→【复制面】按钮。

7. 着色面

该命令可以改变实体上指定面的颜色。

（1）菜单栏　选择【修改】→【实体编辑】→【着色面】命令。

（2）功能区　单击【草图与注释】工作空间中的【三维工具】选项卡→【实体编辑】面板中的【着色面】按钮，或者单击【三维建模】工作空间中的【常用】选项卡→【实体编辑】面板中的【拉伸面】按钮小三角→【着色面】按钮。

三、通过转换创建网格

在菜单栏中选择【绘图】→【建模】→【网格】→【平滑网格】命令。

命令：_meshsmooth

选择要转换的对象：找到 1 个

任务考核

一、操作训练

1. 利用旋转命令绘制图 6-38 所示立体手柄和零件。图 6-38a 所示图形尺寸可参考项目四中的任务三，图 6-38b 所示图形尺寸自定。

a)

b)

图 6-38 立体手柄和零件

二、思考练习

1. 如何利用三维旋转命令分别生成三维实体和三维曲面？
2. 实体编辑中，常见的面操作有哪些？各自实现什么功能？

任务六 齿轮的绘制与渲染

任务描述

6-6 齿轮的绘制与渲染

绘制图 6-39 所示齿轮三维实体图并对其进行渲染。

图 6-39 齿轮

任务分析

齿轮是能互相啮合的有齿的机械零件。轮缘上的齿能连续啮合，传递运动和动力。齿轮能将一根轴的转动传递给另一根轴，也可以实现减速、增速、变向和换向等动作。本任务是用直线代替渐开线绘制齿轮，它是一种齿轮的近似画法。

此外，还要求对齿轮进行渲染。渲染实体的基本方法包括贴图、材质、配景、灯光及场景的设置，通过这些设置来表现三维实体自身的材质属性，以及真实的光照效果，从而获得更加逼真、形象、贴近现实的三维图像场景。

通过本任务的学习，要达到如下目标：

1. 掌握绘制齿轮的简易方法。
2. 掌握渲染三维实体的方法。

任务实施

1. 绘制齿轮的轮廓线

1）设置合适的绘图环境和图层。选择【格式】菜单→【图形界限】命令，设定左下角坐标为（0，0），右上角坐标为（100，100）。选择【格式】菜单→【图层】命令，打开【图层】对话框，新建图层1，将图层1命名为“中心线”，颜色为红色，线型为CENTER。选择【视图】菜单→【缩放】→【范围】命令。在俯视图中心线层中绘制两条相互垂直的中心线和分度圆。分度圆直径为60mm，齿顶圆直径为66mm，齿根圆直径为52.5mm，中心孔直径为20mm，如图 6-40 所示。

2）垂直中心线向左和向右各偏移 1.25mm 两次，并用直线连接交点，如图 6-41 所示。

3）修剪为轮齿形状。将齿根圆与轮齿间圆角，半径为 1mm，如图 6-42 所示。将轮齿环形阵列，数目为 20。再修剪成形即可，如图 6-43 所示。

4）单击【绘图】菜单→【边界】命令拾取点，在中间空白处单击，拾取点时可以将中心线隐藏不显示。

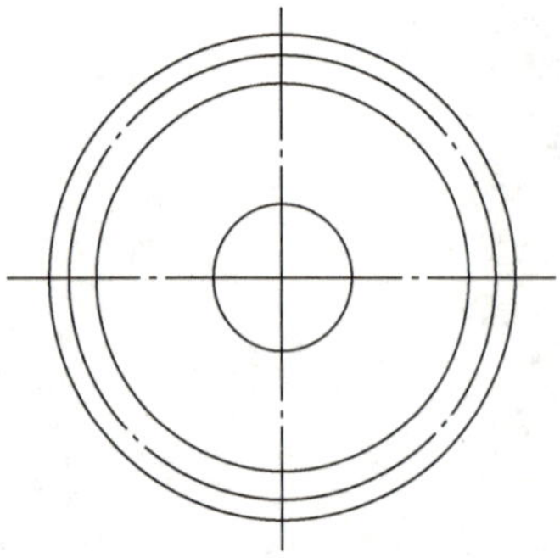

图 6-40 绘制中心线和分度圆

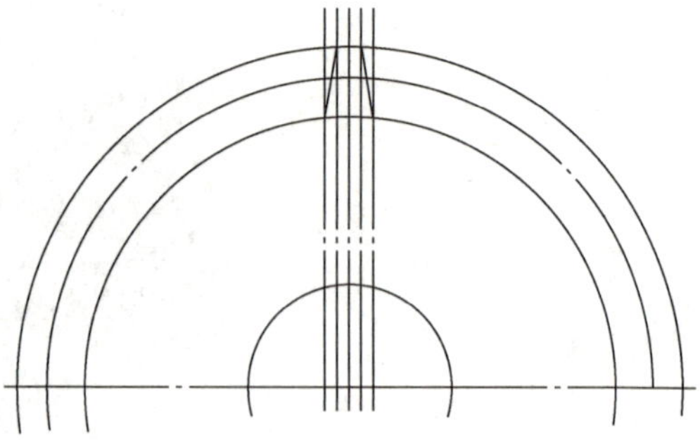

图 6-41 偏移

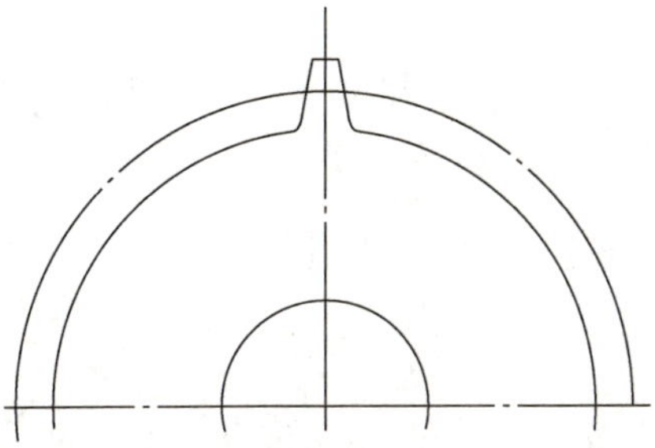

图 6-42　圆角

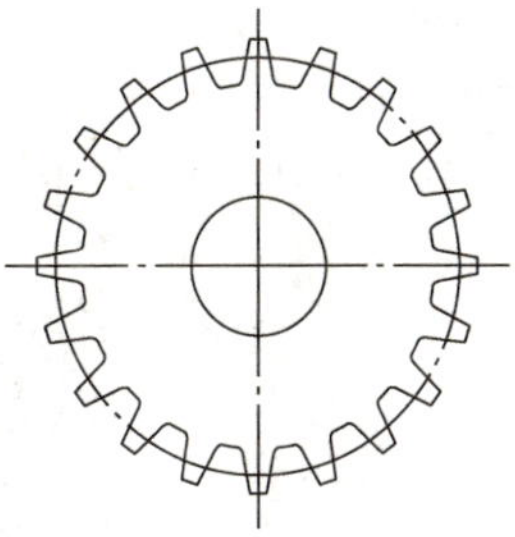

图 6-43　阵列

2. 绘制立体齿轮

1）单击【三维建模】工作空间中的【常用】选项卡→【建模】面板中的【拉伸】按钮，高度设为 24mm，如图 6-44 所示。

命令：_extrude

当前线框密度：ISOLINES=4，闭合轮廓创建模式 = 实体

选择要拉伸的对象或［模式（MO）］：_MO

闭合轮廓创建模式［实体（SO）/ 曲面（SU）］〈实体〉：_SO

选择要拉伸的对象或［模式（MO）］：找到 1 个

选择要拉伸的对象或［模式（MO）］：

指定拉伸的高度或［方向（D）/ 路径（P）/ 倾斜角（T）/ 表达式（E）］〈0.0000〉：24

2）显示中心线并将垂直中心线向左、右各偏移 3mm，水平中心线向上偏移 12.8mm。用直线和修剪命令绘制轮廓线图形。

3）单击【三维建模】工作空间中的【常用】选项卡→【绘图】面板→【面域】，选择轮廓线后按〈Enter〉键，然后进行拉伸，高度为 24mm，如图 6-45 所示。

4）求齿轮实体与齿轮孔实体的差集。

图 6-44　拉伸

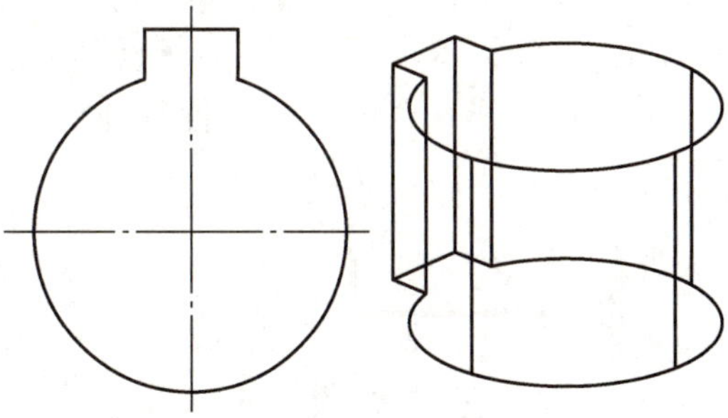

图 6-45　中心孔

3. 渲染齿轮

1）单击功能区的【可视化】选项卡→【材质】面板中的【材质浏览器】按钮

，弹出对话框，选择【金属（1800F 火灼）】，先选中齿轮，然后在右边单击【将材质添加到文档中】按钮，如图 6-46 所示。

2）也可以将文档材质列表中的所需材质拖到实体上。选择【视图】→【视觉样式】→

【真实】。单击功能区的【可视化】选项卡→【渲染】面板→【渲染窗口】→【渲染环境和曝光】，打开对话框进行设置，如图 6-47 所示。单击【视图】菜单→【渲染】→【高级渲染设置】，打开【渲染预设管理器】，如图 6-48 所示，进行设置。

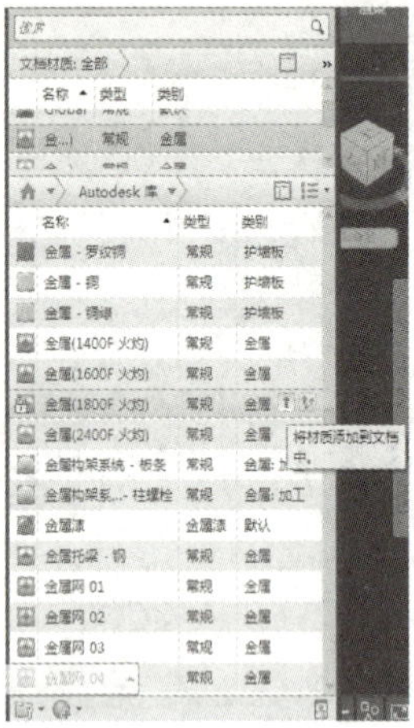

图 6-46　材质浏览器

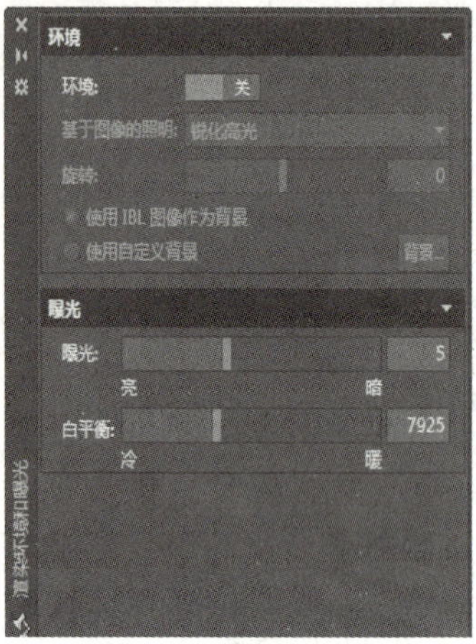

图 6-47　渲染环境和曝光

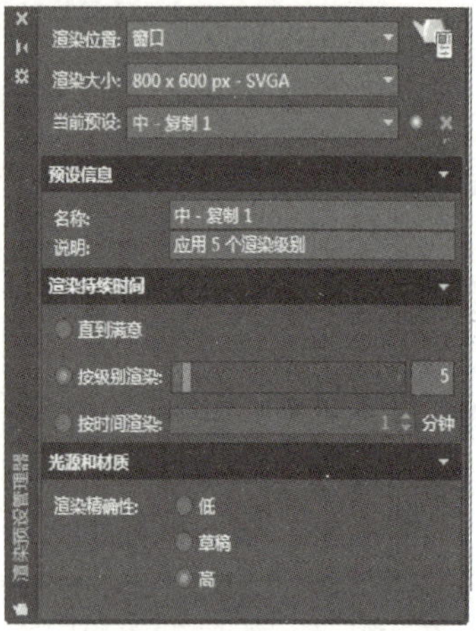

图 6-48　渲染预设管理器

操作技巧

➢ 在附着材质操作中，打开【材质浏览器】后，选中实体，单击【将材质添加到文档中】按钮，也可将材质拖到实体中。

➢ 在附着材质操作中，打开【材质浏览器】后，选中实体，右击文档材质列表中的材质，选择【指定给当前选择】。在附着材质操作中，要选择【视觉样式】中的【真实】选项。

➢ 如果想用下载的图片做贴图，可以在材质编辑器中【常规】选项组的【图像】右侧空白处单击，弹出【材质编辑器打开文件】对话框，选择所需图片，单击【打开】按钮。在绘图区选择模型对象，为其赋予新创建的漫射贴图材料。

➢ 在渲染操作时，对象和各部分之间如果需要不同的材料，在不影响整体效果时可以不进行并集操作，分别渲染。

知识链接

一、渲染三维对象

1. 附着材质

（1）菜单栏　选择【视图】→【渲染】→【材质浏览器】命令。

（2）功能区　单击功能区【三维建模】工作空间中的【可视化】选项卡→【材质】面板中的【材质浏览器】按钮 材质浏览器 。也可以单击【渲染】面板中的【材质浏览器】按钮 。

执行上述操作后，打开材质浏览器对话框，选择需要的材质类型，直接拖动到对象上，即可为对象附着材质。当单击【视觉样式】→【真实】命令时，会显示出材质效果。如果要设置材质的参数，可以依次选择【视图】→【渲染】→【材质编辑器】命令。

2. 贴图

（1）菜单栏　选择【视图】→【渲染】→【贴图】命令。

（2）功能区　单击功能区【可视化】选项卡→【材质】面板中的【材质贴图】按钮。也可以单击【渲染】面板中的【平面贴图】按钮。

执行上述命令后，会在实体上附着带纹理的材质，可调整实体纹理贴图方向。它可模拟纹理、反射、折射等效果。材质被映射后，可调整材质适应对象的形状，将合适的材质贴图类型应用到对象上，使之更加适合对象。材质贴图有平面贴图、长方体贴图、柱面贴图和球面贴图。

3. 设置点光源

（1）菜单栏　选择【视图】→【渲染】→【光源】→【新建点光源】命令。

（2）功能区　单击功能区【三维建模】工作空间中的【可视化】选项卡→【光源】面板中的【创建光源】按钮右侧的小三角，单击【点光源】按钮。也可以单击【渲染】面板中的【新建点光源】按钮。

光源是渲染的重要因素之一，当场景中没有光源时，将使用默认光源。点光源是从光源处向四周辐射的光源，主要作用是照亮模型，从而显示出光照效果，如同灯泡照明。除点光源外，灯光的类型还包括平行光、聚光灯。平行光是在一个方向上发射平行光束，它无衰减，无论距离多远，发射光都保持恒定的强度，就像太阳光。聚光灯是从一点向一个方向发射且呈圆锥形的光，可以指定光的方向和圆锥的大小。与点光源相似，聚光灯的强度也随着距离的增加而衰减，如台灯、汽车前照灯及舞台上用的聚光灯。除此之外，单击【光源】面板中的【创建光源】右边小三角，还可以创建【光域网灯光】。

二、环境渲染

单击【可视化】选项卡→【渲染】面板中的【渲染环境和曝光】按钮，打开【渲染环境】对话框，可对环境和曝光进行设置。

三、高级渲染设置

单击【视图】菜单→【渲染】→【高级渲染设置】，打开对话框，在对话框中可以进行综合设置，如全局照明等。单击右上角【渲染】按钮可以对实体进行渲染，可看到渲染后的实物效果。

四、阴影

单击功能区的【可视化】选项卡→【光源】面板中的【无阴影】按钮右边小三角，可以看到有【无阴影】、【地面阴影】、【全阴影】三个选项。

五、阳光状态

单击功能区的【可视化】选项卡→【渲染】→【阳光和位置】面板中的【阳光状态】按钮，可以在当前视口中打开或关闭日光的光照效果。在右边可以设置日期和时间，以显示早上或晚上的光照效果。

任务考核

一、操作训练

设置合适的图形界限为 30mm × 30mm，绘制青花瓷碗，尺寸自定。打开青花瓷图片素材，将碗进行贴图渲染，如图 6-49 所示。

图 6-49　青花瓷碗

二、思考练习

1. 在进行渲染操作时，若对象和各部分之间需要不同的材料，应如何进行渲染？
2. 在进行渲染操作时，如何设置阳光状态？

综合训练六

1. 绘制图 6-50 所示组合体并标注尺寸，建立合适的图形界限及栅格，创建标注图层，将其颜色设置为蓝色，线型为细实线，绘制方法不限。

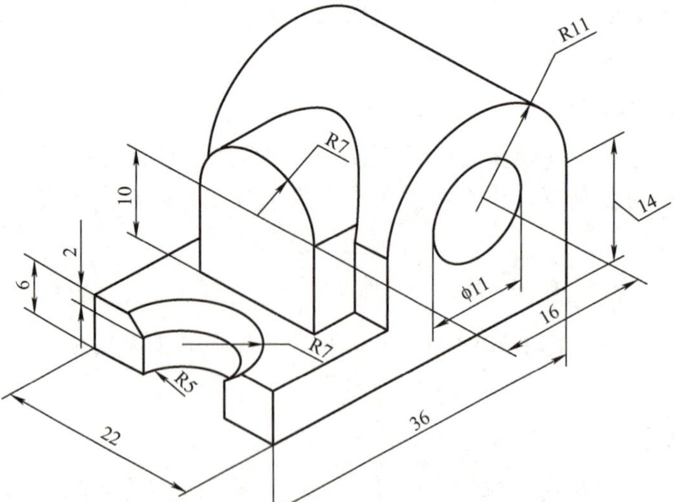

图 6-50　综合训练 1

2. 建立合适的图形界限，按尺寸绘制图 6-51 所示三维实体，绘制方法不限。

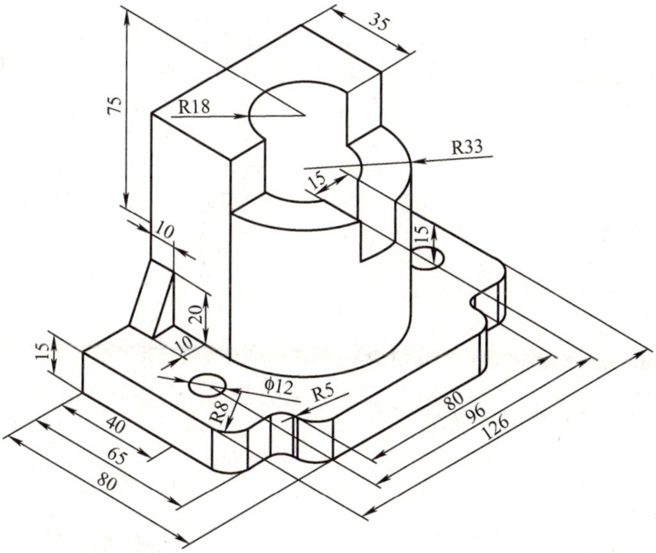

图 6-51　综合训练 2

3. 绘制支撑架，根据图 6-52a 所示尺寸绘制底板和中间连接构件，加强筋宽度为 12mm，与支架相切。底板厚度为 18mm，底板上有两个沉头孔，沉孔直径为 26mm，深度为 4.5mm，直孔直径为 15mm。大圆柱的直径为 50mm，孔径为 25mm，高为 34mm，圆柱与支架相切。最后绘制图 6-52b 所示支撑架的实体图。

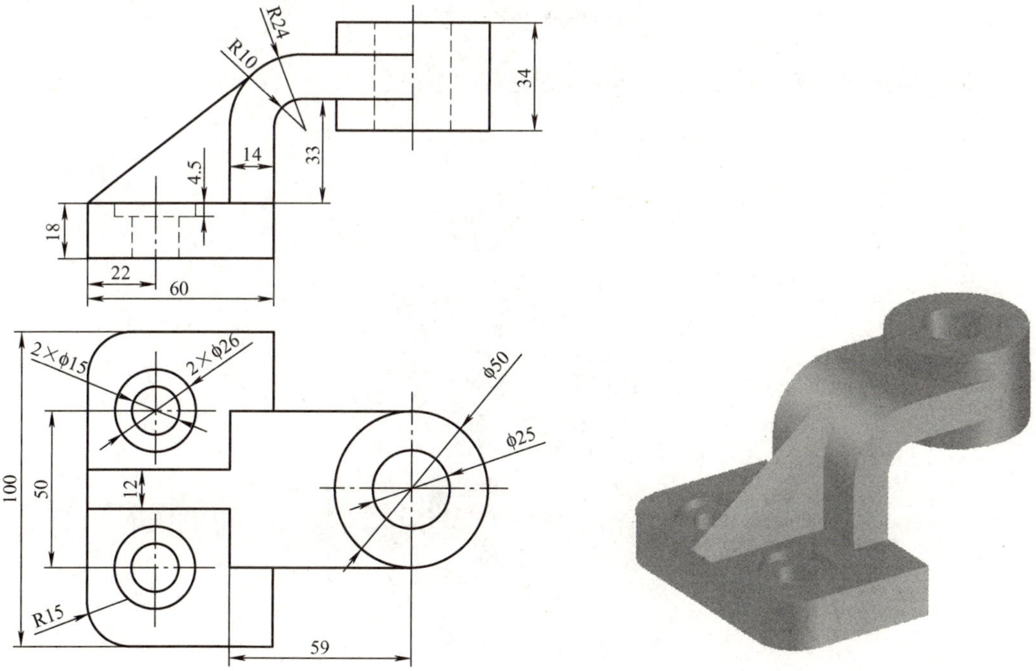

a)　b)

图 6-52　综合训练 3

4. 按尺寸绘制图 6-53 所示半径为 20mm 的弯管。

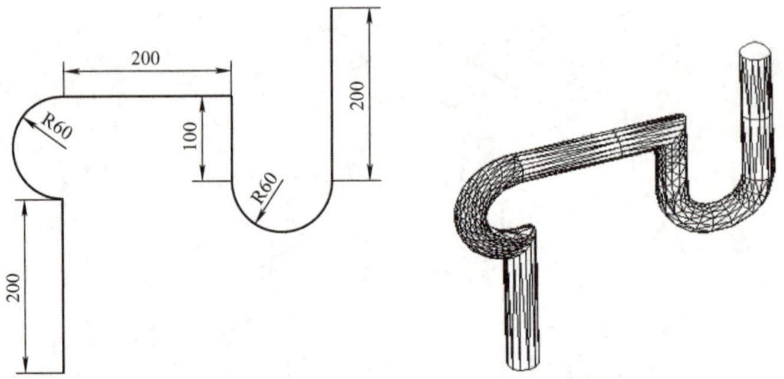

图 6-53　综合训练 4

5. 按尺寸绘制图 6-54 所示的带轮。

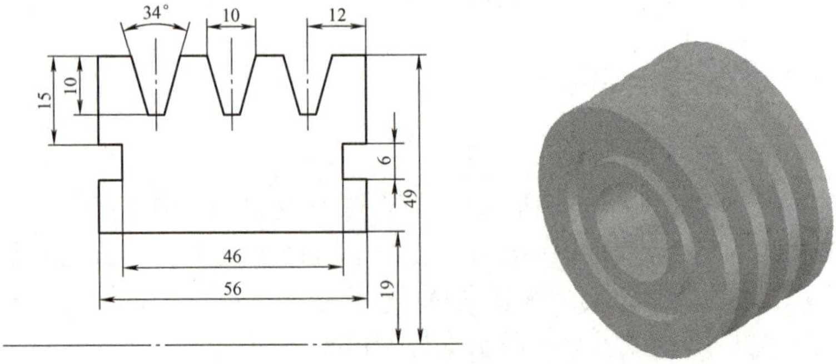

图 6-54　综合训练 5

6. 根据给定的尺寸，绘制图 6-55 所示的三维机械图。

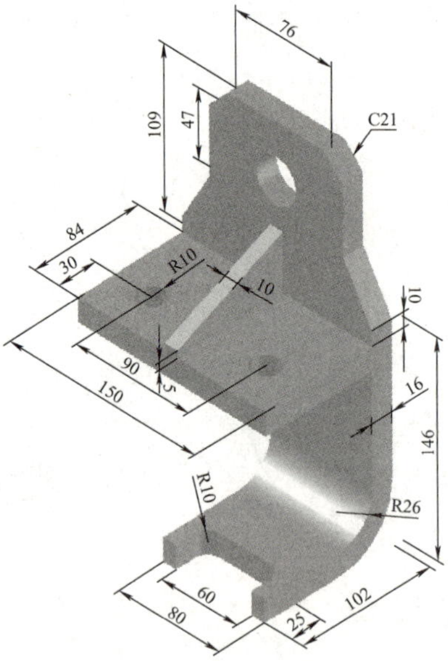

图 6-55　综合训练 6

7. 绘制图 6-56 所示图形。

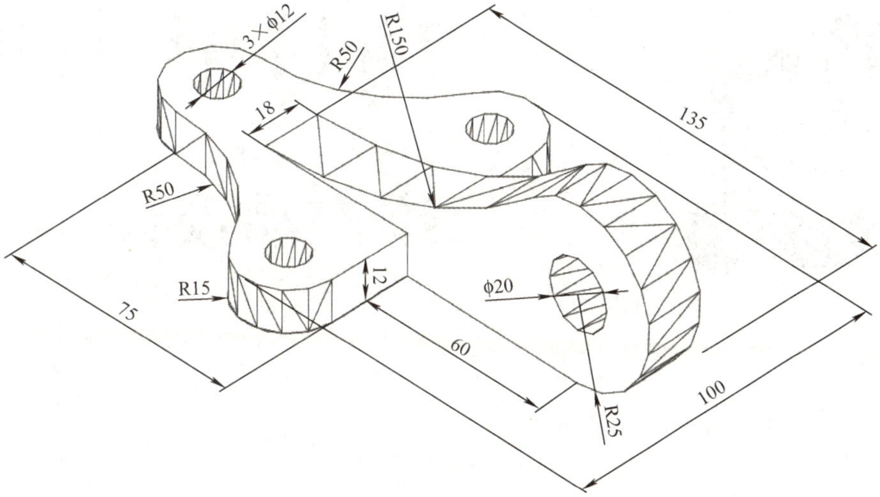

图 6-56　综合训练 7

8. 绘制图 6-57 所示的茶杯，并进行贴图渲染。杯子总高为 120mm，顶面直径为 80mm，其他尺寸自定。

图 6-57　综合训练 8

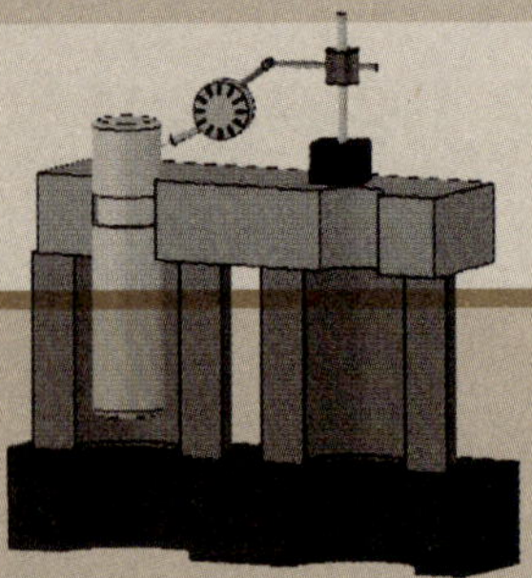

项目七

三维产品设计

任务一　肥皂盒的绘制

7-1 肥皂盒的绘制

任务描述

如图 7-1 所示，在不同视口中绘制肥皂盒。

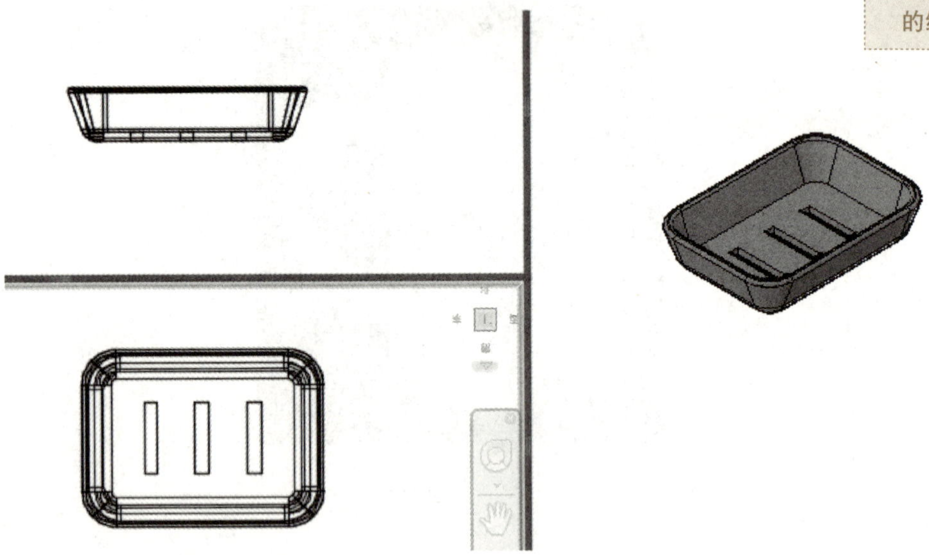

图 7-1　肥皂盒

任务分析

肥皂盒是日常生活中经常用到的小物品，用学过的 AutoCAD 基础知识设计一款新颖独特的肥皂盒，是对基本产品设计能力的一次检验。本任务学习在不同视口中绘制肥皂盒。通过视口可以从多个方向上对图形进行编辑，每个视口也可以给图形设置不同的视角。

通过本任务的学习，要达到如下目标：

1. 掌握视口的设置方法并运用其辅助绘制图形。

2. 掌握带角度拉伸等命令的应用。

任务实施

1. 设置视口

选择【视图】菜单→【视口】→【四个视口】命令，分别单击各个视口左上角的设置视图按钮，将左上视口设为【前视】、左下视口设为【俯视】、右上视口设为【左视】、右下视口设为【西南等轴测】。

2. 绘制棱台体

1）单击【三维建模】工作空间中的【常用】选项卡→【绘图】面板中的【矩形】按钮，在俯视图中绘制长 120mm、宽 80mm 的长方形。第一个角点坐标为（0，0，0）。

同理，再绘制一个长 110mm、宽 70mm，第一个角点坐标为（5，5，5）的小长方形。

2）单击【三维建模】工作空间中的【常用】选项卡→【修改】面板中的【圆角】按钮，对大长方形进行圆角，圆角半径为 10mm。

命令：_fillet

当前设置：模式 = 修剪，半径 =0.0000

选择第一个对象或［放弃（U）/ 多段线（P）/ 半径（R）/ 修剪（T）/ 多个（M）］：

输入圆角半径或［表达式（E）］〈0.0000〉：10

选择边或［链（C）/ 环（L）/ 半径（R）］：

同理，对小长方形进行圆角，半径为 10mm。

3）单击【三维建模】工作空间中的【常用】选项卡→【建模】面板中的【拉伸】按钮，命令行提示如下：

命令：_extrude

当前线框密度：ISOLINES=4，闭合轮廓创建模式 = 实体　　　（单击大长方形）

选择要拉伸的对象或［模式（MO）］：找到 1 个

选择要拉伸的对象或［模式（MO）］：

指定拉伸的高度或［方向（D）/ 路径（P）/ 倾斜角（T）/ 表达式（E）］〈1〉：T

指定拉伸的倾斜角度或［表达式（E）］〈1〉：−20

指定拉伸的高度或［方向（D）/ 路径（P）/ 倾斜角（T）/ 表达式（E）］〈1〉：30

拉伸小正方形时，高度为 25mm，其他值不变。

4）单击【实体编辑】面板中的【差集】按钮，求大台体与小台体的差集。

5）单击【圆角】按钮，底面四个边采用链（C）形式圆角，半径为 10mm。

命令：_fillet

当前设置：模式 = 修剪，半径 =0.0000

选择第一个对象或 [放弃（U）/ 多段线（P）/ 半径（R）/ 修剪（T）/ 多个（M）]:（单击一条边）

输入圆角半径或 [表达式（E）] 〈0.0000〉: 10

选择边链或 [边（E）/ 半径（R）]:（再选中一条边，按〈 Enter 〉键，即可选中环内所有边）

同理，对顶面边内、外圆角，圆角半径为 2mm。

3. 绘制长方体

1）单击俯视图视口，再单击【建模】面板中的【长方体】按钮。创建中心点为（60，40，2.5）、长为 5mm、宽为 40mm、高为 5mm 的长方体。

2）单击西南等轴测视口，将长方体原位复制并且向左、向右分别移动 30mm，生成三个长方体。求台体与长方体的差集，如图 7-2 所示。

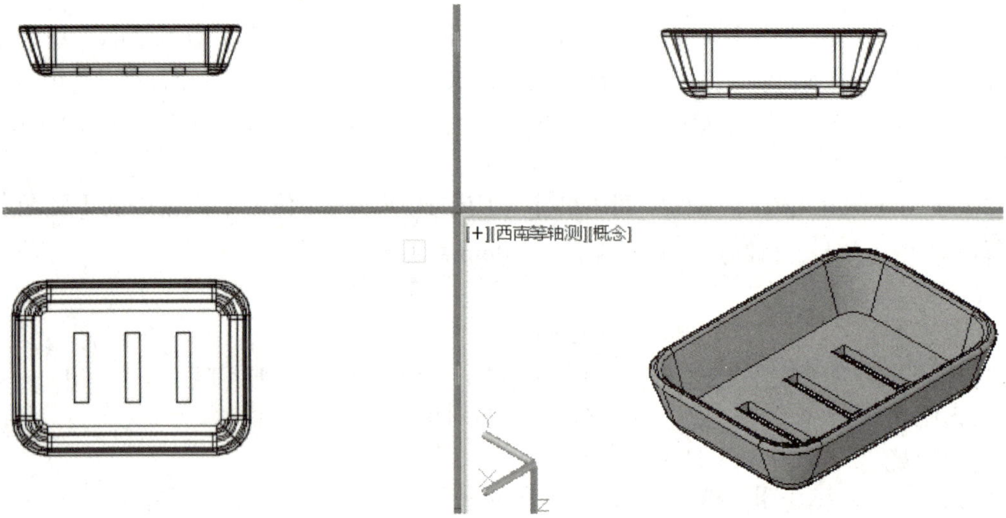

图 7-2　四个视口

4. 渲染

渲染效果为粉红色陶瓷（可以根据自己的需要选材质）。

操作技巧

➢ 在视口中可以由 VPOINT 命令来设置观察的视点，用 ZOOM 命令来设置比例。

➢ 在操作过程中要仔细观察每个视口坐标的位置及方向，坐标位置和方向不同，某个点的表达方式会有所不同。

➢ 在圆角的链（C）和环（L）操作中，链表示与此边相邻的边都选中，并进行圆角操作；同一平面上，且可以形成一个封闭的环的棱线时用环的形式圆角。

➢ 圆角时，分别选择每条边圆角和选择所有的边后一起圆角，结果会有所不同。

知识链接

一、视口的操作

1. 视口的打开、设置和关闭

（1）菜单栏　选择【视图】→【视口】→【新建视口】命令。

（2）功能区　单击【三维建模】工作空间中的【可视化】选项卡→【模型视口】面板中的【视口配置】按钮，可以直接选择相应的视口。

（3）命令行　VPORTS。

执行上述菜单操作后，弹出图 7-3 所示的【视口】对话框，可在其中进行设置。

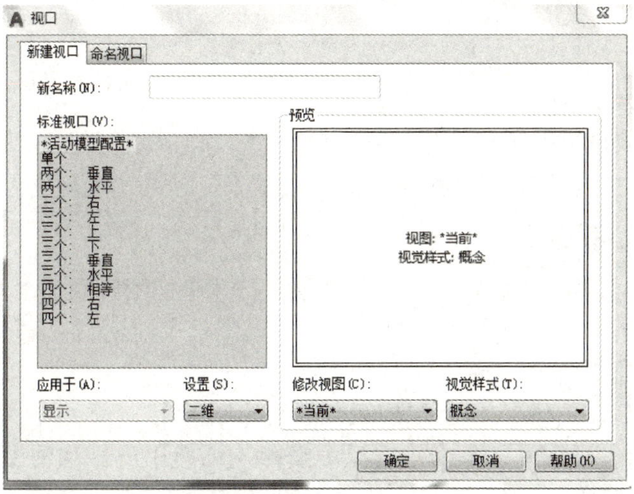

图 7-3 【视口】对话框

2. 视口的特点

1）视口是通过划分当前视口来生成的，这说明附加的视口在尺寸上比生成它的视口要小。对于每个视口来说，最多可将其细分为 4 个视口。

2）层的可见性设置对所有视口有效，不能在一个视口中关闭一个层，而在另一个视口中显示该层。

3）对于每一个视口而言，用户均可用 ZOOM、PAN、VPOINT 等命令来对其进行单独显示控制，也可用 VIEW 命令来保存该视口的视图显示。

二、视图的操作

1. 操作方法

（1）菜单栏　选择【视图】→【命名视图】命令。

（2）功能区　单击【三维建模】工作空间中的【可视化】选项卡→【命名视图】面板中的【视图管理器】按钮 视图管理器。

（3）命令行　VIEW。

执行上述操作后，将打开图 7-4 所示的【视图管理器】对话框。

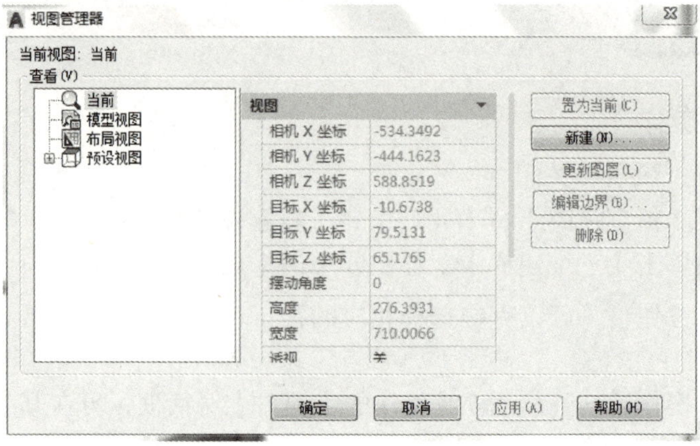

图 7-4 【视图管理器】对话框

2. 命名视图的意义

命名视图是指用户可以将某一显示画面的状态（包括中心点、视图方向、缩放比例因子，以及透视图等）以某种名称保存起来，然后在需要时将其恢复成为当前显示状态。

三、添加图片背景

1）选择【视图】菜单→【命名视图】命令，打开【视图管理器】对话框。

2）单击【新建】按钮，打开【新建视图 / 快照特性】对话框。

3）在视图名称框中输入名称。

4）单击【背景】栏中的右面下拉按钮，选择【图像】。

5）打开【背景】对话框，单击【浏览】按钮，选择用户喜欢的图片，单击【置为当前】，单击【确定】按钮。

6）选择【视图】→【视觉样式】→【真实】命令，如图 7-5 所示。

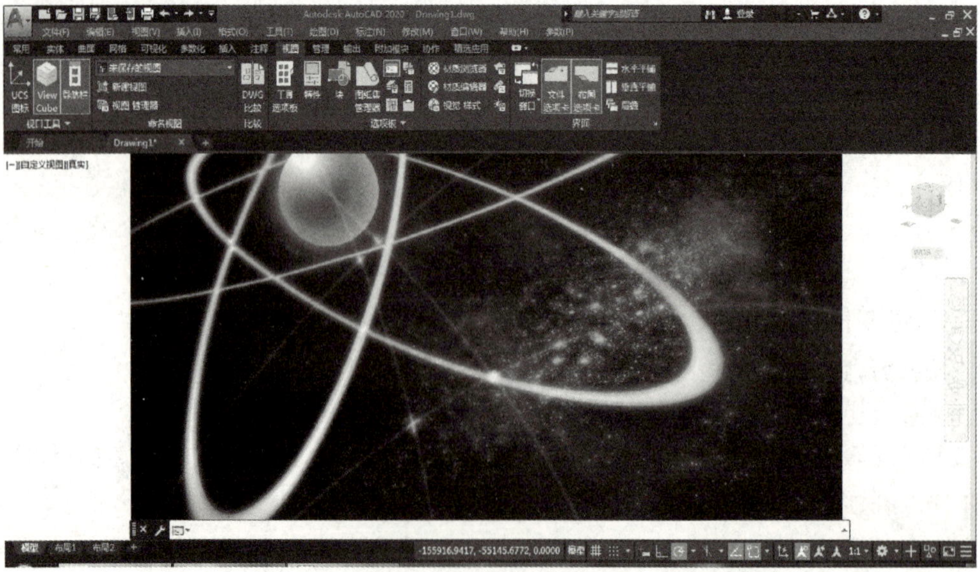

图 7-5　添加图片背景

四、平截头棱锥体的绘制

选择【工具】菜单→【选项板】→【工具选项板】命令打开工具选项板，也可以绘制棱台体。命令行提示如下：

命令：_pyramid

指定底面的中心点或［边（E）/ 侧面（S）］：S

输入侧面数〈4〉：4

指定底面的中心点或［边（E）/ 侧面（S）］：0，0，0

指定底面半径或［内接（I）］〈0.0000〉：60

指定高度或［两点（2P）/ 轴端点（A）/ 顶面半径（T）］〈0.0000〉：_t

指定顶面半径〈0.0000〉：50

指定高度或［两点（2P）/ 轴端点（A）］〈0.0000〉：30

任务考核

一、操作训练

根据尺寸利用视口绘制图形，如图 7-6 所示。

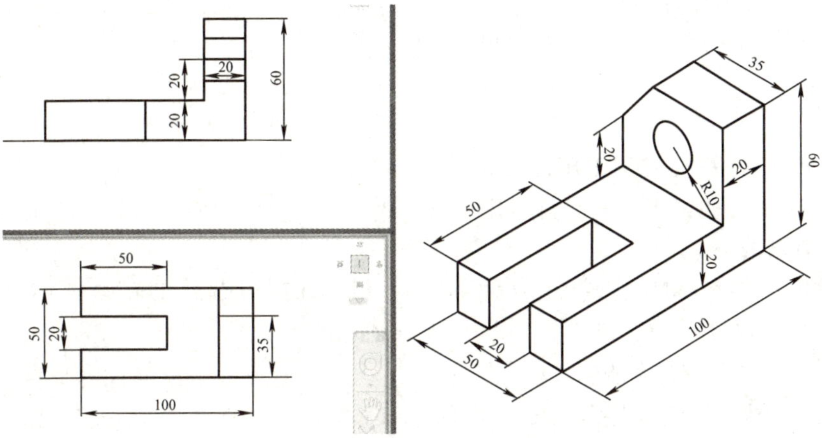

图 7-6　利用视口绘制图形

二、思考练习

1. 如何实现各个视口中主视图、俯视图和左视图对齐？
2. 简述带角度拉伸的含义和操作步骤。

任务二　音箱的绘制

7-2 音箱的绘制

任务描述

绘制图 7-7 所示音箱三维实体。

任务分析

音箱的绘制要综合应用【建模】面板、【实体编辑】面板和相关命令，是一个将知识转化为产品的过程，同时在产品设计的过程中又可以加深对知识的理解。

通过本任务的学习，要达到如下目标：

1. 掌握运用圆柱体、拉伸等命令绘制音箱的方法。
2. 掌握利用旋转面和倾斜面来绘制图形的方法。

图 7-7　音箱

任务实施

1）在俯视图中绘制长方体，将视图转化为西南等轴测。命令行提示如下：

命令：_box

指定第一个角点或［中心（C）]：0，0，0

指定其他角点或［立方体（C）/ 长度（L）]：1　　　　（光标放在正交方向）

指定长度〈0.0000〉：12

指定宽度〈0.0000〉：15

指定高度或［两点（2P）］〈0.0000〉：20

2）旋转面。将前、后两面绕着 X 轴旋转 –15°，如图 7-8 所示。

命令：_solidedit

实体编辑自动检查：SOLIDCHECK=1

输入实体编辑选项［面（F）/ 边（E）/ 体（B）/ 放弃（U）/ 退出（X）］〈退出〉：_face

输入面编辑选项

［拉伸（E）/ 移动（M）/ 旋转（R）/ 偏移（O）/ 倾斜（T）/ 删除（D）/ 复制（C）/ 颜色（L）/ 材质（A）/ 放弃（U）/ 退出（X）］〈退出〉：_rotate

选择面或［放弃（U）/ 删除（R）]：　　　　（单击前面和后面）

选择面或［放弃（U）/ 删除（R）/ 全部（ALL）]：　　　　（按〈Enter〉键）

指定轴点或［经过对象的轴（A）/ 视图（V）/X 轴（X）/Y 轴（Y）/Z 轴（Z）］〈两点〉：x

指定旋转原点〈0，0，0〉：　　　　（按〈Enter〉键）

指定旋转角度或［参照（R）]：–15

3）倾斜面。以 A 点为基点，沿倾斜轴的另一个点（B 点），将顶面倾斜 –15°，如图 7-9 所示。

4）圆角。箱体圆角半径为 3mm，如图 7-10 所示。

5）平截面圆锥体。先移动坐标轴，将 XY 面移到最靠前那个面上。绘制中心点在“前面”的中心，底面半径为 2.5mm，顶面半径为 1.8mm，高为 2.5mm 的平截面圆锥体。然后，绘制底面半径为 1.8mm 的圆柱体，高度不出箱体即可，如图 7-11 所示。

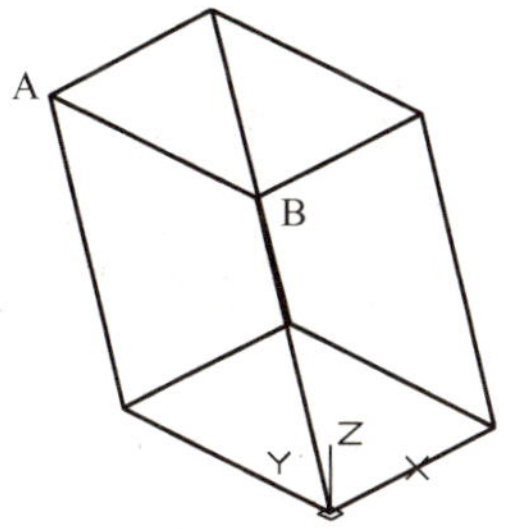

图 7-8　旋转面

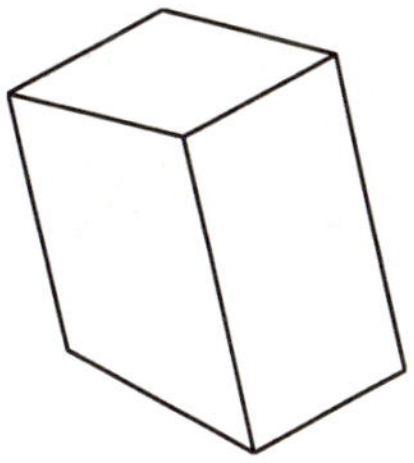

图 7-9　倾斜面

6）求箱体和平截面圆锥体、圆柱的差集。

7）绘制球体。中心点在圆柱与圆锥相交面的中心，半径为 1.8mm。

8）剖切。将箱体内的球体切掉。

9）圆角。将平截面圆锥体的底面边圆角，半径为 1mm，如图 7-11 所示。

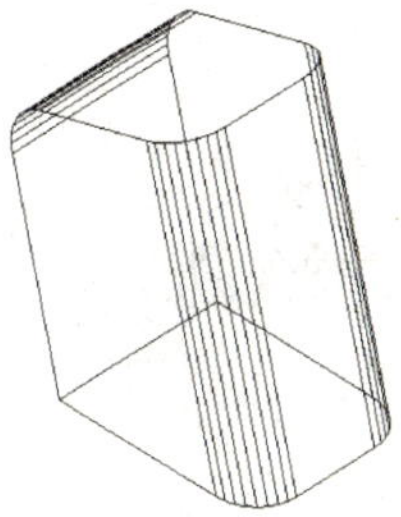

图 7-10　圆角

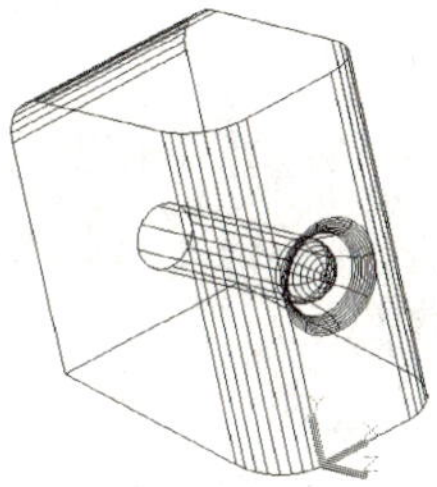

图 7-11　平截面圆锥体

10）渲染。箱体表面材质为釉面耐火金属漆，中间小球材质为黑色金属。

操作技巧

➢ 在进行旋转面操作时，要注意坐标轴的方向。指定旋转轴时，因为指定两个点的方向不同，旋转面的方向也不同。

➢ 在进行旋转面操作时，指定轴点是用来选择一种确定轴线的方式。

➢ 在进行倾斜面操作时，指定基点是用来指定倾斜后不动的点，指定沿倾斜轴的另一点是用来选择倾斜后改变方向的点。

知识链接

一、旋转面

1. 旋转面的操作方法

（1）菜单栏　选择【修改】→【实体编辑】→【旋转面】命令。

（2）功能区　单击【实体编辑】面板中的【旋转面】按钮。

2. 操作步骤

命令：_solidedit

实体编辑自动检查：SOLIDCHECK=1

输入实体编辑选项［面（F）/ 边（E）/ 体（B）/ 放弃（U）/ 退出（X）］〈退出〉：f

输入面编辑选项

［拉伸（E）/ 移动（M）/ 旋转（R）/ 偏移（O）/ 倾斜（T）/ 删除（D）/ 复制（C）/ 颜色（L）/ 材质（A）/ 放弃（U）/ 退出（X）］〈退出〉：r

选择面或［放弃（U）/ 删除（R）］：找到一个面。（单击前面）

选择面或［放弃（U）/ 删除（R）/ 全部（ALL）］：（单击另一面后面，如果选择了不应选的面，可以输入 R，然后单击要删除的面）

指定轴点或［经过对象的轴（A）/ 视图（V）/X 轴（X）/Y 轴（Y）/Z 轴（Z）］〈两点〉：

指定旋转原点〈0，0，0〉：

指定旋转角度或［参照（R）］：

二、倾斜面

1. 操作方法

（1）菜单栏　选择【修改】→【实体编辑】→【倾斜面】命令。

（2）功能区　单击【实体编辑】面板中的【倾斜面】按钮。

2. 操作步骤

命令：_solidedit

实体编辑自动检查：SOLIDCHECK=1

输入实体编辑选项［面（F）/ 边（E）/ 体（B）/ 放弃（U）/ 退出（X）］〈退出〉：_face

输入面编辑选项

［拉伸（E）/ 移动（M）/ 旋转（R）/ 偏移（O）/ 倾斜（T）/ 删除（D）/ 复制（C）/ 颜色（L）/ 材质（A）/ 放弃（U）/ 退出（X）］〈退出〉：_taper

选择面或［放弃（U）/ 删除（R）］：找到一个面。

选择面或［放弃（U）/ 删除（R）/ 全部（ALL）］：

指定基点：

指定沿倾斜轴的另一个点：

指定倾斜角度：

三、复制边

1. 操作方法

（1）菜单栏　选择【修改】→【实体编辑】→【复制边】命令。

（2）功能区　单击【实体编辑】面板中的【复制边】按钮。

2. 操作步骤

命令：_solidedit

实体编辑自动检查：SOLIDCHECK=1

输入实体编辑选项［面（F）/ 边（E）/ 体（B）/ 放弃（U）/ 退出（X）］〈退出〉：_edge

输入边编辑选项［复制（C）/ 着色（L）/ 放弃（U）/ 退出（X）］〈退出〉：_copy

选择边或［放弃（U）/ 删除（R）］:
选择边或［放弃（U）/ 删除（R）］:
指定基点或位移:
指定位移的第二点:
输入边编辑选项［复制（C）/ 着色（L）/ 放弃（U）/ 退出（X）］〈退出〉:

四、平截面圆锥体的绘制

选择【工具】菜单→【选项板】→【工具选项板】命令，在【建模】选项卡中单击【平截面圆锥体】按钮。命令行提示如下：

命令：_cone
指定底面的中心点或［三点（3P）/ 两点（2P）/ 切点、切点、半径（T）/ 椭圆（E）］:
指定底面半径或［直径（D）］:
指定高度或［两点（2P）/ 轴端点（A）/ 顶面半径（T）］〈1.0000〉: _top
指定顶面半径〈0.0000〉:
指定高度或［两点（2P）/ 轴端点（A）］〈1.0000〉:　　（如图 7-12a 所示）

五、椭圆形圆柱体的绘制

单击【工具】菜单→【选项板】→【工具选项板】，在【建模】选项卡中单击【椭圆形圆柱体】按钮。命令行提示如下：

命令：_cylinder
指定底面的中心点或［三点（3P）/ 两点（2P）/ 切点、切点、半径（T）/ 椭圆（E）］: e
指定第一个轴的端点或［中心（C）］:
指定第一个轴的其他端点:
指定第二个轴的端点:
指定高度或［两点（2P）/ 轴端点（A）］:　　（如图 7-12b 所示）

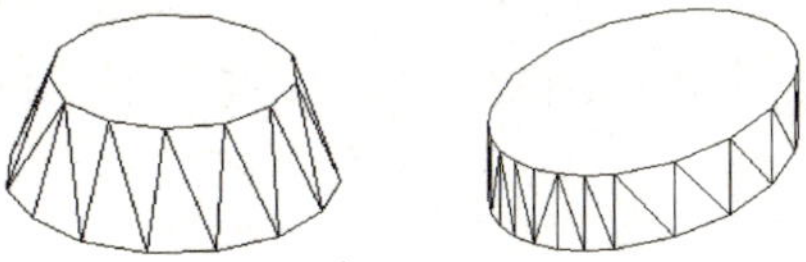

a)　　　　b)

图 7-12　平截面圆锥体和椭圆形圆柱体

六、二维螺旋的绘制

单击【工具】菜单→【选项板】→【工具选项板】命令，在【建模】选项卡中单击【二维螺旋】按钮，绘制中心点为（0，0，0），底面半径为 20mm，顶面半径为 5mm，高为 0，圈数为 8 的二维螺旋，如图 7-13 所示。命令行提示如下：

命令：_helix
圈数 =8.0000　扭曲 =CCW

指定底面的中心点：
指定底面半径或［直径（D）］〈20.0000〉：
指定顶面半径或［直径（D）］〈5.0000〉：
指定螺旋高度或［轴端点（A）/ 圈数（T）/ 圈高（H）/ 扭曲（W）］〈0.0000〉：

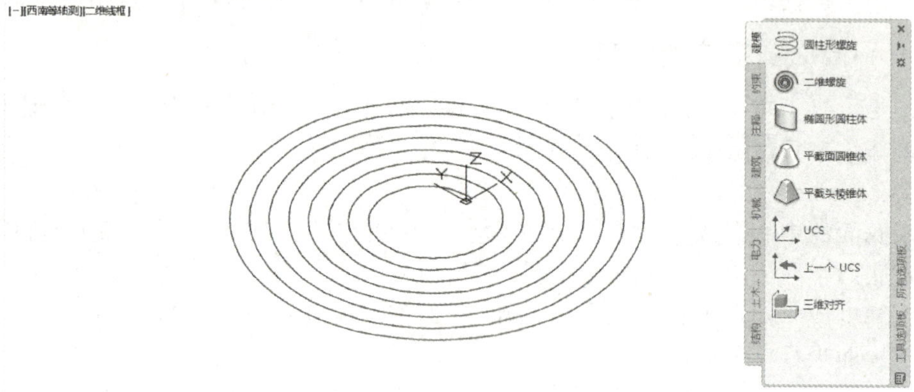

图 7-13　二维螺旋

七、圆柱形螺旋的绘制

单击【工具】菜单→【选项板】→【工具选项板】命令，在【建模】选项卡中单击【圆柱形螺旋】按钮，绘制中心点为（0，0，0），底面半径为 20mm，顶面半径为 20mm，高为 20mm，圈数为 8 的圆柱形螺旋，如图 7-14 所示。命令行提示如下：

命令：_helix
圈数 =8.0000　扭曲 =CCW
指定底面的中心点：
指定底面半径或［直径（D）］〈20.0000〉：
指定顶面半径或［直径（D）］〈20.0000〉：
指定螺旋高度或［轴端点（A）/ 圈数（T）/ 圈高（H）/ 扭曲（W）］〈20.0000〉：

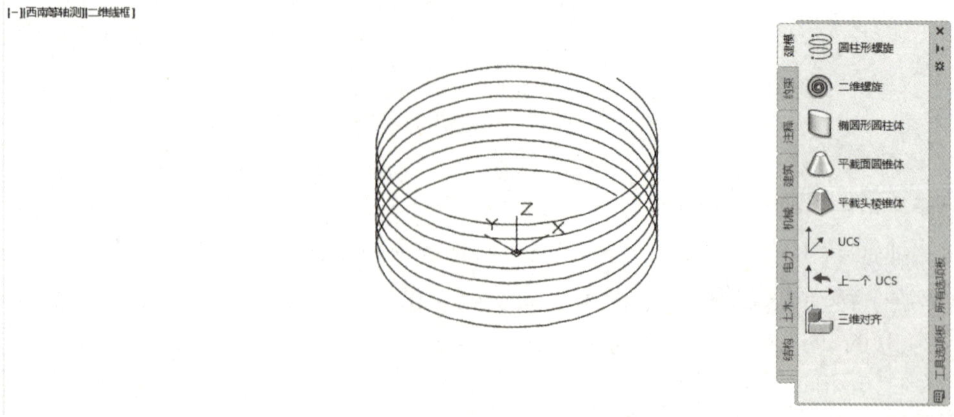

图 7-14　圆柱形螺旋

除以上的命令以外，工具选项板的【建模】选项卡中还有 UCS 命令。

图 7-15　支架

任务考核

一、操作训练

利用本任务所学的旋转面、倾斜面等命令绘制图 7-15 所示支架，尺寸自定。

二、思考练习

1. 简述旋转面的含义和操作步骤。
2. 简述倾斜面的含义和操作步骤。

任务三　花篮的绘制

7-3 花篮的绘制

任务描述

绘制图 7-16 所示花篮。

任务分析

本任务利用直线、圆弧等命令绘制花篮的边缘线，再利用网格圆环体创建圆边。

通过本任务的学习，要达到如下目标：

1. 掌握运用网格中的图元命令绘制网格体的方法。
2. 掌握利用网格中的边界曲面等创建网格面的方法。

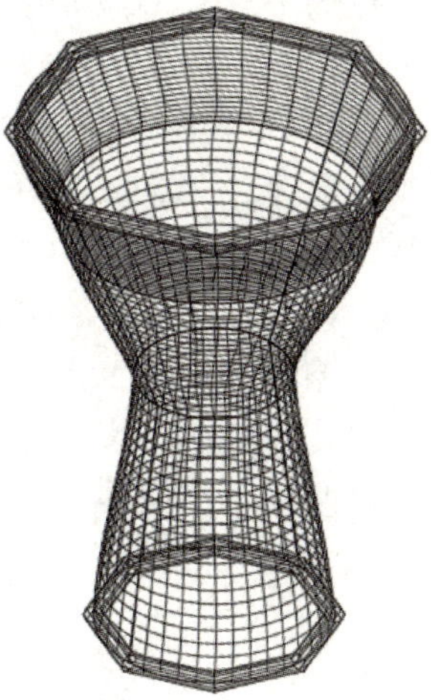

图 7-16　花篮

任务实施

1）在俯视图中绘制圆弧，单击【三维建模】工作空间中的【常用】选项卡→【绘图】面板中的三点【圆弧】按钮，绘制四段圆弧。结果如图 7-17 所示。命令行提示如下：

命令：_arc

指定圆弧的起点或［圆心（C）］：-6，0，0

指定圆弧的第二个点或［圆心（C）/ 端点（E）］：0，-6，0

指定圆弧的端点：6，0，0

命令：_arc

指定圆弧的起点或［圆心（C）］：-4，0，15

指定圆弧的第二个点或［圆心（C）/ 端点（E）］：0，-4，15

指定圆弧的端点：4，0，15
命令：_arc
指定圆弧的起点或 [圆心（C）]：-8，0，25
指定圆弧的第二个点或 [圆心（C）/ 端点（E）]：0，-8，25
指定圆弧的端点：8，0，25
命令：_arc
指定圆弧的起点或 [圆心（C）]：-10，0，30
指定圆弧的第二个点或 [圆心（C）/ 端点（E）]：0，-10，30
指定圆弧的端点：10，0，30

单击【视图控件】按钮→【西南等轴测】，将当前视图转化为西南等轴测图，如图 7-18 所示。

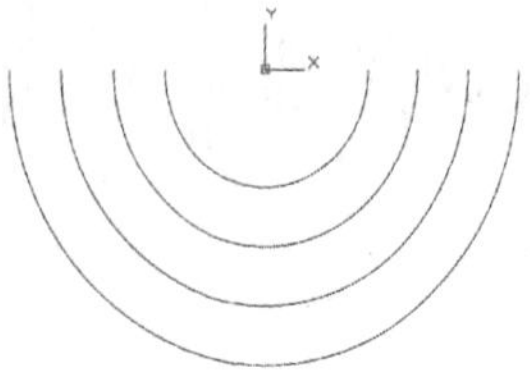

图 7-17　绘制圆弧

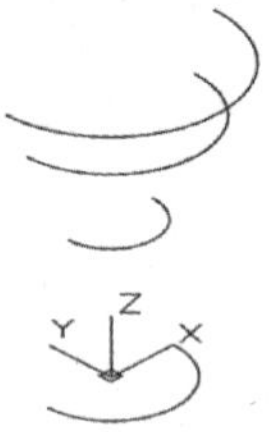

图 7-18　西南等轴测图

2）单击【三维建模】工作空间中的【常用】选项卡→【绘图】面板中的【直线】按钮，绘制四条直线，如图 7-19 所示。直线 1 起点为（-6，0，0），端点为（-4，0，15）；直线 2 起点为（-4，0，15），端点为（-8，0，25）；直线 3 起点为（-8，0，25），端点为（-10，0，30）；直线 4 起点为（6，0，0），端点为（4，0，15）；直线 5 起点为（4，0，15），端点为（8，0，25）；直线 6 起点为（8，0，25），端点为（10，0，30）。

3）设置网格数。命令行提示如下：
命令：_SURFTAB1
输入 SURFTAB1 的新值〈6〉：20
命令：_SURFTAB2
输入 SURFTAB2 的新值〈6〉：20

4）单击【三维建模】工作空间中的【网格】选项卡→【图元】面板中的【建模、网格、边界曲面】按钮，选择围成曲面的四条边，将曲面内部填充线条，如图 7-20 所示。

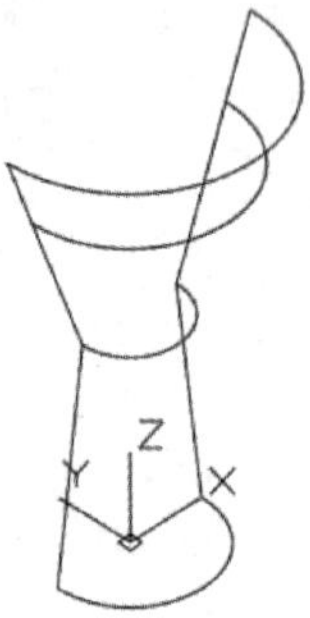

图 7-19　绘制直线

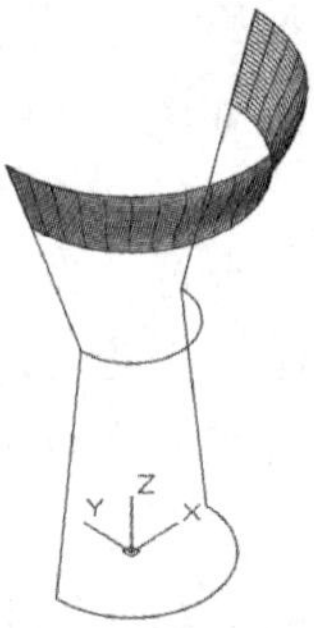

图 7-20　填充边界曲面

同理，填充其他边界曲面，如图 7-21 所示。

5）单击【三维建模】工作空间中的【常用】选项卡→【修改】面板中的【三维镜像】按钮，镜像边界曲面。命令行提示如下：

命令：_mirror3d

选择对象：

指定对角点：(选中全部对象)

选择对象：

指定镜像平面（三点）的第一个点或［对象（O）/ 最近的（L）/Z 轴（Z）/ 视图（V）/XY 平面（XY）/YZ 平面（YZ）/ZX 平面（ZX）/ 三点（3）］〈三点〉：

正在检查 861 个交点 ...

在镜像平面上指定第二点：

在镜像平面上指定第三点：

是否删除源对象？［是（Y）/ 否（N）］〈否〉：　　　　（效果如图 7-22 所示）

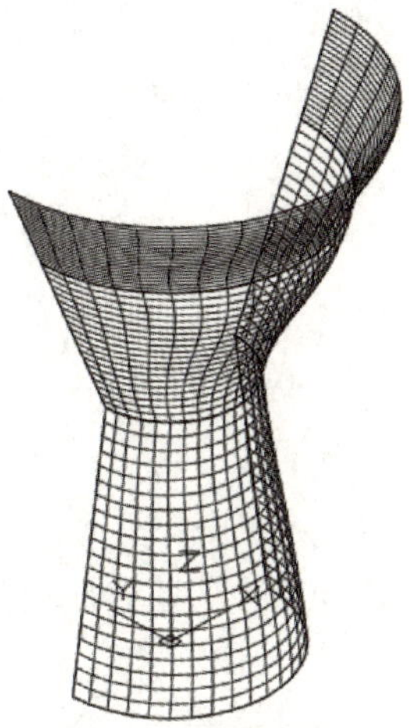

图 7-21　填充其他边界曲面

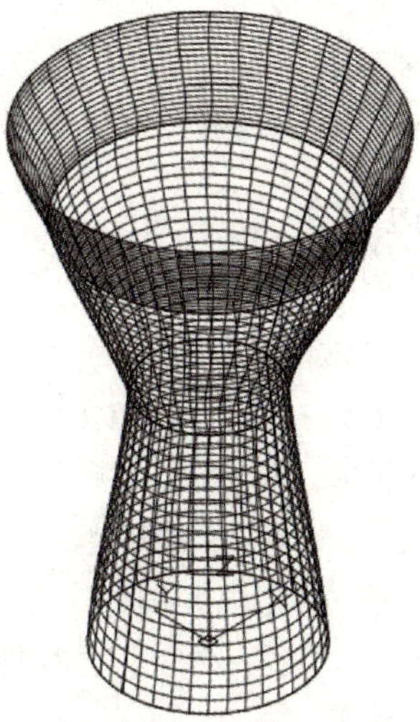

图 7-22　三维镜像

6）绘制顶面和底面网格圆环体。单击【三维建模】工作空间中的【网格】选项卡→【图元】面板中的【网格长方体】按钮下的小三角→【网格圆环体】按钮。命令行提示如下：

命令：_mesh

当前平滑度设置为：0

输入选项［长方体（B）/ 圆锥体（C）/ 圆柱体（CY）/ 棱锥体（P）/ 球体（S）/ 楔体（W）/圆环体（T）/ 设置（SE）］〈长方体〉：t

指定中心点或［三点（3P）/ 两点（2P）/ 切点、切点、半径（T）］：0，0，0

指定半径或［直径（D）］：6

指定圆管半径或［两点（2P）/ 直径（D）］：0.5

命令：_mesh

当前平滑度设置为：0

输入选项 [长方体 (B)/ 圆锥体 (C)/ 圆柱体 (CY)/ 棱锥体 (P)/ 球体 (S)/ 楔体 (W)/ 圆环体 (T) / 设置 (SE)] 〈圆环体〉: t

指定中心点或 [三点 (3P) / 两点 (2P) / 切点、切点、半径 (T)]：0，0，30

指定半径或 [直径 (D)]：10

指定圆管半径或 [两点 (2P) / 直径 (D)]：0.5

7) 结束任务。

操作技巧

➢ 在绘制边界曲面时，如果不出现曲面，则所绘制图形可能没有四条边，可以重新绘制圆弧。

➢ 绘制直线时，可以不使用起点、端点坐标，而采用捕捉圆弧端点的方法绘制六条直线。

知识链接

一、边界曲面

在四条彼此相连的边或曲线之间创建网格。

1. 操作方法

（1）菜单栏　选择【绘图】→【建模】→【网格】→【边界网格】。

（2）功能区　单击【草图与注释】工作空间中的【三维工具】选项卡→【建模】面板中的【边界曲面】按钮，或者单击【三维基础】工作空间中的【默认】选项卡→【创建】面板中的【边界曲面】按钮，或者单击【三维建模】工作空间中的【网格】选项卡→【图元】面板中的【边界曲面】按钮。

2. 操作步骤

命令：_edgesurf　　（先修改线框密度）

当前线框密度：SURFTAB1=20　SURFTAB2=20

选择用作曲面边界的对象 1：

选择用作曲面边界的对象 2：

选择用作曲面边界的对象 3：

选择用作曲面边界的对象 4：

选择四条用于定义网格的边。边可以是直线、圆弧、样条曲线或开放的多段线，这些边必须在端点处相交以形成一个闭合路径。

二、直纹曲面

在两条直线或曲线之间创建表示曲面的网格。

1. 操作方法

（1）菜单栏　选择【绘图】→【建模】→【网格】→【直纹网格】。

（2）功能区　单击【草图与注释】工作空间中的【三维工具】选项卡→【建模】面板中的【直纹曲面】按钮，或者单击【三维基础】工作空间中的【默认】选项卡→【创建】面板中的【直纹曲面】按钮，或者单击【三维建模】工作空间中的【网格】选项卡→【图元】面板中的【直纹曲面】按钮。

2. 操作步骤

命令：_rulesurf

当前线框密度：SURFTAB1=20

选择第一条定义曲线：

选择第二条定义曲线：（效果如图 7-23 所示）

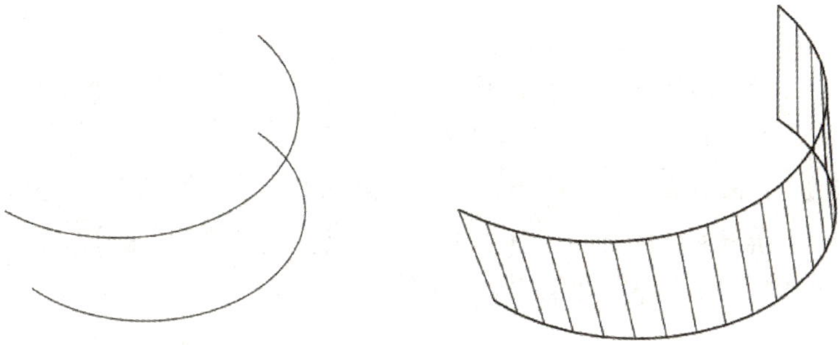

图 7-23　直纹曲面

选择两条用于定义网格的边，边可以是直线、圆弧、样条曲线、圆或多段线。如果有一条边是闭合的，那么另一条边也必须是闭合的。也可以将点用作开放曲线或闭合曲线的一条边。

三、平移曲面

从沿直线路径扫掠的直线或曲线创建网格。

1. 操作方法

（1）菜单栏　选择【绘图】→【建模】→【网格】→【平移网格】。

（2）功能区　单击【草图与注释】工作空间中的【三维工具】选项卡→【建模】面板中的【平移曲面】按钮，或者单击【三维基础】工作空间中的【默认】选项卡→【创建】面板中的【平移曲面】按钮，或者单击【三维建模】工作空间中的【网格】选项卡→【图元】面板中的【平移曲面】按钮。

2. 操作步骤

命令：_tabsurf

当前线框密度：SURFTAB1=6

选择用作轮廓曲线的对象：

选择用作方向矢量的对象：　（效果如图 7-24 所示）

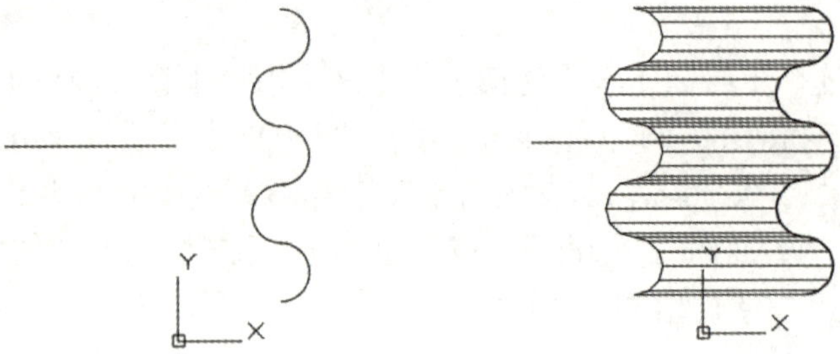

图 7-24　平移曲面

选择直线、圆弧、圆、椭圆或多段线，用于以直线路径进行扫掠。然后选择直线或多段线，以确定矢量的第一个点和最后一个点，该矢量指示多边形网格的方向和长度。

四、旋转曲面

1. 操作方法

（1）菜单栏　选择【绘图】→【建模】→【网格】→【旋转网格】。

（2）功能区　单击【草图与注释】工作空间中的【三维工具】选项卡→【建模】面板中的【旋转曲面】按钮，或者单击【三维基础】工作空间中的【默认】选项卡→【创建】面板中的【旋转曲面】按钮，或者单击【三维建模】工作空间中的【网格】选项卡→【图元】面板中的【旋转曲面】按钮。

2. 操作步骤

命令：_revsurf

当前线框密度：SURFTAB1=6　SURFTAB2=20

选择要旋转的对象：

选择定义旋转轴的对象：

指定起点角度〈0〉：

指定夹角（+= 逆时针，–= 顺时针）〈360〉:（效果如图 7-25 所示）

图 7-25　旋转曲面

选择直线、圆弧、圆或二维 / 三维多段线，沿围绕选定轴的环形路径进行扫掠。

五、【网格】选项卡

单击打开【三维建模】工作空间中的【网格】选项卡，如图 7-26 所示。利用【网格】

选项卡可以进行网格编辑，如提高（降低）平滑度、增加锐化、拉伸面、分割面、合并面等操作。

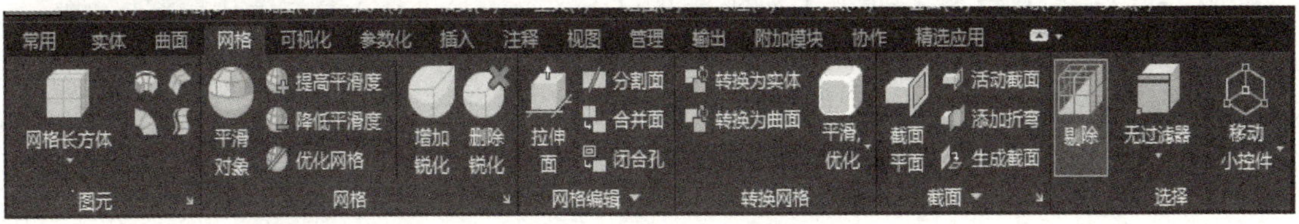

图 7-26 【网格】选项卡

任务考核

一、操作训练

利用直线、圆弧（注意转换 UCS）、边界曲面绘制图 7-27 所示足球门。

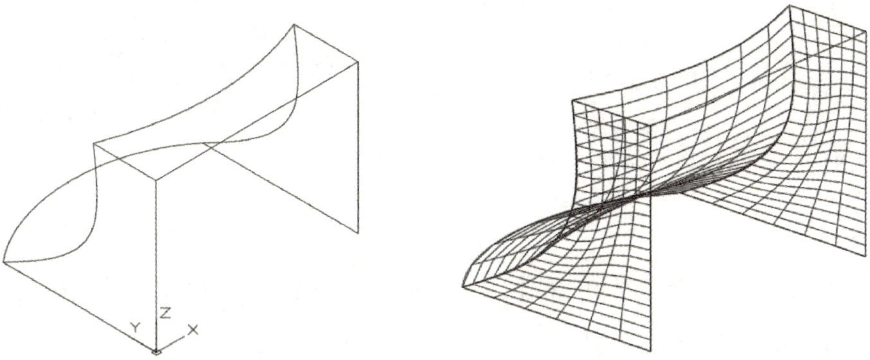

图 7-27　足球门

二、思考练习

1. 简述创建网格面的方法。
2. 如何利用网格中的边界曲面等创建网格面？

任务四　手机外壳的绘制

任务描述

设计并绘制图 7-28 所示手机外壳实体图。

7-4 手机外壳的绘制

任务分析

手机外壳是一种目前非常流行而时尚的产品，随着手机的普及，给手机美容逐渐成了年轻人展示个性的一种方式。手机外壳的绘图方法有很多，本任务通过长方体的抽壳、圆角等命令来进行手机外壳的实体建模。

通过本任务的学习，要达到如下目标：

1. 掌握运用长方体、矩形、拉伸、圆角、布尔运算等命令绘制手机外壳的方法。

2. 掌握运用抽壳等命令来绘制三维实体的方法。

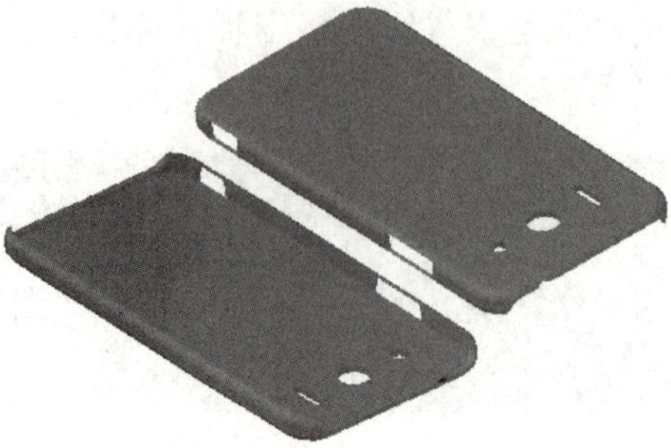

图 7-28　手机外壳

任务实施

1. 绘制大圆角长方体

（1）在俯视图中绘制图 7-29 所示的矩形。第一个角点坐标为（0，0），并根据给定尺寸绘制圆角矩形。

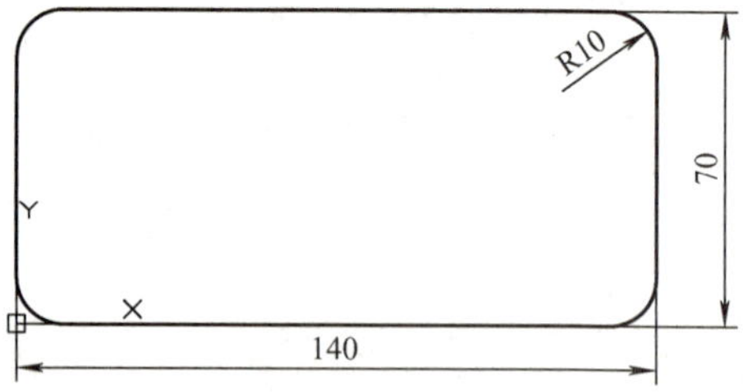

图 7-29　圆角矩形

（2）拉伸。将上述圆角矩形拉伸，高度为 8mm。

（3）选择【视图】菜单→【三维视图】→【西南等轴测】命令。

2. 抽壳

单击【三维建模】工作空间中的【实体】选项卡→【实体编辑】面板中的【抽壳】按钮，命令行提示如下：

命令：_solidedit

实体编辑自动检查：SOLIDCHECK=1

输入实体编辑选项［面（F）/ 边（E）/ 体（B）/ 放弃（U）/ 退出（X）］〈退出〉：_body

输入体编辑选项［压印（I）/ 分割实体（P）/ 抽壳（S）/ 清除（L）/ 检查（C）/ 放弃（U）/ 退出（X）］〈退出〉：_shell

选择三维实体：　　（单击上述的圆角长方体）

删除面或［放弃（U）/ 添加（A）/ 全部（ALL）］：

找到一个面，已删除 1 个　　（单击顶面）

删除面或［放弃（U）/ 添加（A）/ 全部（ALL）］：　　（按〈 Enter 〉键）

输入抽壳偏移距离：1　　（按〈 Enter 〉键）

3. 圆角边

单击【三维建模】空间中的【实体】选项卡→【实体编辑】面板中的【圆角边】按钮。对抽壳后的实体进行圆角，上、下外边圆角半径为 3mm，命令行提示如下：

命令：_filletedge

半径 =1.0000

选择边或［链（C）/ 环（L）/ 半径（R）]：c
选择边链或［边（E）/ 半径（R）]：r
输入圆角半径或［表达式（E）]〈1.0000〉：3
选择边链或［边（E）/ 半径（R）]：　　　　（单击底边）
选择边链或［边（E）/ 半径（R）]：　　　　（按〈Enter〉键）
已选定 8 个边用于圆角。
选择边链或［边（E）/ 半径（R）]：

4. 绘制小圆角长方体

1）将视图转换为左视图，绘制图 7-30 所示的图形。

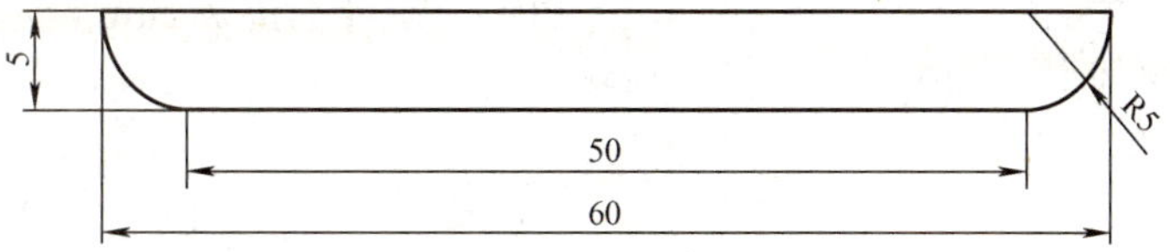

图 7-30　圆角矩形

2）拉伸。将上述图形创建成面域并拉伸，高度为 140mm。

3）将视图转换为俯视图再转换为西南等轴测。单击【修改】面板中的【移动】按钮，以小圆角长方体的最边上的中点为基点，移动到点（0，35，8），如图 7-31 所示。注意坐标的位置与方向。

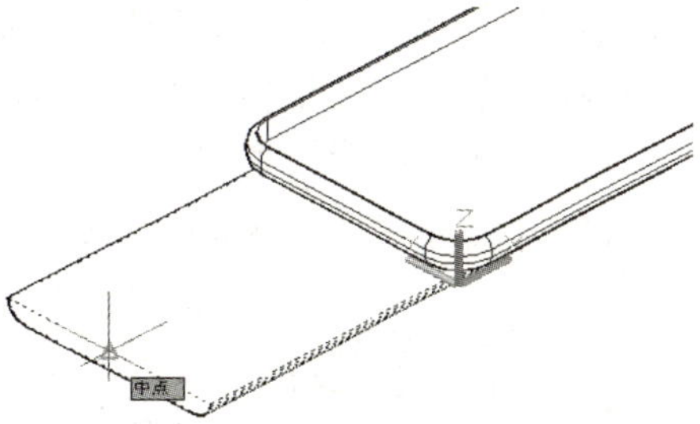

图 7-31　移动基点

4）求大圆角长方体和小圆角长方体的差集。

5. 绘制小孔

1）将视图转换为俯视图。绘制大圆柱，圆心坐标为（120，35，0），半径为 5mm，高为 3mm。绘制小圆柱，圆心坐标为（120，52，0），半径为 2.5mm，高为 3mm。求手机外壳与大、小两个圆柱的差集。

2）绘制图 7-32 所示的槽孔图形，将其创建成面域后拉伸，高度为 3mm。

3）将视图转换为西南等轴测，单击【修改】面板中的【移动】按钮，捕捉上述实体底面中点为基点，将其移动到点（120，18，0），求大圆角长方体与槽孔实体的差集。

6. 绘制按键孔

1）将视图转换为后视图，绘制图 7-33 所示的按键孔图形。

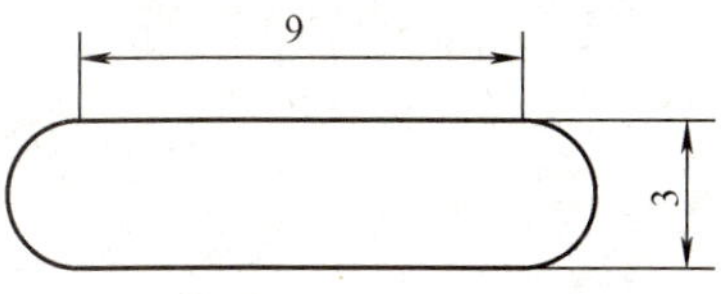

图 7-32　槽孔

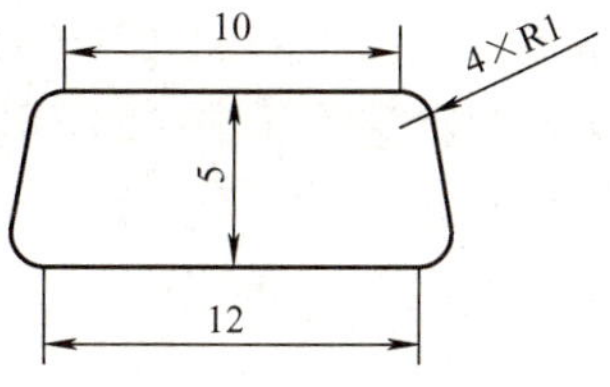

图 7-33　按键孔

2）将上述按键孔图形创建成面域后拉伸，高度为 5mm。

3）将视图转换为俯视图后再转换为西南等轴测，坐标轴的位置和方向同图 7-31 所示。单击【修改】面板中的【移动】按钮，捕捉键孔底面的中点，将其移动到点（20，2，2）。再复制一个键孔，同样以底面中点为基点将其移动到点（100，2，2），求大圆角长方体与两个键孔实体的差集。

4）同理，绘制上述图形，将图 7-33 所示的尺寸 10mm 和 12mm 改为 20mm 和 24mm。将其创建成面域后拉伸，高度为 5mm，将其移动到点（42，2，2）。求大圆角长方体与该实体的差集。

7. 绘制耳机孔

将视图转换为左视图，绘制半径为 3mm 的圆，拉伸高度为 5mm，捕捉圆柱右底面的中心点，将其移动到点（140，18，5），坐标位置与方向同上。求大圆角长方体与耳机孔实体的差集。

操作技巧

➢ 在操作过程中，在西南等轴测中，以长方体的角点为原点来计算坐标，原点不同，坐标也不同，用户在操作时应注意根据坐标系位置来计算坐标。

➢ 抽壳命令可以用指定的厚度从三维实体中创建一个空的薄层，可以为所有面指定一个固定的薄层高度，通过选择面可以将所有面排除在壳外。一个三维实体只能有一个壳。可以通过将现有面偏移出其原位置来创建新的面。

知识链接

一、抽壳

将三维实体转换为中空壳体，可指定其抽壳厚度。

1. 操作方法

（1）菜单栏　选择【修改】→【实体编辑】→【抽壳】命令 抽壳(H)。

（2）功能区　单击【三维建模】工作空间中的【实体】选项卡→【实体编辑】面板中的【抽壳】按钮。

（3）命令行　SOLIDEDIT。

2. 操作步骤

命令：_solidedit

实体编辑自动检查：SOLIDCHECK=1

输入实体编辑选项［面（F）/ 边（E）/ 体（B）/ 放弃（U）/ 退出（X）］〈退出〉：_body

输入体编辑选项［压印（I）/ 分割实体（P）/ 抽壳（S）/ 清除（L）/ 检查（C）/ 放弃（U）/ 退出（X）］〈退出〉：_shell

选择三维实体：

删除面或［放弃（U）/ 添加（A）/ 全部（ALL）］：（单击要删除的面）

删除面或［放弃（U）/ 添加（A）/ 全部（ALL）］:（按〈Enter〉键）

输入抽壳偏移距离：

二、分割

将具有多个不连续部分的三维实体对象分割成独立的三维实体。

1. 操作方法

（1）菜单栏 选择【修改】→【实体编辑】→【分割】命令。

（2）功能区 单击【三维建模】工作空间中的【实体】选项卡→【实体编辑】面板中的【抽壳】按钮下面的小三角→【分割】按钮。

（3）命令行 SOLIDEDIT。

2. 操作步骤

命令：_solidedit

实体编辑自动检查：SOLIDCHECK=1

输入实体编辑选项［面（F）/ 边（E）/ 体（B）/ 放弃（U）/ 退出（X）］〈退出〉: _body

输入体编辑选项［压印（I）/ 分割实体（P）/ 抽壳（S）/ 清除（L）/ 检查（C）/ 放弃（U）/ 退出（X）］〈退出〉: _separate

选择三维实体：

三、清除

删除三维实体上所有多余的边和顶点。

1. 操作方法

（1）菜单栏 选择【修改】→【实体编辑】→【清除】命令。

（2）功能区 单击【三维建模】工作空间中的【实体】选项卡→【实体编辑】面板中的【抽壳】按钮下面的小三角→【清除】按钮。

（3）命令行 SOLIDEDIT。

2. 操作步骤

命令：_solidedit

实体编辑自动检查：SOLIDCHECK=1

输入实体编辑选项［面（F）/ 边（E）/ 体（B）/ 放弃（U）/ 退出（X）］〈退出〉: _body

输入体编辑选项［压印（I）/ 分割实体（P）/ 抽壳（S）/ 清除（L）/ 检查（C）/ 放弃（U）/ 退出（X）］〈退出〉: _clean

选择三维实体：

四、检查

检查三维实体中的几何数据。

（1）菜单栏 选择【修改】→【实体编辑】→【检查】命令。

（2）功能区 单击【三维建模】工作空间中的【实体】选项卡→【实体编辑】面板中的【抽壳】按钮下面的小三角→【检查】按钮。

（3）命令行 SOLIDEDIT。

五、模型空间

模型空间是完成绘图和设计工作的工作空间。在模型空间中建立的模型可以完成二维或三维物体的造型，并且可以根据需要，用多个二维或三维视图来表示物体，同时有尺寸标注和注释等，以完成所需要的绘图工作。用户可以创建多个不重叠的视口，以展示图形的不同视图。模型空间中的每一个视口都可以分别定义坐标。不论改变哪一个视口中的对象，其他视口中的对象也会相应地改变，也就是说，不同视口中的对象其实是同一个对象，改变的只是不同的观察方向。

六、图纸空间（布局空间）

图纸空间用于图形排列、绘制局部放大图及绘制视图。通过移动或改变视口的尺寸，可以在图纸空间中排列视图。用户可以将图纸空间看作一张绘图纸，通常在模型空间中绘制好图形以后，将图形以一定的比例放置在图纸空间中。在图纸空间中不能进行绘图，但可以标注尺寸和文字。在图纸空间中，视口被作为对象来看待并且可用标准编辑命令对其进行编辑。在同一绘图页中可以进行不同视图的放置和绘制，而在模型空间中，只能在当前活动的视口中绘制。每个视口都能展现出模型不同部分的视图或不同视点的视图。每个视口中的视图都可以独立编辑，绘制成不同的比例，冻结或解冻特定的图层，给出不同标注或注释。

七、模型空间与图纸空间的切换

1. 标签按钮

单击绘图区左下角的【模型】或【布局】标签，可以进行二者的转换。【模型】标签对应的是【模型空间】,【布局】标签对应的是【图纸空间】。

2. 命令行

在命令行中输入 TILEMODE 命令，当其值设为 1 时，切换到【模型】标签，即模型空间；当其值设为 0 时，切换到【布局】标签，即图纸空间。

八、坐标系图标

模型空间和图纸空间中坐标系的图标显示是不同的，模型空间中的坐标系图标是两个相互垂直的箭头，而在图纸空间中，则是一个三角形。

任务考核

一、操作训练

设置合适的模型空间范围为 30mm × 40mm，利用长方体、圆柱体、抽壳、倒角、圆角、布尔运算等命令绘制图 7-34 所示的三维箱体。长方体长 20mm、宽 24mm、高 10mm，倒角距离为 0.5mm，圆角半径为 3mm，圆柱体底面半径为 1mm，抽壳距离为 0.2mm（绘出图形即可，不用渲染）。

图 7-34 箱体

二、思考练习

1. 抽壳的含义是什么？简述其操作步骤。

2. 什么是模型空间？什么是图纸空间（布局空间）？两者各有什么功能特点？如何进行切换？

任务五　扳手的绘制

任务描述

7-5 扳手的绘制

绘制图 7-35 所示扳手三维图形，并利用布局对其进行投影设置。

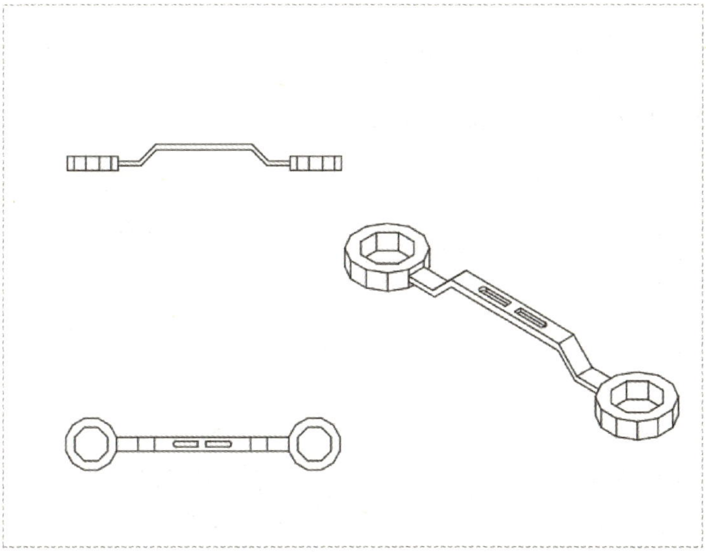

图 7-35　扳手视图

任务分析

扳手是一种常用的安装与拆卸工具。它是利用杠杆原理拧转螺栓、螺钉、螺母和其他螺纹紧持螺栓或螺母的开口或套孔固件的手工工具。本任务将用到“视图的调整方法”和“三维镜像”等操作。另外，本任务中所包含的正十二棱柱和正八棱柱及中间连接的不规则形状由拉伸命令来完成，实体完成后再以基础视图显示。

通过本任务的学习，要达到如下目标：

1. 掌握运用多边形、多段线、拉伸、布尔运算等命令绘制扳手的方法。
2. 掌握运用布局空间来设置投影视图的方法。
3. 掌握运用布局空间来设置全剖、半剖等视图的方法。

任务实施

1）在俯视图中分别绘制一个正十二边形和正八边形，边长均为 10mm，如图 7-36a 所示。再利用对象捕捉追踪把两个正多边形中心点重合，最后结果如图 7-36b 所示。

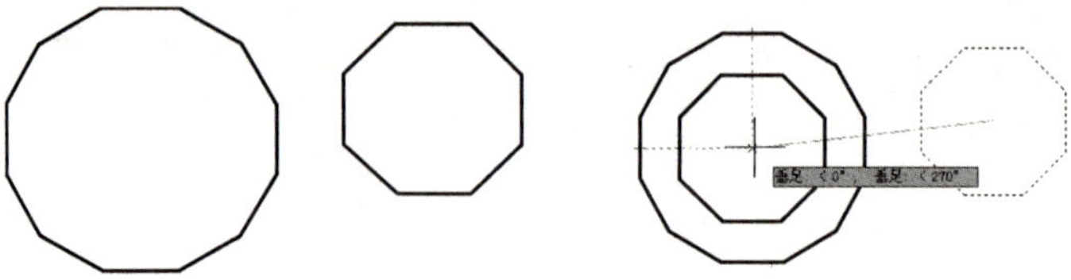

a) b)

图 7-36 绘制正多边形

2）利用拉伸命令将两个正多边形拉伸成实体，高度为 10mm，求两个拉伸实体的差集并调整到西南等轴测图上。

3）把视图调整到左视图，总高为 15mm。绘制图 7-37 所示的多段线。

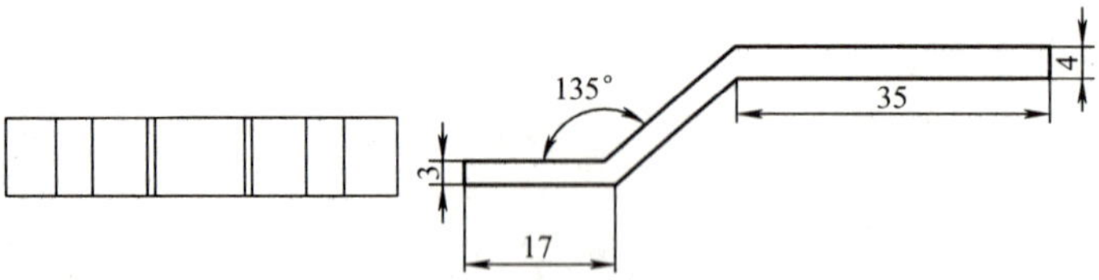

图 7-37 多段线

4）把第 3）步中所绘的多段线拉伸成实体，高度为 10mm，并调整到西南等轴测视图，再利用移动命令将图形对齐，求十二边形实体与拉伸体的并集。

5）新建用户坐标系，利用三点调整坐标系，将 XY 面放在顶面上，在 XY 平面中绘制多段线，起点为（3，3，0），按逆时针方向绘图，并调整位置，再将其拉伸成凹槽实体，拉伸高度为 –2mm，如图 7-38a 所示。

6）求并集后的拉伸体与凹槽体的差集，最后求镜像后所有实体的并集。采用三维镜像命令将上述所有实体镜像到另一边。最后求镜像后所有实体的并集，如图 7-38b 所示。

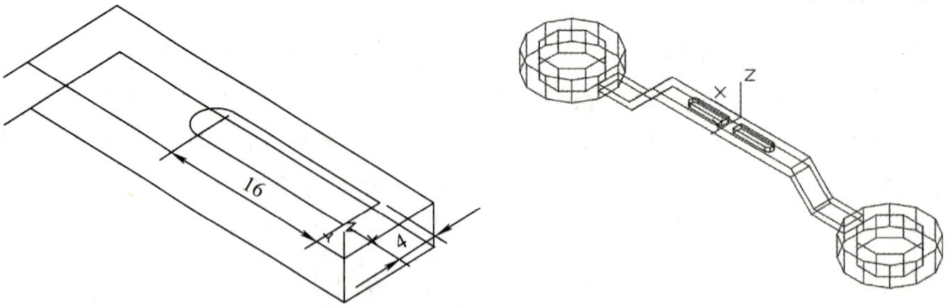

a) b)

图 7-38 扳手的投影基础视图

7）投影视图。在【三维建模】工作空间中，单击【常用】选项卡→【视图】面板中的【基点】按钮下面的小三角→【从模型空间】按钮。分别单击相应的视图位置，即可创建来自模型空间的基础视图。将前视图删除，留下左视图和俯视图，调整缩放比例为 0.5，并将其旋转 90°，轴测图缩放比例为 0.8。双击相应的视图后，单击【隐藏线】命令中的【可见线】按钮，将看不见的线隐藏，并用移动命令将其移动到合适的位置。

操作技巧

➢ 在操作过程中，绘制多边形时要用边（E）命令来绘制。在绘制凹槽时要转换坐标系的位置并将其创建成面域。

➢ 在基础视图创建过程中，可对各视图的图形进行移动、旋转、缩放等操作。

➢ 单击【布局】选项卡→【布局视口】面板右边的箭头可以进行视口的设置。

知识链接

一、创建布局

1. 使用样板创建布局

（1）菜单栏　选择【插入】→【布局】→【来自样板的布局】命令。

（2）功能区　单击【布局】选项卡→【布局】面板中的【新建】按钮小三角→【从样板】按钮。

2. 使用向导创建布局

在菜单栏中选择【插入】→【布局】→【创建布局向导】命令，或者单击【布局】选项卡→【布局】面板中的【新建】按钮小三角→【新建布局】按钮。

二、投影视图

1. 从立体图转化为工程图

（1）基本操作　选择【布局】选项卡→【创建视图】面板→【基点】中的【从模型空间】命令，可创建来自模型空间的基础视图。命令行提示如下：

命令：_viewbase

指定模型源［模型空间（M）/ 文件（F）］〈模型空间〉：_m

选择对象或［整个模型（E）］〈整个模型〉：找到 1 个　（选择模型空间的立体图）

选择对象或［整个模型（E）］〈整个模型〉：　　（按〈Enter〉键）

输入要置为当前的新的或现有布局名称或［？］〈布局 1〉：　　（按〈Enter〉键）

正在重生成布局。

类型 = 基础和投影　隐藏线 = 可见线和隐藏线（I）　比例 =1 : 10

指定基础视图的位置或［类型（T）/ 选择（E）/ 方向（O）/ 隐藏线（H）/ 比例（S）/ 可见性（V）］〈类型〉：　　（光标在前视的位置上单击，按〈Enter〉键后再在其他视图位置上连续单击即可）

选择选项［选择（E）/ 方向（O）/ 隐藏线（H）/ 比例（S）/ 可见性（V）/ 移动（M）/

退出（X）]〈退出〉:

指定投影视图的位置或〈退出〉:

执行上述操作后，可以生成长对正、高平齐、宽相等的基础视图，如图 7-39 所示。若在轴测图中有虚线，可以双击轴测图，单击【外观】面板中的【隐藏线】按钮的小三角，选择【可见线】命令即可。也可在双击后出现的快捷菜单中选择。其他视图的改变方法类似。

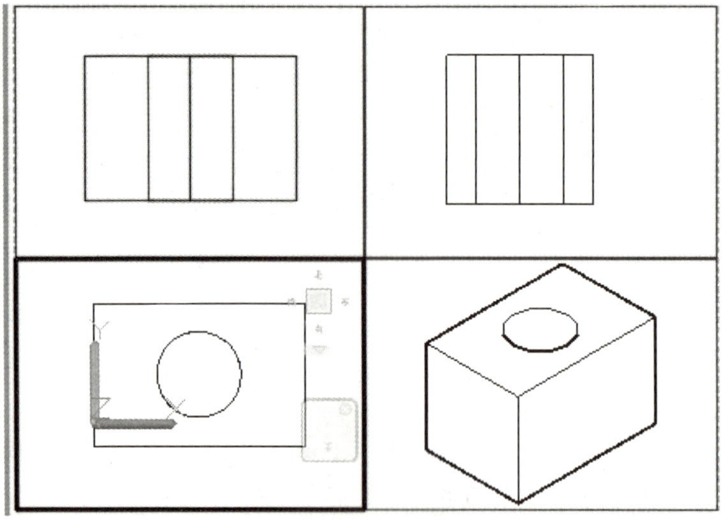

图 7-39　创建基础视图

（2）转换基础视图　在创建基础视图的过程中，会出现【工程视图创建】选项卡，单击【方向】面板中的相应视图按钮即可改变基础视图的显示方式。

（3）基础视图的位置　如果移动前视图，其他两个视图也跟着改变位置，且一直保持长对正、高平齐、宽相等。如果在特殊情况下不想保持以上对正方式，则按〈Shift〉键再移动相应的视图，再次按〈Shift〉键又会再次对齐。

（4）图层　在图层特性管理器中可看到自动生成的图层。在图层中可以修改线型、线宽、颜色等，但不能生成中心线，用户如果需要，可以在布局空间中自己绘制来添加中心线或轴线。

2. 从布局空间转化为模型空间

单击【文件】菜单中的【将布局输出到模型】命令，保存文件，之后可直接打开对象。

三、剖视图的种类

按剖切范围的大小，剖视图可分为全剖视图、半剖视图和局部剖视图。

1. 全剖视图

用剖切面完全地剖开机件所得的剖视图称为全剖视图。全剖视图一般适用外形比较简单、内部结构比较复杂的机件。操作方法如下：

1）将模型空间中的立体图转换为布局空间中相应的基础视图。

2）单击【布局】选项卡→【创建视图】面板中的【截面】下拉按钮→【全剖】按

钮。

执行上述操作可以从工程视图生成全截面视图。命令行提示如下：

命令：_viewsection

选择父视图：找到 1 个

隐藏线 = 可见线（V）比例 =1 ∶ 10　　　　（来自俯视图）

指定起点或［类型（T）/ 隐藏线（H）/ 比例（S）/ 可见性（V）/ 注释（A）/ 图案填充（C）］〈类型〉：

指定起点：　　　　（指定剖切符号的起点）

指定端点或［放弃（U）］：　　　　（指定剖切符号的端点）

指定截面视图的位置或：

选择选项［隐藏线（H）/ 比例（S）/ 可见性（V）/ 投影（P）/ 深度（D）/ 注释（A）/ 图案填充（C）/ 移动（M）/ 退出（X）］〈退出〉：

对图 7-40 中的前视图，在 A—A 和 B—B 进行全剖，之后成功创建全剖视图，如图 7-40 所示。

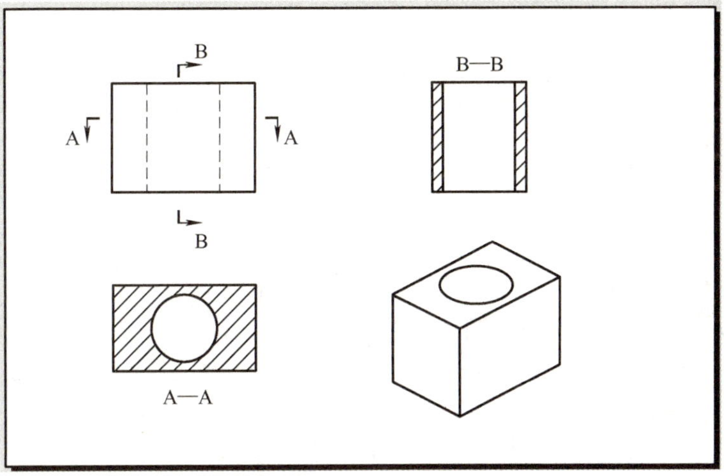

图 7-40　全剖视图

2. 半剖视图

当机件具有对称平面时，在垂直于对称平面的投影面上投射所得的图形，可以以对称中心线为界，一半画成剖视，另一半画成视图，这种图形称为半剖视图。半剖视图既表达机件内部结构，又保留外部形状，常用来表达内外形状都要兼顾的对称机件。操作方法如下：

1）将模型空间中的立体图转换为布局空间中相应的基础视图。

2）单击【布局】选项卡→【创建视图】面板中的【截面】下拉按钮→【半剖】按钮。

执行上述操作可以从工程视图生成半剖视图。操作步骤同全剖类似，故命令行提示过程略。

四、阶梯剖视图

用两个或两个以上互相平行的剖切平面完全地剖开机件所得的剖视图，称为阶梯剖视图。当机件外形简单，其上有较多的内部结构，且它们的轴线不在同一平面内时，可用阶梯剖的全剖视图。操作方法如下：

1）将模型空间中的立体图转换为布局空间中相应的基础视图。

2）单击【布局】选项卡→【创建视图】面板中的【截面】下拉按钮→【阶梯剖】按钮。

执行上述操作可以从工程视图生成阶梯剖视图。

五、旋转剖视图

当用一个剖切平面不能通过机件的各内部结构，而机件在整体上又具有回转轴时，可用两个相交的剖切平面剖开机件，将剖面的倾斜部分旋转到与基本投影面平行，然后进行投影，这样得到的视图称为旋转剖视图。

1）将模型空间中的立体图转换为布局空间中相应的基础视图。

2）单击【布局】选项卡→【创建视图】面板中的【截面】下拉按钮→【旋转剖】按钮。

执行上述操作可以从工程视图生成旋转剖视图。

任务考核

一、操作训练

设置合适的绘图环境，按尺寸绘制图 7-41 所示的泵盖立体图，并在布局 1 中进行投影基础视图的设置及左视图全剖视图的设置。

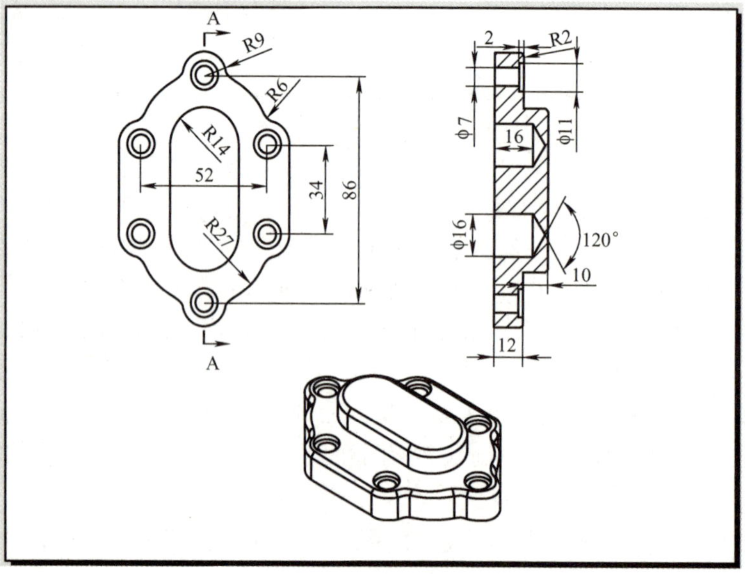

图 7-41　泵盖立体图

二、思考练习

1. 如何利用布局命令生成三视图？
2. 简述如何对工程视图进一步进行全剖、半剖、阶梯剖和旋转剖等操作。

任务六 千斤顶的绘制

任务描述

绘制图 7-42 所示千斤顶各零件实体图，并对其进行装配。

7-6 千斤顶的绘制

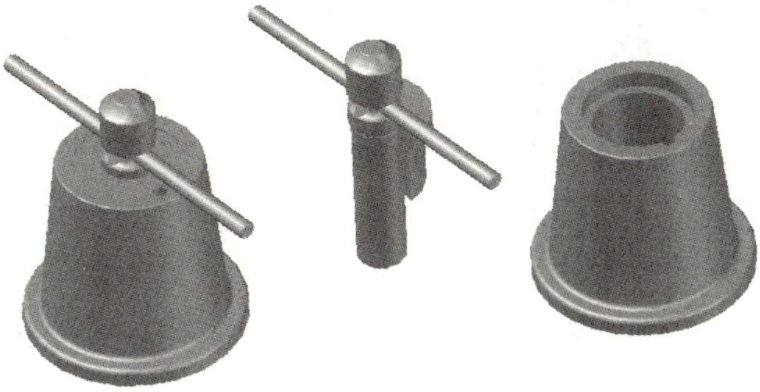

图 7-42 千斤顶

任务分析

千斤顶是一种用刚性顶举件作为工作装置，通过顶部托座或底部托爪在行程内顶升重物的轻小起重设备。千斤顶主要在厂矿、交通运输等部门用于车辆修理及其他起重、支撑。其结构轻巧坚固、灵活可靠，一人即可携带和操作。

本任务中包含圆柱的绘制、拉伸、旋转操作等。识读截面图形成的二维图形，根据二维图形旋转成三维实体。识读零件图，根据零件图来计算尺寸，利用合适的尺寸绘制千斤顶的零件图，再将其组合成装配图。

通过本任务的学习，要达到如下目标：

1. 掌握运用直线、旋转、移动、复制、剖切、旋转面和布尔运算等命令绘制千斤顶的方法。
2. 掌握装配图的绘制方法，以提高识图能力和绘图能力。
3. 掌握组合装配图的方法。

任务实施

1. 底座的绘制

将视图转化为前视图。

1）绘制轮廓线。根据图7-43所示的尺寸，用直线命令绘制图7-44所示的底座二维截面轮廓线。

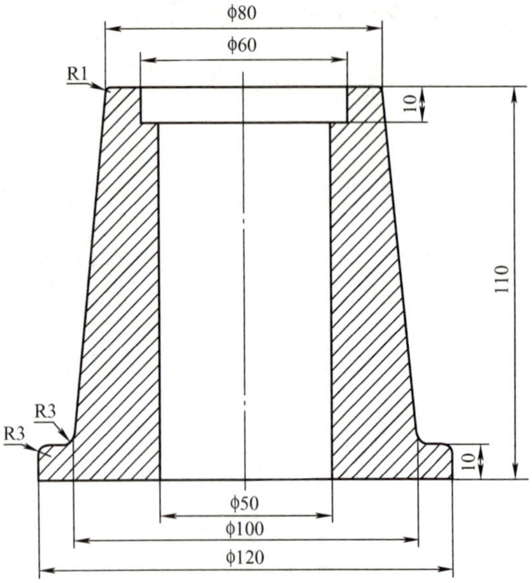

图7-43　底座尺寸

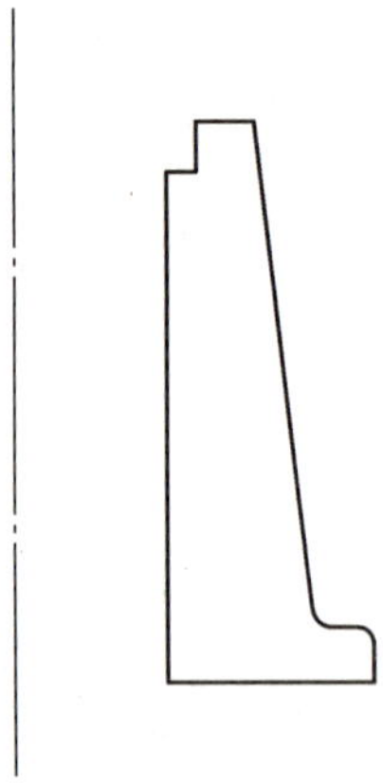

图7-44　底座二维截面轮廓线

2）旋转。将二维截面图形创建成面域，然后单击【三维建模】工作空间中的【实体】选项卡→【实体】面板中的【旋转】按钮，将二维截面图形绕旋转轴旋转360°。

2. 螺套的绘制

1）绘制轮廓线。根据图7-45所示的尺寸，用直线命令绘制图7-46所示的螺套二维截面轮廓线。

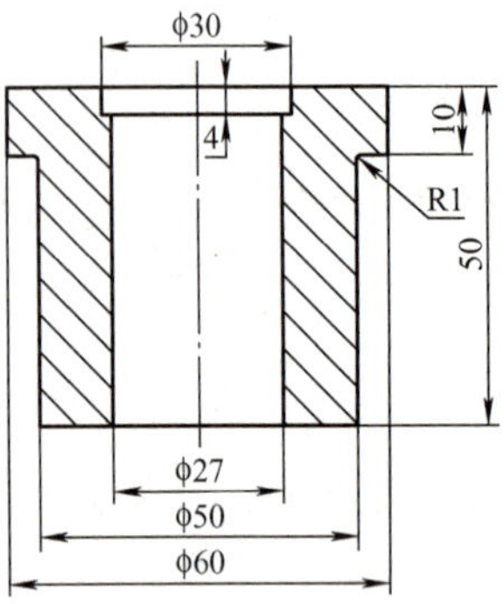

图7-45　螺套尺寸

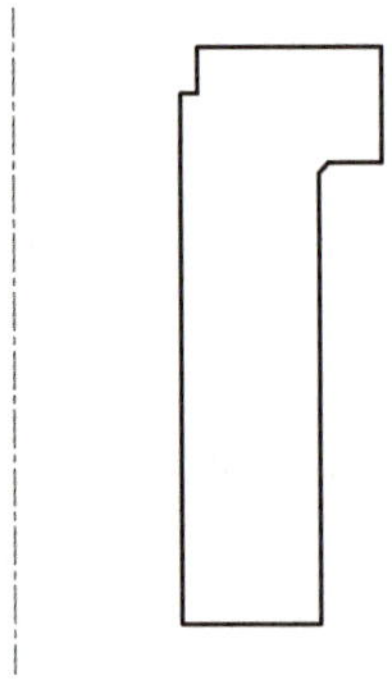

图7-46　螺套二维截面轮廓线

2）旋转。将螺套二维截面图形创建成面域，然后单击【三维建模】工作空间中的【实体】选项卡→【实体】面板中的【旋转】按钮，将二维截面图形绕旋转轴旋转360°。

3. 绘制螺杆

1）绘制轮廓线。根据图7-47所示的尺寸，用直线绘制螺杆二维截面轮廓线。

2）旋转。将螺套二维截面图形创建成面域，然后单击【三维建模】工作空间中的【实体】选项卡→【实体】面板中的【旋转】按钮旋转，将二维截面图形绕旋转轴旋转360°。

4. 绘制绞杆

在前视图中绘制中心点为任意点，半径为 5mm，高为 190mm 的圆柱。

5. 移动螺套和螺杆

将视图转换为西南等轴测，将 UCS 坐标原点移到底座的底面圆心上，单击【常用】选项卡→【修改】面板中的【移动】按钮。捕捉螺套的顶面圆心为基点，将其移动到底座顶面圆心上。同理，捕捉螺杆底面圆心为基点，将其移动到原点上，如图 7-48 所示。

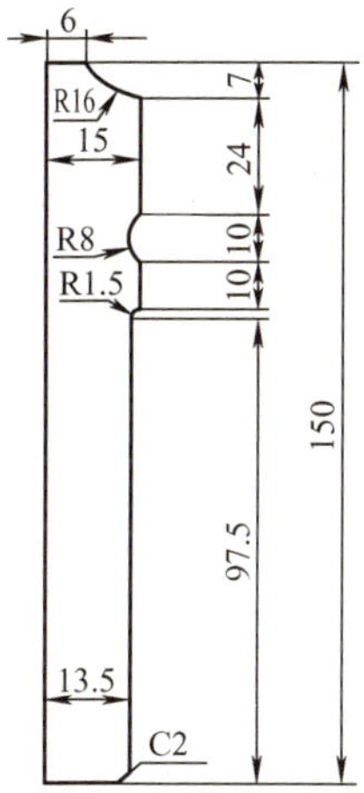

图 7-47　螺杆尺寸

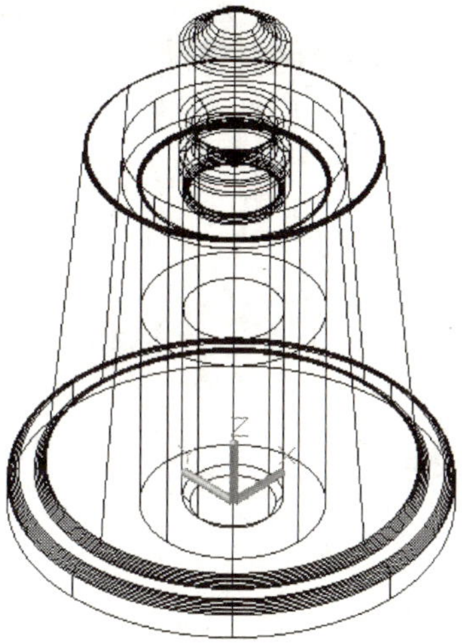

图 7-48　移动螺套和螺杆

6. 移动绞杆

1）同理，捕捉圆柱的底面圆心为基点，将其移动至原点。

2）单击【常用】选项卡→【修改】面板中的【移动】按钮，捕捉螺杆上的点（0，0，104）为基点，移动到（0，0，110）。同理，捕捉圆柱上的点（0，95，0）为基点，移动到（0，0，120）。

7. 复制

1）将圆柱形绞杆原位复制并将一个以（0，0，120）为基点旋转 90°，求螺杆与圆柱绞杆的差集。

2）将底座、螺套、螺杆、绞杆各复制一个。

8. 剖切

选择【修改】菜单→【三维操作】→【剖切】，命令行提示如下：

命令：_slice

选择要剖切的对象：找到 1 个　　　　　　　　（选中螺套）

选择要剖切的对象：

指定切面的起点或［平面对象（O）/ 曲面（S）/Z 轴（Z）/ 视图（V）/XY（XY）/YZ（YZ）/ZX（ZX）/ 三点（3）］〈三点〉：yz

指定 YZ 平面上的点〈0，0，0〉:　　　　　（单击螺套上平行于 YZ 平面上一点）

在所需的侧面上指定点或［保留两个侧面（B）］〈保留两个侧面〉:（单击保留的一侧）

9. 旋转面

单击【常用】选项卡→【实体编辑】面板中的【旋转面】按钮，将图 7-49 所示螺套左边平面以中心轴为轴旋转 30°，然后，将图 7-50 所示右边平面以螺套最外边棱边为轴旋转 10° 即可。选择旋转轴时注意方向，方向不同则角度不同。

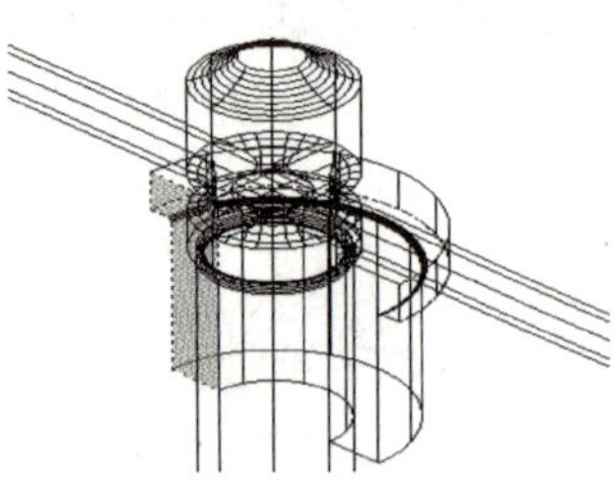

图 7-49　旋转左边平面

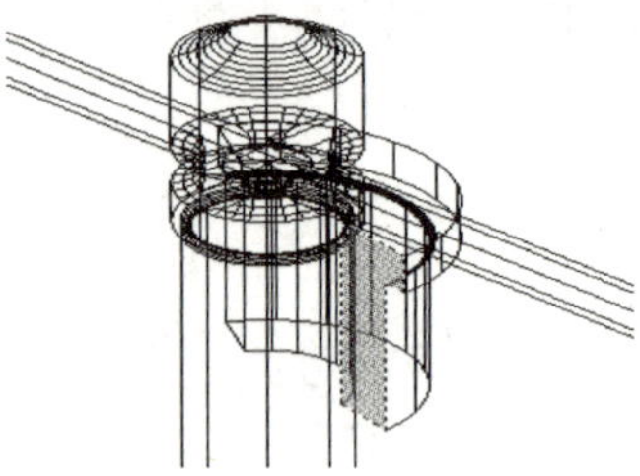

图 7-50　旋转右边平面

10. 圆角

选择【修改】菜单的【圆角】命令，将圆柱绞杆、螺杆等部位进行圆角，半径为 1mm。

11. 着色

选择【视图】菜单→【视觉样式】→【着色】命令。

操作技巧

➢ 在移动 UCS 坐标原点时，也可以移到底座顶面圆心处，XY 面与底面或顶面平行，这时基点和移动点的坐标将有所不同。

➢ 绘制绞杆时，因在不同视图中绘制，方向不同，因此基点坐标不同。

➢ 在旋转面时注意选择旋转轴及其方向。

➢ 装配图形时可以采用移动命令，也可采用对齐命令或三维对齐命令完成。

知识链接

一、三维对齐命令

在二维或三维空间中将对象与其他对象对齐，对齐过程中可复制原图形。

1. 操作方法

（1）菜单栏　选择【修改】→【三维操作】→【三维对齐】命令。

（2）命令行　3DALIGN。

2. 操作步骤

命令：3DALIGN

选择对象：找到 1 个

选择对象：

指定源平面和方向 ...
指定基点或［复制（C）］:
指定第二个点或［继续（C）］〈C〉:
指定第三个点或［继续（C）］〈C〉:
指定目标平面和方向 ...
指定第一个目标点：
指定第二个目标点或［退出（X）］〈X〉:
指定第三个目标点或［退出（X）］〈X〉:

3. 选项说明

1）复制（C）：对齐后复制原对象。
2）继续（C）：继续下面操作。
3）退出（X）：退出命令。

二、面域命令

1. 操作方法

（1）菜单栏　选择【绘图】→【面域】命令。
（2）功能区　单击【常用】选项卡→【绘图】面板中的【面域】按钮。
（3）命令行　REGION。

2. 操作步骤

命令：_region
选择对象：
指定对角点：找到 4 个
选择对象：
已提取 1 个环。
已创建 1 个面域。

三、创建相机

选择【视图】菜单→【创建相机】命令，命令行提示如下：
命令：_camera
当前相机设置：高度 =0 焦距 =50mm
指定相机位置：
指定目标位置：
输入选项［？ / 名称（N）/ 位置（LO）/ 高度（H）/ 坐标（T）/ 镜头（LE）/ 剪裁（C）/ 视图（V）/ 退出（X）］〈退出〉:

四、运动路径动画

单击【视图】菜单→【运动路径动画】，打开【运动路径动画】对话框，在对话框中设置相机链接点或路径，再设置目标链接点或路径。还可设置动画的帧频、帧数、持续视觉、分辨率、动画输出格式等。路径可以自己绘制，如直线、圆等。当设置完动画选项后，单击【预览】按钮，将打开【动画预览】窗口，可以预览动画播放效果。

任务考核

一、操作训练

绘制图 7-51 所示的喷头装配图，尺寸自定。

二、思考练习

1. 简述三维对齐命令的含义及其操作步骤。
2. 简述如何对实体进行剖切操作。

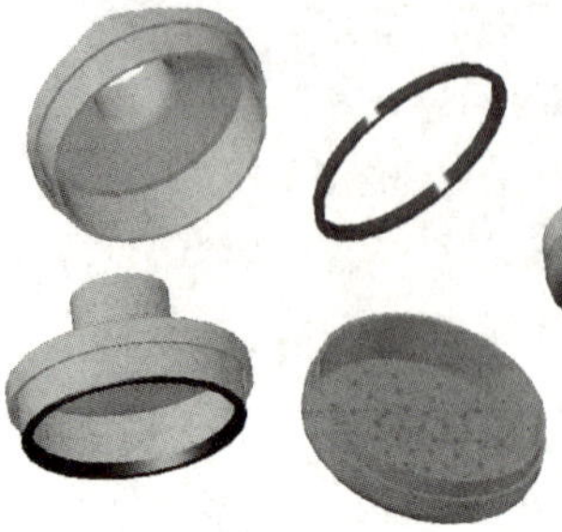

图 7-51　喷头

综合训练七

1. 建立合适的图形空间，绘制图 7-52 所示的桌子，尺寸自定，并在四个视口中显示图形俯视、前视、左视和西南等轴测。

图 7-52　综合训练 1

2. 绘制图 7-53 所示的零件阀盖，并在布局中进行半剖视图的设置。

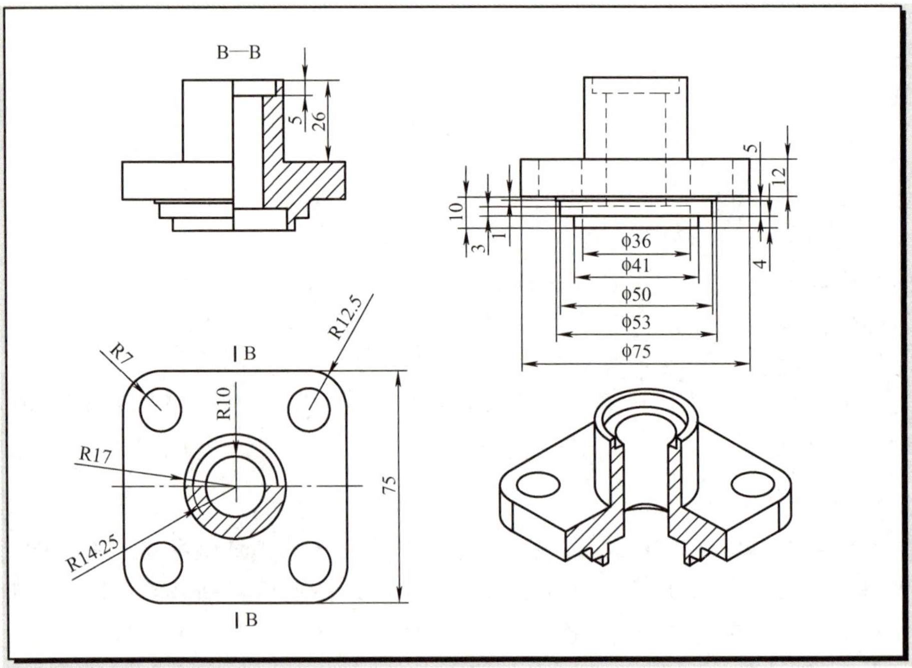

图 7-53　综合训练 2

3. 按尺寸绘制图 7-54 所示零件图，绘制立体图即可。

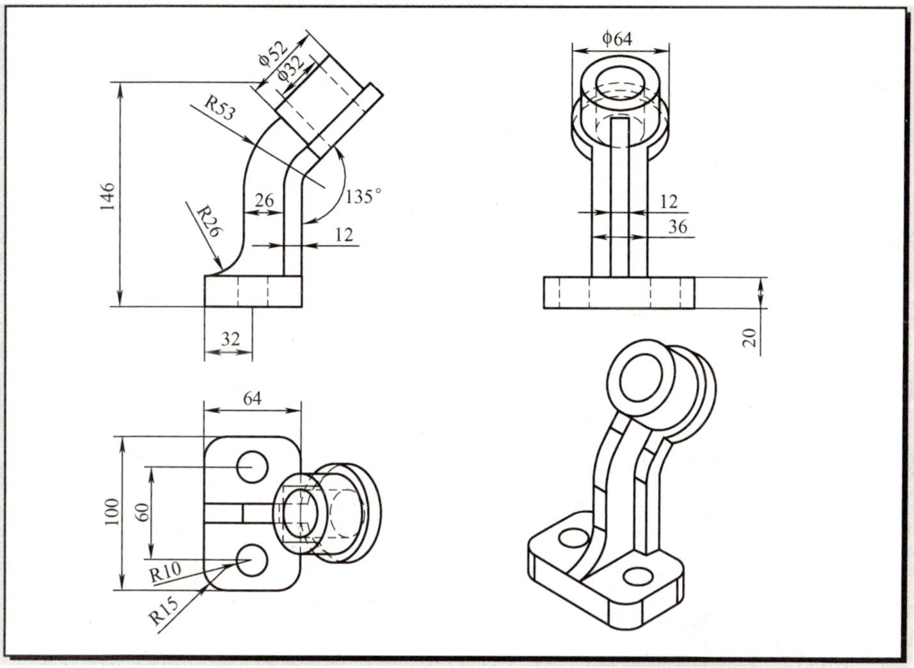

图 7-54　综合训练 3

4. 绘制图 7-55 所示的两个弯管，尺寸自定。

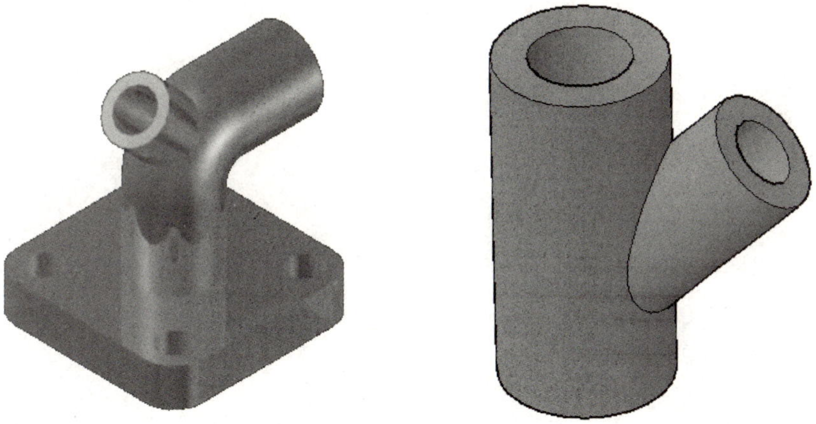

图 7-55　综合训练 4

参考文献

[1] 周大勇．AutoCAD 机械图绘制项目教程 [M]．2 版．北京：机械工业出版社，2015.
[2] 王灵珠．AutoCAD 2014 机械制图实用教程 [M]．北京：机械工业出版社，2014.
[3] 龙飞．中文版 AutoCAD 2013 机械设计从入门到精通 [M]．北京：化学工业出版社，2013.
[4] 吕润．AutoCAD 2010：机械绘图实训上机指导 [M]．上海：华东师范大学出版社，2012.
[5] CAD/CAM/CAE 技术联盟．AutoCAD 2012 中文版从入门到精通：实例版 [M]．北京：清华大学出版社，2012.
[6] 周建国．AutoCAD 2008 机械设计实例精讲 [M]．北京：人民邮电出版社，2008.
[7] 李杰．AutoCAD 2007 机械绘图实战从入门到精通 [M]．北京：人民邮电出版社，2008.
[8] 丁建春．计算机制图：AutoCAD [M]．北京：中国劳动社会保障出版社，2008.
[9] 蒋晓．中文 AutoCAD 2006 机械设计实例培训教程 [M]．北京：机械工业出版社，2006.
[10] 赵国增．计算机绘图 AutoCAD 2004 习题集 [M]．北京：高等教育出版社，2006.
[11] 刘斌仿．AutoCAD 实用教程 [M]．北京：地质出版社，2006.
[12] 武马群．AutoCAD 2002 中文版实用教程 [M]．北京：北京工业大学出版社，2005.
[13] 国家职业技能鉴定专家委员会计算机专业委员会．计算机辅助设计（AutoCAD 平台）AutoCAD 2002/2004 试题汇编：高级绘图员级 [M]．北京：希望电子出版社，2004.
[14] 国家职业技能鉴定专家委员会计算机专业委员会．计算机辅助设计（AutoCAD 平台）AutoCAD 2002 试题汇编：高级绘图员级 [M]．北京：希望电子出版社，2003.